Shuiyun Gongcheng Shiyan Jiance Renyuan Kaoshi Yongshu

水运工程试验检测人员考试用书

Jiegou

结 构

交通运输部基本建设质量监督总站
交 通 专 业 人 员 资 格 评 价 中 心 组织编写

朱光裕 主编

人 民 交 通 出 版 社

内容提要

全书分为二篇共17章，其主要内容包括：混凝土结构材料基本力学性能试验，结构混凝土强度及缺陷现场检测，结构与构件的静力试验，结构动力测试，水工建筑物现场检测与原型观测，海洋工程钢结构验收检测及防腐技术，桩的基本知识，桩轴向抗压静载荷试验，桩轴向抗拔静载荷试验，单桩水平静载荷试验，基桩高应变动力检测，试打桩与打桩监控，基桩低应变反射波法，声波透射法检测与分析，钻芯法检测混凝土灌注桩质量，以及锚杆试验与检测技术。

该书宜作为水路工程试验检验技术人员培训教材，也可供相关专业技术人员和大专院校水运材料专业师生使用。

图书在版编目(CIP)数据

结构／交通运输部基本建设质量监督总站，交通专业人员资格评价中心组织编写.—北京：人民交通出版社，2010.6

水运工程试验检测人员考试用书

ISBN 978-7-114-08457-7

I.①结… II.①交… ②交… III.①航道工程－工程结构－资格考核－自学参考资料 IV.①U612.3

中国版本图书馆CIP数据核字(2010)第108125号

水运工程试验检测人员考试用书

书　　名： 结构

著 作 者： 交通运输部基本建设质量监督总站
交通专业人员资格评价中心

责任编辑： 董　方

出版发行： 人民交通出版社

地　　址： (100011)北京市朝阳区安定门外外馆斜街3号

网　　址： http://www.chinasybook.com

销售电话： (010)64981400，59757915

总 经 销： 北京交实文化发展有限公司

印　　刷： 北京鑫正大印刷有限公司

开　　本： 787×1092　1/16

印　　张： 13.25

字　　数： 336千

版　　次： 2010年6月　第1版

印　　次： 2010年6月　第1次印刷

书　　号： ISBN 978-7-114-08457-7

印　　数： 0001－3000册

定　　价： 50.00元

《公路水运工程试验检测人员考试用书》

编审委员会

序

工程试验检测贯穿于设计、施工、监理、验收、养护、维修等各个环节，已成为控制和评判工程质量的重要基础，对保证工程质量起着举足轻重的作用。工程试验检测对专业性、技术性、实际操作性要求高，而检测人员素质的高低直接影响到试验检测结果的准确性。特别是近年来，许多新技术、新材料在工程上的广泛应用，检测岗位更需要高素质的复合型人才。因此，为保证试验检测数据的公正、准确、可靠、有效，就必须有行之有效的制度来加强对试验检测从业人员的管理，不断提高试验检测从业人员水平。

交通运输部历来对工程试验检测工作十分重视。1998 年，颁布了《公路水运工程试验检测人员资质管理暂行办法》等一系列规章制度，强化对试验检测人员的管理。2003 年，印发了《关于公布已取消和改变管理方式的交通部行政审批项目后续监管措施的通知》，明确要求对公路水运工程试验检测人员实施从业标准管理。2005 年，颁布了《公路水运工程试验检测管理办法》，再次明确自 2007 年 11 月 31 日起，试验检测从业人员需通过业务考试方能上岗，随后部质监总站印发了《公路水运工程试验检测人员考试办法（试行）》，并以省为单位组织公路水运工程试验检测人员业务考试。2009 年以来，部质监总站会同交通专业人员资格评价中心，在全国范围内先后组织了两次公路水运工程试验检测人员过渡考试。截至 2009 年底，全国共有约 40 万人次参加了公路水运工程试验检测人员考试。

试验检测从业人员的素质，决定着试验检测工作的能力和水平。组织实施试验检测从业人员的考试和继续教育，是提高试验检测人员业务能力和水平的有效途径。为此，我站委托交通专业人员资格评价中心组织编写了《公路水运工程试验检测人员考试用书》。该套用书结合当前我国公路水运建设技术水平和国家、行业有关标准、规范的发展情况，紧扣 2010 年新版试验检测考试大纲要求，全面系统地介绍了公路水运工程试验检测基础理论和实用技术，可作为公路水运工程试验检测人员考试的复习指导用书，同时也适用于广大试验检测人员业务学习和继续教育，具有较强的实用性和可操作性，基本能满足公路水运工程试验检测工作的实际需要。

在该套用书的编写过程中，交通专业人员资格评价中心精心组织，克服时间紧、任务重的困难，按时完成了编写任务；人民交通出版社为编写工作的完成提供了有力的保证；有关专家认真审查、严格把关，提出了很好的意见和建议。在此向他们表示衷心的感谢！

交通运输部基本建设质量监督总站

2010年5月

出版说明

质量是工程的生命，试验检测是工程质量管理的重要手段。客观、准确、及时的试验检测数据，是工程实践的真实记录，是指导、控制和评定工程质量的科学依据。加强公路水运工程试验检测，充分发挥其在质量控制、评定中的重要作用，已成为公路水运工程质量管理的重要手段。

随着我国公路水运工程建设标准、规范体系的不断完善和试验检测技术的日益发展，对试验检测人员的职业能力和水平提出了更新、更高的要求。原交通部1998年以来陆续颁布了《公路水运工程试验检测人员资质管理暂行办法》、《公路水运工程试验检测管理办法》和《公路水运工程试验检测人员考试办法(试行)》等一系列规章制度，启动了公路水运工程试验检测人员从业资格管理。2007年，原交通部基本建设质量监督总站以省为单位组织了公路水运工程试验检测人员业务考试；2009年以来，交通运输部基本建设质量监督总站会同交通专业人员资格评价中心，在全国范围内先后组织了两次公路水运工程试验检测人员过渡考试。

为满足试验检测行业发展需求，为试验检测人员考试提供复习参考，交通运输部基本建设质量监督总站委托交通专业人员资格评价中心组织编写了《公路水运工程试验检测人员考试用书》。本套考试用书内容丰富、系统、涵盖面广，每本用书内容相对独立、完整、自成体系，结合当前我国公路水运工程建设技术水平和国家、交通运输部有关标准、规范的发展情况，收录了当前公路水运工程试验检测的前沿理论和新技术。整套考试用书有理论，有基本操作讲解、有实例，全面系统地介绍了公路水运工程试验检测理论和实用技术。作为公路水运工程试验检测人员考试的复习指导用书，本套考试用书在编写时，紧密结合考试大纲要求，适用于广大试验检测人员全面系统地学习和掌握公路水运工程试验检测技术，具有较强的实用性和可操作性，基本能够满足公路水运工程试验检测工作的实际需要。

本套考试用书包括《公共基础》、《公路工程试验检测人员考试用书》、《水运工程试验检测人员考试用书》，共9册。

《公共基础》由解先荣主编，主要介绍公路水运工程试验检测发展概况、公路水运工程试验检测管理有关法律法规、试验检测基础知识等。

《公路工程试验检测人员考试用书》包括《材料》、《公路》、《桥梁》、《隧道》、《交通安全设施及机电工程》5册。《材料》由李福普、李闯民主编，内容包括土工试验、集料、水泥和水泥混凝土、沥青和沥青混合料、钢材以及土工合成材料等的试验检测。《公路》

由和松主编，主要介绍公路工程质量检验评定和路基路面现场测试等。《桥梁》由何玉珊、章关永主编，主要介绍桥梁工程质量等级评定、桥梁工程结构常用仪器设备的性能和使用、桥梁静动力荷载试验等。《隧道》由陈建勋主编，主要介绍超前支护与围岩施工质量检查、开挖质量检测、施工监控量测、混凝土衬砌质量检测等内容。《交通安全设施及机电工程》由韩文元、包左军主编，主要介绍交通工程试验检测基础知识，交通管理设施、监控设施、通信设施、收费设施等的试验检测等。

《水运工程试验检测人员考试用书》包括《材料》、《地基与基础》和《结构》3 册。《材料》由谭华主编，主要从所用的工程部位、组批原则、取样方法、检验项目、试验设备、试验步骤、试验结果分析等环节详细阐述了水运工程常用材料的试验检测。《地基与基础》由徐满意、周福田主编，主要介绍土工基础知识、常用的土工试验方法、主要的原位测试方法、主要的地基处理方法和复合地基桩身质量检测等。《结构》由朱光裕主编，主要介绍混凝土结构基本力学性能试验及现场检测、结构与构件的静动力试验，桩的承载能力试验及桩身质量检测，海洋钢结构防腐检测技术等。

本套考试用书以国家和交通运输部颁发的有关法规及标准规范为依据，虽经全面审查和补充修改，但其中仍难免有不足之处，诚挚希望广大读者在学习使用过程中及时将发现的问题函告我们，以便进一步修改和补充。该套考试用书在编写过程中得到人民交通出版社和有关专家的大力支持，在此一并致谢。

交通运输部基本建设质量监督总站
交通专业人员资格评价中心
2010 年 5 月

前　言

交通运输部基本建设质量监督总站和交通专业人员资格评价中心于2010年4月编制出版了《公路水运工程试验检测人员过渡考试大纲》(2010年版)。大纲对各专业考试科目的划分和要求掌握的内容范围作出了明确规定和说明，其中水运专业的考试范围包括水运工程质量检验评定、原材料检测、结构与桩基检测等方面内容。为指导参加过渡考试人员结合大纲学习与掌握相关知识，交通运输部基本建设质量监督总站和交通专业人员资格评价中心组织有关专家编写了《水运工程试验检测人员考试用书》，该系列考试用书同时也可作为各单位从事试验检测管理与操作的人员及大专院校在实际工作和教学中的参考用书。

水运工程结构专业用书为上述系列丛书之一，本书的编写强调结合现行标准和规程的有关规定，对结构试验和基桩试验检测技术的基本原理及测试要点进行详细解释。凡有部颁标准的以现行部颁标准为依据，对缺少部颁标准的则依据国家现行标准或相应行业标准。本书本着实用的原则，系统介绍了水运工程结构和桩基试验检测理论和实用技术，务求加深使用者的相关理论基础知识和实际操作能力，最终达到提高工程质量评定和试验检测能力的目的。

全书共分二篇，第一篇结构试验与检测技术，第二篇基桩试验与检测技术。第一篇共七章，包括混凝土结构材料基本力学性能试验、结构混凝土强度及缺陷现场检测、结构与构件静力试验、结构动力测试、水工建筑物现场检测、原型观测及海洋工程钢结构验收及防腐技术等；第二篇共十章，包括桩的基本知识、桩轴向抗压静载荷试验、抗拔静载荷试验、单桩水平静载荷试验、高应变动力检测、试打桩与打桩监控、基桩低应变应力波法、声波透射法、钻芯法、锚杆试验与检测技术等。

全书由朱光裕主编，参加编写还有刘祖华、顾伟园、任铮钺、吴锋。其中刘祖华编写第一篇中第一、二、四、五章；朱光裕编写第二篇中第一、二、三、五、六章及第一篇中第七章第二节；顾伟园编写第二篇中第七、八、九章；任铮钺编写第一篇第三章、第七章第一节和第二篇第十章；吴锋编写第一篇第六章和第二篇第四章。同时，还要在此感谢司炳君、洪帆等审稿专家。由于时间仓促及编者水平和经验有限，书中难免缺陷或疏漏之处，恳请专家和本书使用者提出宝贵意见，以便以后的修订和完善。

编　者

2010年5月

目　录

第一篇　结构试验与检测技术

第二篇　基桩试验与检测技术

第一篇　结构试验与检测技术

第一章　概　　述

第一节　水工建筑物的组成

水运工程水工建筑物有港口、航道和修造船厂等建筑物，其中主要为港口水工建筑物。港口建筑物包含有码头、防波堤、护岸等，其中主要为码头。本书主要讨论水工建筑物结构的试验检测和工程质量检测。

码头是供船舶系靠停泊用的建筑物，在此进行货物装卸、旅客上下或其他专业性作业，是港口主要水工建筑物之一。

码头由主体结构和码头设备两部分组成，其结构形式主要有重力式、板桩式、高桩式等。码头的主体结构包括：上部结构、下部结构和基础。不同的主体结构由不同的部件和构件组成，可以采用各种不同预制构件。

重力式码头一般由墙身、胸墙、基础、墙后回填土及码头设备等组成，其中墙身、胸墙为主要结构部分，通常由混凝土或钢筋混凝土制成。重力式码头是靠结构自重（包括结构自身和相应的回填土等的重量）来抵抗外荷载引起的滑移和倾覆。

板桩码头主要由板桩墙、拉杆、锚碇结构、胸墙（或导梁和帽梁）及码头设备等组成，其中板桩可以采用钢筋混凝土板桩或钢管桩、组合型钢板桩，胸墙等为现浇钢筋混凝土，而锚碇结构为钢筋混凝土地下连续墙结构或锚碇桩。板桩码头是依靠板桩下端沉入地基的横向土抗力和上部的锚碇结构来保持其整体稳定性。

高桩码头主要有上部结构（桩台或承台）、桩基和岸坡（包括接岸结构）及码头设备等组成，其中，上部结构通常采用钢筋混凝土梁板结构，并可以采用较多的预制构件。高桩码头的特点是利用打入地基中的桩将作用在上部结构的荷载传到地基。

特种和混合式码头是指码头的主体由两种或两种以上的结构形式组成，主要有钢板桩格型码头、锚碇墙式码头和装配式排架梁板码头。

墩式码头由分离的基础墩（引桥墩和码头墩）和上部跨间结构组成，按基础墩的结构特点分为重力墩式码头和桩基墩式码头。

浮码头由趸船、趸船的锚系和支撑设施、引桥及护岸等组成。

在深水区建造码头，需要建造引堤或引桥作为码头与陆域联系通道。引桥结构主要由桥墩和桥梁组成。

防波堤的主要作用是防御波浪的侵袭，保证船舶在港内安全地停泊和进行装卸作业；此外，防波堤还可以用于拦阻泥沙、减轻港内淤积，以及防止流冰侵入港内。

防波堤的结构形式有斜坡式、直立式和混合式等。

护岸的作用是保护海岸、河岸等不被侵蚀，以保护岸上的设备、建筑物等。在港口中，除系靠船的码头岸壁以及修造船的建筑物外，凡港口陆域与水域相接的部分均可称为护岸，海港城市的临海部分也有很多护岸。护岸可以用于保护新填筑地不受侵蚀，也可以保护原海岸、河岸等不被侵蚀。

护岸的断面形式有斜坡式和直立式。

在水工建筑物中，主要采用混凝土结构和钢结构，混凝土结构包括钢筋混凝土结构和预应力混凝土结构。按照施工方法还可以将混凝土结构分为现浇结构和装配式结构，装配式结构中采用了预制构件，具有经济合理、高效高质的特点。

结构的作用是承受荷载，水工建筑物所受到的荷载作用有：(1)恒载，如建筑物自重，土压力、水压力和预加应力等；(2)活载，如堆货荷载、船舶荷载、起重运输机械荷载，自然荷载及施工荷载等；(3)偶然荷载，如地震荷载等。

第二节　结构和构件的结构性能

根据国家标准《工程结构可靠性设计统一标准》(GB 50153—2008)的规定，结构(包括港口工程结构，如码头的结构)应满足以下功能要求：

(1)能承受在施工和使用期间可能出现的各种作用；

(2)保持良好的使用性能；

(3)具有足够的耐久性能；

(4)当发生火灾时，在规定的时间内可保持足够的承载力；

(5)当发生爆炸、撞击、人为错误等偶然事件时，结构能保持必需的整体稳固性，不出现与起因不相称的破坏后果，防止出现结构的连续倒塌。

结构在规定的时间内，在规定的条件下，完成上述功能的能力称为可靠性，而完成上述功能的概率称为可靠度。

结构构件完成上述功能的能力也称为结构性能。由于结构材料性能是随机变量，结构和构件的结构性能也是随机变量，对结构性能进行检测和评价时，应采取概率统计方法，或考虑其统计特性。

《混凝土结构设计规范》(GB 50010—2002)和《港口工程混凝土结构设计规范》(JTJ 267—98)关于混凝土结构构件的结构性能有如下规定：

混凝土结构在承载能力极限状态的荷载作用下，应具有足够的承载力，不应产生疲劳破坏或不适于继续承载的变形；在正常使用极限状态的荷载作用下，其变形、裂缝宽度和应力等不应超过规定的限值；混凝土结构还应该符合耐久性的要求。

《钢结构设计规范》(GB 50017—2003)和《港口工程钢结构设计规范》(JTJ 283—99)关于钢结构构件的结构性能有如下规定：

钢结构在承载能力极限状态的荷载作用下，应具有足够的强度，不应产生疲劳破坏或不适于继续承载的变形，不应丧失稳定；在正常使用极限状态的荷载作用下，其变形不宜超过规定的容许值，不应产生影响正常使用的振动，不应产生影响正常使用或耐久性能的局部损坏。

第三节　结构性能检验

为保证结构和构件具有规定的可靠度，应该在设计阶段、施工阶段和使用阶段进行相应的质量控制。施工阶段，对结构材料和制品(包括预制构件)的质量控制，以及对施工的质量控制,是质量控制的重要手段。

通过试验和检测确定结构和构件的结构性能等,是进行工程质量控制,保证结构具有规范规定的可靠度的有效方法。

对于使用中的建筑物结构,可以通过试验检测获得其结构性能。

采用结构试验,如静力加载试验,可以得到结构和构件的承载能力和变形,及混凝土结构和构件的裂缝控制性能。采用动力测试,可以得到结构或构件的动力特性,及在某一动力作用下的动力反应。

通过结构试验和检测,可以直接得到结构和构件的结构性能。也可以采用间接方法,测得结构的材料性能等,通过计算或其他手段,间接地得到结构性能。

结构试验中,利用试验装置或者自然力模拟结构的受力状况,对结构构件施加荷载,采用各种测试手段测量结构构件在荷载作用下的反应(包括变形、应力、开裂、破坏等),通过对试验结果的计算分析,以确定结构构件的结构性能。

结构试验分为静力试验和动力试验。

结构试验和检测、结构的现场检测等,都应该按照或参照有关的国家标准、行业标准执行。混凝土结构构件的结构试验,可以参照国家标准《混凝土结构试验方法标准》(GB 50152—92)和《混凝土结构工程施工质量验收规范》(GB 50204—2002)的有关规定。

对批量生产的混凝土预制构件的结构性能进行检验,应该按照国家标准《混凝土结构工程施工质量验收规范》(GB 50204—2002)的有关规定执行:

第9.1.1款规定,预制构件应进行结构性能检验。结构性能检验不合格的预制构件不得用于混凝土结构。

第9.3.1款关于检验内容规定,钢筋混凝土构件和允许出现裂缝的预应力混凝土构件进行承载力、挠度和裂缝宽度检验;不允许出现裂缝的预应力混凝土构件进行承载力、挠度和抗裂检验;预应力混凝土构件中的非预应力杆件按钢筋混凝土构件的要求进行检验。

第9.3.1款关于检验数量规定,对成批生产的构件,应按同一工艺正常生产的不超过1000件且不超过3个月的同类型产品为一批。当连续检验10批且每批的结构性能检验结果均符合本规范规定的要求时,对同一工艺正常生产的构件,可改为不超过2000件用不超过3个月的同类型产品为一批。在每批中应随机抽取一个构件作为试件进行检验。

第9.3.1款关于检验方法规定,采用短期静力加载检验。

第9.3.6款关于预制构件结构性能的检验结果验收规定:

(1)当试件结构性能的全部检验结果均符合(GB 50204—2002)的检验要求时,该批构件的结构性能应通过验收。

(2)当第一个试件的检验结果不能全部符合上述要求,但又能符合第二次检验的要求时,可再抽两个试件进行检验。第二次检验的指标,相对于第一次检验的指标稍作放宽。当第二次抽取的两个试件的全部检验结果均符合第二次检验的要求时,该批构件的结构性能可通过验收。

(3)当第二次抽取的第一个试件的全部检验结果均已符合第一次检验的要求时,该批构件的结构性能可通过验收。

在实际工程中,需要对一批结构构件进行检验、评价和验收时,应该按照有关的国家标准或产品标准等的规定,确定检验批、从一批中抽样、对抽样试件进行检验,按检验结果对该批构件进行评价和验收。试件抽样应具有代表性和一定比例，检验结果评价应考虑相应的可靠度要求。

对一个特定结构构件的结构性能进行检验、评价和验收时，通常根据设计要求、标准图集，或有关的国家标准等进行试验，试验结果主要针对于特定的试件，用于确定该特定结构构件的结构性能，用于该特定结构构件的验收。

通常在结构试验中，应加载至结构构件达到破坏。如果试验目的只需要确定试件是否满足某一极限状态下的要求，则可以加载至试件达到和满足某一极限状态要求为止，这时试件仍未破坏，也可终止加载。

如混凝土结构构件加载至满足正常使用极限状态的变形、裂缝宽度或抗裂要求的荷载时，已达到试验要求，即可终止加载；加载至满足承载能力极限状态的荷载时，已达到试验要求，即终止加载，尽管试件仍未达到破坏。

如钢结构构件加载至满足正常使用极限状态的变形、局部损坏要求的荷载时，已达到试验要求，即可终止加载；加载至满足承载能力极限状态的荷载时，已达到试验要求，即终止加载，尽管试件仍未达到破坏。

对某些结构构件进行验收时，如果该结构构件仍需继续使用，通常采用这种试验方式。

第二章　混凝土结构材料基本力学性能试验

第一节　混凝土材料力学性能试验

混凝土通常是用水泥、水、砂、石子等材料按设计要求的比例混合，在需要时掺加适量的外加剂和掺和料。在混凝土组成材料中，砂、石是集（骨）料，对混凝土起骨架作用，其中小颗粒的集料填充大颗粒的空隙。水泥和水组成水泥浆，包裹在所有粗、细集料的表面并填充在集料空隙中。在混凝土硬化前，水泥浆起润滑作用，赋予混凝土拌和物流动性，便于施工；在混凝土硬化后起胶结作用，把砂、石集料胶结成为整体，使混凝土产生强度，成为坚硬的人造石材。

由于港口工程的混凝土结构的环境条件极为不利，对混凝土除了有力学性能的要求外，还有其他方面的要求，如抗侵蚀性、抗渗性等。但作为结构材料，力学性能仍然是混凝土的基本要求。

本节主要介绍混凝土的立方体抗压强度、抗拉强度及弹性模量试验。

一、混凝土立方体抗压强度

混凝土立方体抗压强度试验，应按照行业标准《水运工程混凝土试验规程》（JTJ 270—1998）的有关规定进行。

1．试件

混凝土立方体抗压强度试件的标准尺寸为150 mm×150 mm×150 mm，当骨料粒径较大或较小时，也可以采用200 mm×200 mm×200 mm或100 mm×100 mm×100 mm。混凝土骨料最大粒径应不大于试件最小边长的1/3。以3个试件为一组。

按规定在试验室内拌和混凝土，或直接从施工用的混凝土中取样，立即置于试模中，试模应采用钢模。试件可采用振动台、振动棒或人工捣实方法成型。

试件成型后，可以根据试验目的，采用标准养护或与结构、构件同条件养护。标准养护即将试件按规定置于标准养护室中，标准养护室内应保持温度为20±3℃，相对湿度为90%以上。还可以将试件置于20±3℃的不流动的水中进行养护。

2．试验设备

进行抗压试验的压力试验机，其示值相对误差应不大于2%，其量程应使试件的预期破坏荷载不小于量程的20%、也不大于量程的80%。试验机应具有加荷速度指示装置或加荷速度控制装置，可以均匀地连续加荷卸荷。

试验机的上、下压板应有足够的刚度，其中之一（宜为上压板）应带有球形支座，使压板与试件接触均衡。在试验机上、下压板与试件之间可各垫以钢垫板，钢垫板的两个承压面均应平整。

与试件接触的压板或垫板的尺寸应大于试件的受压面，它们的不平度应不大于边长的0.02%。

3. 试验步骤

(1)试件自养护室地点取出后,应尽快试验,避免其温度和湿度发生显著变化。

(2)试验前,先将试件擦拭干净,测量尺寸并检查外观。试件尺寸测量精确至1mm,并据此计算试件的承压面积A;如实测尺寸与公称尺寸之差不超过1mm,可按公称尺寸进行计算。试件承压面的不平整度,不应大于试件边长的0.05%;承压面与相邻面的不垂直度,不应大于±1°。

(3)把试件安放在试验机下压板中心(几何对中),试件的承压面应与成型时的顶面垂直。开动试验机,当上压板与试件接近时,调整球座,使接触均衡。

(4)以0.3~0.5MPa/s的速度连续而均匀地加荷。当试件接近破坏而开始迅速变形时,应停止调整试验机油门,直至试件破坏,记下破坏荷载P。

4. 试验结果计算

混凝土立方体试件抗压强度按下式计算:

$$f_{cu}=\frac{P}{A} \tag{1-2-1}$$

式中:f_{cu}——混凝土立方体试件抗压强度(MPa);

P——破坏荷载(N);

A——试件承压面积(mm^2)。

以3个试件抗压强度的算术平均值作为该组试件的抗压强度值,计算精确至0.1MPa。当3个试件强度值中的最大值或最小值之一,与中间值之差超过中间值的15%,则取该中间值作为该组试件的抗压强度值;如3个试件强度值中的最大值和最小值,与中间值之差均超过中间值的15%,则该组试验结果无效。

以150 mm×150 mm×150 mm试件的抗压强度为标准值,其他尺寸的试件测得的强度值均应乘以尺寸换算系数。对200 mm×200 mm×200 mm的试件及100 mm×100 mm×100 mm的试件,换算系数分别为1.05及0.95。

二、混凝土轴心抗压强度

混凝土轴心抗压强度试验,应按照行业标准《水运工程混凝土试验规程》(JTJ 270—98)的有关规定进行。

1. 试件

混凝土轴心抗压强度试件的标准尺寸为150 mm×150 mm×300 mm,3个试件为一组。如确有需要,也可以采用非标准尺寸的棱柱体试件,但其高宽比应在2~3范围内。

试件的成型和养护、试验设备与上述立方体抗压强度试验的要求相同。

2. 试验步骤

(1)试件自养护室地点取出后,应尽快试验,避免其温度和湿度发生显著变化。

(2)试验前,先将试件擦拭干净,测量尺寸并检查外观。试件尺寸测量精确至1mm,并据此计算试件的承压面积A;如实测尺寸与公称尺寸之差不超过1 mm,可按公称尺寸进行计算。试件承压面的不平整度,不应大于试件边长的0.05%;承压面与相邻面的不垂直度,不应大于±1°。

(3)把试件直立安放在试验机下压板上,试件的轴心应与下压板的中心对准(几何对中)。开动试验机,当上压板与试件接近时,调整球座,使接触均衡。

(4)以0.3~0.5MPa/s的速度连续而均匀地加荷。当试件接近破坏而开始迅速变形时,应停止调整试验机油门，直至试件破坏，记下破坏荷载 P。

3．试验结果计算

混凝土立方体试件抗压强度按下式计算：

$$f_{cc}=\frac{P}{A} \tag{1-2-2}$$

式中：f_{cc}——混凝土轴心抗压强度（MPa）；

P——破坏荷载（N）；

A——试件承压面积（mm^2）。

以 3 个试件轴心抗压强度的算术平均值作为该组试件的轴心抗压强度值，计算精确至 0.1MPa。当 3 个试件强度值中的最大值或最小值之一，与中间值之差超过中间值的 15%，则取该中间值作为该组试件的轴心抗压强度值；如 3 个试件强度值中的最大值和最小值，与中间值之差均超过中间值的 15%，则该组试验结果无效。

采用非标准尺寸的试件测得的强度值，应乘以尺寸换算系数。对截面为 200 mm × 200 mm 的试件及 100 mm × 100 mm 的试件，换算系数分别为 1.05 及 0.95。

三、混凝土劈裂抗拉强度

混凝土劈裂抗拉强度试验，应按照行业标准《水运工程混凝土试验规程》（JTJ 270—1998）的有关规定进行。

1．试件

混凝土劈裂抗拉强度试件的标准尺寸为 150 mm × 150 mm × 150 mm 的立方体，3 个试件为一组。

试件的成型和养护、试验设备与上述立方体抗压强度试验的要求相同。

2．试验设备

劈裂试验用的钢制弧形垫条和三合板（或硬质纤维板）垫层如图 1-2-1 所示，垫条顶面为半径为 75mm 的弧形，长度不小于试件边长；垫层的宽度为 15 ~ 20mm，厚度为 3 ~ 4mm，长度不小于试件边长，垫条不得重复使用。

试验机的要求与上述立方体抗压强度试验的要求相同。

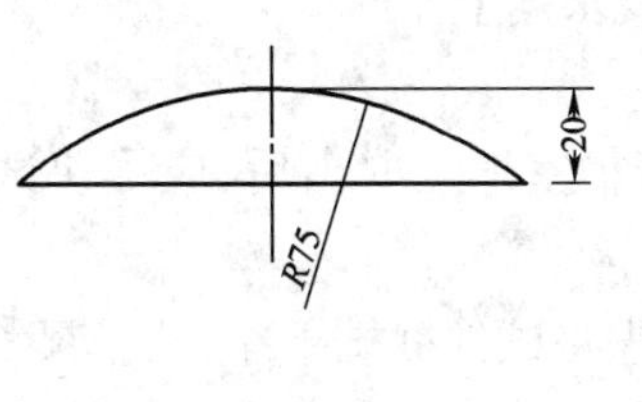

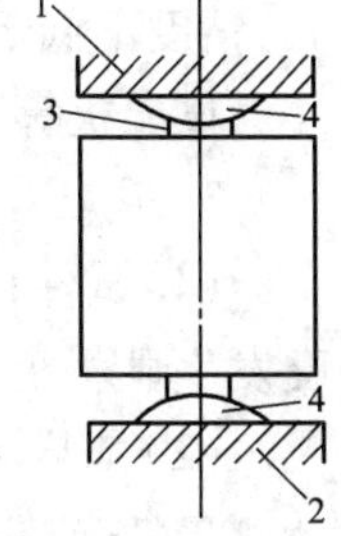

图 1-2-1　劈裂试验用垫条和垫层

1-上压板；2-下压板；3-垫层；4-垫条

3．试验步骤

（1）试件自养护室地点取出后，应尽快试验，避免其温度和湿度发生显著变化。

（2）试验前，先将试件擦拭干净，测量尺寸并检查外观，在试件中部画线定出劈裂面的位置。劈裂面应与试件成型的顶面垂直。

试件尺寸测量精确至 1mm，并以此计算劈裂面面积 A；如实测尺寸与公称尺寸之差不超过 1 mm，可按公称尺寸进行计算。试件承压面的不平整度，不应大于试件边长的 0.05%；承压面与相邻面的不垂直度，不应大于 ±1°。

（3）把试件安放在试验机下压板的中心位置，在上、下压板与试件之间各垫以一个垫条和一层垫层（图 1-2-1），垫条方向应与试件成型时的顶面垂直。为了保证上、下垫条对准及提高效率,可以将垫条安装在定位架上使用。

开动试验机,当上压板与试件接近时,调整球座,使接触均衡。

(4)以 0.04 ~ 0.06MPa/s 的速度连续而均匀地加荷。当试件接近破坏而开始迅速变形时,应停止调整试验机油门,直至试件破坏,记下破坏荷载 P。

4. 试验结果计算

混凝土劈裂抗拉强度按下式计算:

$$f_{tu} = \frac{2P}{\pi A} \tag{1-2-3}$$

式中:f_{tu}——混凝土劈裂抗拉强度(MPa);

P——破坏荷载(N);

A—— 试件承压面积(mm^2)。

以 3 个试件的强度值的算术平均值作为该组试件的劈裂抗拉强度值,计算精确至0.01 MPa。当 3 个试件强度值中的最大值或最小值之一,与中间值之差超过中间值的 15%,则取该中间值作为该组试件的劈裂抗拉强度值;如 3 个试件强度值中的最大值和最小值,与中间值之差均超过中间值的 15%,则该组试验结果无效。

四、混凝土静力受压弹性模量

混凝土静力受压弹性模量,应按照行业标准《水运工程混凝土试验规程》(JTJ 270—1998)的有关规定进行。

1. 试件

混凝土静力受压弹性模量试件尺寸与混凝土轴心抗压强度试件相同,标准尺寸为 150 mm × 150 mm × 300 mm,6 个试件为一组,其中 3 个试件用于测定轴心抗压强度。如确有需要,也可以采用非标准尺寸的棱柱体试件,但其高宽比应在 2 ~ 3 范围内。

试件的成型和养护与上述立方体抗压强度试验的要求相同。

2. 试验设备

变形测量仪表的精度不低于 0.001 mm,但使用镜式引伸仪时,精度不低于 0.002 mm。

试验机等的要求同上。

3. 试验步骤

(1)试件自养护室地点取出后,应尽快试验,避免其温度和湿度发生显著变化。

(2)试验前,先将试件擦拭干净,测量尺寸并检查外观,试件尺寸测量精确至 1mm,并以此计算承压面积 A。如实测尺寸与公称尺寸之差不超过 1 mm,可按公称尺寸进行计算。试件承压面的不平整度,不应大于试件边长的 0.05%;承压面与相邻面的不垂直度,不应大于 ±1°。

(3)取 3 个试件,按上述规定,测定轴心抗压强度。

(4)另 3 个试件作弹性模量试验。将测量变形的仪表安装在试件两侧的中线上,并对称于试件的两端,见图 1-2-2。标准试件

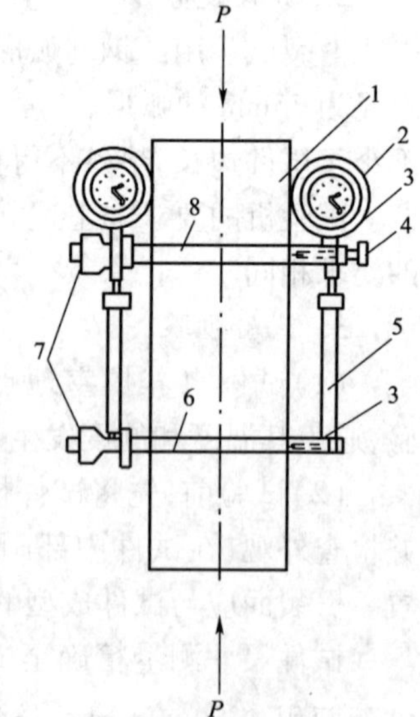

图 1-2-2　千分表安装示意图

1-试件;2-千分表;3-刀口;4-固定螺钉;5-接触杆;6-下金属环;7-固定螺钉;8-上金属环

的测量标距为 150 mm,非标准试件的测量标距不应大于试件高度的 1/2,也不应小于 100 mm 或骨料最大粒径的 3 倍。

(5)把试件安放在试验机下压板的中心位置,作几何对中。开动试验机,当上压板与试件接近时,调整球座,使接触均衡。

(6)进行预压,以 0.2 ~0.3MPa/s 的速度连续均匀地加荷至轴心抗压强度值的40%,然后以同样的速度卸荷至零。如此反复预压 3 次,见图 1-2-3。

在预压过程中,观察试验机和测量变形的仪表运转是否正常。如有必要,应进行调整。

(7)预压后,进行正式加荷试验(见图 1-2-3)。用上述同样速度进行第 4 次加荷,先加荷至应力为 0.5MPa 的初始荷载 P_0,保持 30s,分别读取试件两侧仪表的读数,然后加荷至轴心抗压强度值的 40%(相应的荷载为 P_c),保持 30s,分别读取试件两侧仪表的读数,计算平均变形值。按上述速度卸荷至初始应力 0.5MPa,保持 30s,读取仪表读数。

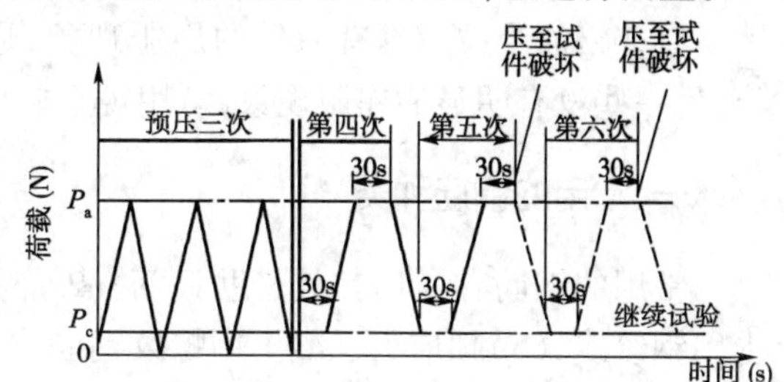

图 1-2-3　弹性模量试验加荷制度示意图

按上述方法继续进行第 5 次加荷、持荷、读数并计算试件两侧变形值的平均值,第 5 次加荷测得的平均变形值与上一次加荷测得的平均变形值之间的差值,不得大于 0.00002 倍测点标距。否则,重复上述加荷过程,直到相邻两次加荷的变形值之差符合上述要求为止。

(8)然后卸除仪表,以同样速度加荷至破坏,得到轴心抗压强度。

4. 试验结果计算

混凝土静力受压弹性模量按下式计算:

$$E_c = \frac{P_c - P_0}{A} \times \frac{L}{\delta_n} \tag{1-2-4}$$

式中:E_c——混凝土弹性模量(MPa),应计算至 100 MPa;

P_c——应力为 $0.4f_{cc}$时的荷载(N);

P_0——应力为 0.5MPa 时的初始荷载(N);

A——试件承压面积(mm^2);

δ_n——最后一次加荷时试件两侧在 P_c 及 P_0 荷载作用下变形差的平均值(mm);

L——测点标距(mm)。

以 3 个试件试验结果的平均值为该组试件的混凝土弹性模量。如果其中一个试件在测定弹性模量后,其抗压强度值与用以决定试验控制荷载的轴心抗压强度值之差超过后者的 20%,则弹性模量值为其余两个试件试验结果的平均值;如有两个试件的抗压强度值超出上述规定,则试验结果无效。

第二节　钢筋力学性能试验

在混凝土结构和预应力混凝土结构中,钢筋(包括钢绞线、钢丝等)主要承受拉力;钢筋与混凝土结合在一起工作,各尽其能、相互补充,组成性能良好的结构构件。

钢筋按照用途可以分为钢筋混凝土用钢筋和预应力混凝土用钢筋,预应力混凝土用钢筋的强度较高，钢筋混凝土用钢筋的延性较好。按照生产、加工方法等的不同，钢筋还可以分为热轧、冷拉，带肋、光圆等。

钢筋的主要的力学性能包括：屈服强度、抗拉强度、规定非比例延伸强度和断后伸长率及弹性模量等，其中屈服强度、抗拉强度、规定非比例延伸强度和断后伸长率应该按照国家标准《金属材料　室温拉伸试验方法》(GB/T 228—2002)，通过拉伸试验获得；弹性模量(拉伸杨氏模量)应该按照国家标准《金属材料　弹性模量和泊松比试验方法》(GB/T 22315—2008)，通过静态法试验得到。

有些钢筋受拉后具有明显的屈服现象，通常以屈服强度(下屈服强度)作为其强度代表值；另一些没有明显的屈服现象，常用规定非比例延伸强度作为其强度代表值。

一、常用的钢筋种类

常用的钢筋有：(1)热轧带肋钢筋，(2)热轧光圆钢筋，(3)冷轧带肋钢筋，(4)预应力混凝土用钢绞线，(5)预应力混凝土用螺纹钢筋。

1. 热轧带肋钢筋

根据国家标准《钢筋混凝土用钢 第 2 部分：热轧带肋钢筋》(GB 1499.2—2007)的规定，热轧带肋钢筋(包括普通热轧带肋钢筋和细晶粒热轧带肋钢筋)按屈服强度特征值分为 335、400、500(MPa)级，普通热轧带肋钢筋的牌号为：HRB335、HRB400 和 HRB500，细晶粒热轧带肋钢筋的牌号为：HRBF335、HRBF400 和 HRBF500。

2. 热轧光圆钢筋

根据国家标准《钢筋混凝土用钢 第 1 部分：热轧光圆钢筋》(GB 1499.1—2008)的规定，热轧光圆钢筋(包括热轧直条钢筋和盘卷光圆钢筋)按屈服强度特征值分为 235、300(MPa)级，其牌号为：HPB235、HPB300。

3. 冷轧带肋钢筋

根据国家标准《冷轧带肋钢筋》(GB 13788—2008)的规定，冷轧带肋钢筋为热轧盘条经冷轧处理得到，其牌号由 CRB 和抗拉强度最小值(MPa)构成，如 CRB550、CRB650、CRB800 和 CRB970。CRB550 为普通钢筋混凝土用钢筋，其他牌号为预应力混凝土用钢筋。

4. 预应力混凝土用钢绞线

按照国家标准《预应力混凝土用钢绞线》(GB/T 5224—2003)的规定，预应力混凝土用钢绞线(以下称为钢绞线)是由冷拉光圆钢丝及刻痕钢丝捻制而成，按结构形式分为 5 类，其代号为：a)用 2 根钢丝捻制的钢绞线，1×2；b)用 3 根钢丝捻制的钢绞线，1×3；c)用 3 根刻痕钢丝捻制的钢绞线，1×3I；d)用 7 根钢丝捻制的标准型钢绞线，1×7；e)用 7 根钢丝捻制又经模拔的钢绞线，(1×7)C。

钢绞线的产品标记包含：结构代号、公称直径、强度级别、标准号。常用的强度级别(抗拉强度)为：1470、1570、1720、1860、1960MPa。

5. 预应力混凝土用螺纹钢筋

按照国家标准《预应力混凝土用螺纹钢筋》(GB/T 20065—2006)的规定，预应力混凝土用螺纹钢筋(以下称为螺纹钢筋)是采用热轧、轧后余热处理或热处理等工艺生产的，外表有热轧成的不连续外螺纹的直条钢筋，可以与带有匹配形状的内螺纹的连接器或锚具进行连接。

螺纹钢筋按屈服强度划分级别，其代号为“PSB”加上规定屈服强度最小值表示。常用螺纹钢筋的屈服强度级别为:785、830、930 和 1080MPa。

二、钢筋拉伸试验

1. 试样

钢筋拉伸试验的试样制备应符合国家标准《钢及钢产品 力学性能试验取样位置及试样制备》(GB/T 2975—1998)、《金属材料　室温拉伸试验方法》(GB/T 228—2002)等的有关规定,及相关的金属产品标准的有关规定。

通常试样是从整根钢筋中任意切取,不允许进行车削加工;其长度应包含两端的夹持端和中间的自由长度。夹持端长度可以按照钢筋直径和试验机的夹头确定,自由长度应不小于原始标距加 2 倍直径,原始标距按比例试样选择 5 倍直径或 10 倍直径。为了试验便利,常取自由长度较原始标距大很多。

拉伸试验的钢筋试样数量为 2 根,钢绞线试验数量为 3 根。

钢筋的横截面面积可采用公称横截面面积。

2. 试验设备

拉力试验机,应按照 GB/T 16825 进行检验,并应为 1 级或优于 1 级准确度。

引伸仪的准确度级别应符合 GB/T 12160 的要求。测定上屈服强度、下屈服强度、规定非比例延伸强度等,应使用不劣于 1 级准确度的引伸计;测定具有较大延伸率的性能,如抗拉强度、断后伸长率等,应使用不劣于 2 级准确度的引伸计。

3. 屈服强度

在常温条件下,对有明显屈服现象的钢筋试样进行拉伸试验,可以得到钢筋的应力—伸长率曲线(图 1-2-4),图中的应力为拉力除以钢筋试样公称横截面面积,伸长率为原始标距的伸长除以原始标距(即单位长度的伸长,也可称为应变)。由图 1-2-4 可以看到,从零(O 点)到 A 点,应力—伸长率曲线可以看作为一条通过零点的斜直线,直线的斜率就是弹性模量,这时应力—伸长率呈线弹性关系,这一阶段称为线弹性阶段;从 A 点到 B 点,应力不增加,伸长率也会不断增大,这就是屈服现象,相应的应力即为屈服强度,这一阶段称为屈服阶段,A 点到 B 点的长度称为屈服平台。

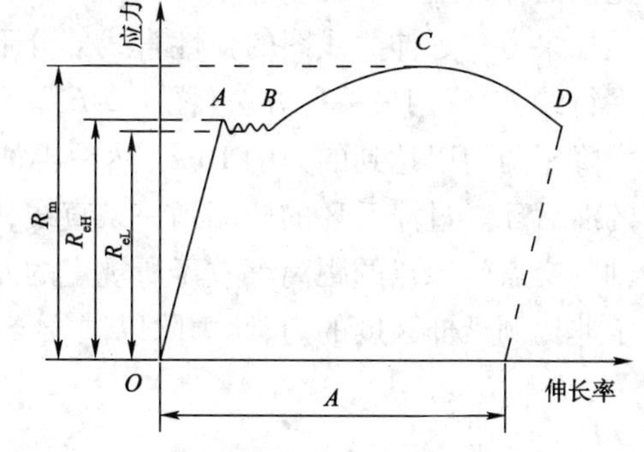

图 1-2-4　有明显屈服现象钢筋的应力—伸长率曲线

屈服阶段中,应力—伸长率曲线会发生波动,取其最低应力为下屈服强度 R_{eL},最高应力为上屈服强度 R_{eH}。通常将下屈服强度作为屈服强度特征值或屈服强度。

测定屈服强度的试验速率,通常可按材料弹性模量的大小取相应的应力速率;弹性模量 $E < 1.5\times10^5\ \mathrm{N/mm^2}$,应力速率为 $2\sim20(\mathrm{N/mm^2})\cdot \mathrm{s^{-1}}$;弹性模量 $E \geqslant 1.5\times10^5\ \mathrm{N/mm^2}$,应力速率为 $2\sim20(\mathrm{N/mm^2})\cdot \mathrm{s^{-1}}$。

对于有明显屈服现象的钢材,可以采用下列的图解法、指针法或自动装置测定其上屈服强度和下屈服强度:

(1)图解法。试验时记录应力—伸长率曲线(图 1-2-4)或力—伸长曲线,从曲线图读取首次下降前的最大力和不计初始瞬时效应时屈服阶段中的最小力或屈服平台的恒定力，将其分别除以试样公称横截面面积得到上屈服强度 R_{eH} 和下屈服强度 R_{eL}。

(2)指针法。试验时，读取测力度盘指针首次回转前指示的最大力和不计初始瞬时效应时屈服阶段中指示的最小力或首次停止转动指示的恒定力，将其分别除以试样公称横截面面积得到上屈服强度和下屈服强度。

(3)自动装置。使用自动装置或自动测试系统等测定上屈服强度和下屈服强度。

4. 抗拉强度

测定抗拉强度的试验速率，不应超过0.008/s。

也可以采用下列的图解法、指针法或自动装置测定试样的抗拉强度：

(1)图解法。从试验记录的应力—伸长率曲线(图1-2-4)或力—伸长曲线上，读取最大力，将最大力除以试样公称横截面面积得到抗拉强度。

(2)指针法。从测力度盘读取试验过程中的最大力，将最大力除以试样公称横截面面积得到抗拉强度。

(3)自动装置。使用自动装置或自动测试系统等测定抗拉强度。

5. 规定非比例延伸强度

在弹性范围，试验速率与测定屈服强度的应力速率相同；在塑性范围，试验速率不应超过0.0025/s。

由试验得到力—延伸曲线图(参照图1-2-5)，画一条与曲线的弹性直线段部分平行、且在延伸轴上与此直线段的距离等效于规定非比例延伸率，例如0.2%的直线。此平行线与曲线的交点给出相应于所求规定非比例延伸强度的力。将此力除以试样公称横截面面积得到规定非比例延伸强度。

如果力—延伸曲线图的弹性直线部分不能明确地确定，以致不能以足够的准确度画出这一平行线，建议用另一种方法(图1-2-6)。试验中，加载超过预期的规定非比例延伸强度后，将力降至约为以达到的力的10%；然后再加载直至超过原已达到的力，可以得到一个力—延伸的滞后环。过滞后环的两端画一条直线，然后作一条与此平行、并经过横轴的平行线，其与横轴的交点到原点的距离等效于所规定的非比例延伸率。该平行线与曲线的交点给出相应于规定非比例延伸强度的力，此力除以试样公称横截面面积得到规定非比例延伸强度。

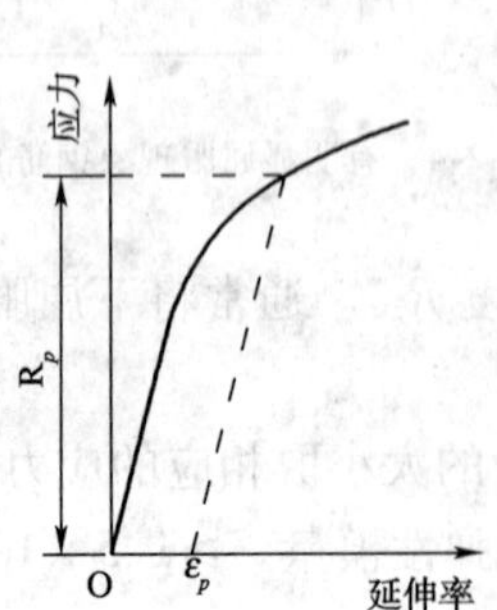

图1-2-5　无明显屈服现象钢材的应力—延伸率曲线

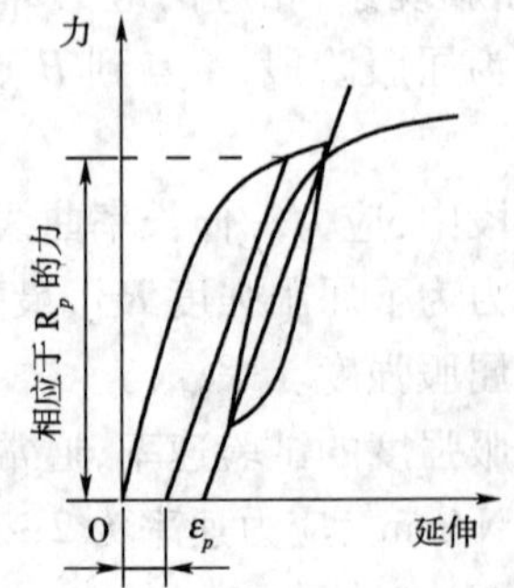

图1-2-6　测定规定非比例延伸强度

6. 断后伸长率

试样被拉伸断裂后，应将其断裂的部分仔细地配接在一起使其轴线处于同一直线上，并采取特别措施确保试样断裂部分适当接触后测量试样断后标距。将断后标距减去原始标距,然后除以原始标距,得到断后伸长率,以百分率表示。

应使用分辨力优于 0.1mm 的量具或测量装置测定断后标距,准确到 ±0.25mm;如规定的最小断后伸长率小于 5%,宜采用特殊方法进行测定。

原则上只有断裂处与最接近的标距标记的距离不小于原始标距的 1/3 情况方为有效。但断后伸长率大于或等于规定值时,不论断裂位置处于何处测量均为有效。

为了避免因断裂发生在离最接近的标距标记的距离小于原始标距的 1/3 而造成试样报废,可以采用移位方法测定断后伸长率(图 1-2-7)。

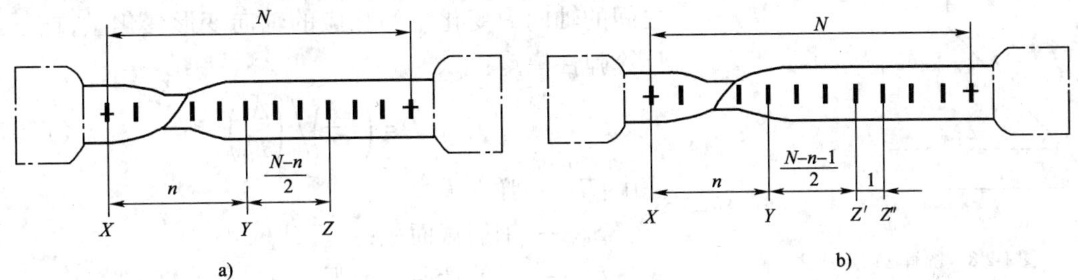

图 1-2-7　移位法测定断后伸长率

如图 1-2-7 所示,试验前将原始标距 L_0 细分为 N 等分。试验后,以符号 X 表示断裂后试样短段的标距标记,以符号 Y 表示断裂后试样长段上的某个标记,使此标记 Y 到断裂处的距离最接近于断裂处到标距标记 X 的距离。测得 X 与 Y 之间的分格数为 n,按以下方法测定断后伸长率:

(1)如 $N-n$ 为偶数(图 1-2-7a),测量 X 与 Y 之间的距离和 Y 与 Z 之间的距离[Y 与 Z 之间的分格数为 $(N-n)/2$],按式(1-2-5)计算断后伸长率:

$$A=\frac{XY+2\times YZ-L_0}{L_0}\times 100\% \tag{1-2-5}$$

(2)如 $N-n$ 为奇数(图 1-2-7b),测量 X 与 Y 之间的距离、Y 与 Z' 之间的距离[Y 与 Z' 之间的分格数为 $(N-n-1)/2$]和 Y 与 Z'' 之间的距离[Y 与 Z'' 之间的分格数为 $(N-n+1)/2$],按式(1-2-6)计算断后伸长率:

$$A=\frac{XY+YZ'+YZ''-L_0}{L_0}\times 100\% \tag{1-2-6}$$

三、弹性模量试验

1. 试样

钢筋弹性模量试验的拉伸试样制备应符合国家标准《金属材料　室温拉伸试验方法》(GB/T 228—2002)等的有关规定,及相关的金属产品标准的有关规定。具体做法可见上述拉伸试验的要求。

钢筋的横截面面积可采用公称横截面面积。

2. 试验设备

拉力试验机,应按照 GB/T 16825 进行检验,并应为 1 级或优于 1 级准确度。

引伸仪应按 GB/T 12160 进行检验,其准确度级应为 0.5 级或优于 0.5 级。

3. 试验方法

可以对试样施加初试验力，以消除间隙、试样弧度、夹头对中偏差等不利影响。正式试验测量应从初试验力开始，到弹性范围内的更大的试验力为止。

加载速率应取应力速率为 $2(\mathrm{N/mm^2})\cdot \mathrm{s^{-1}}$。

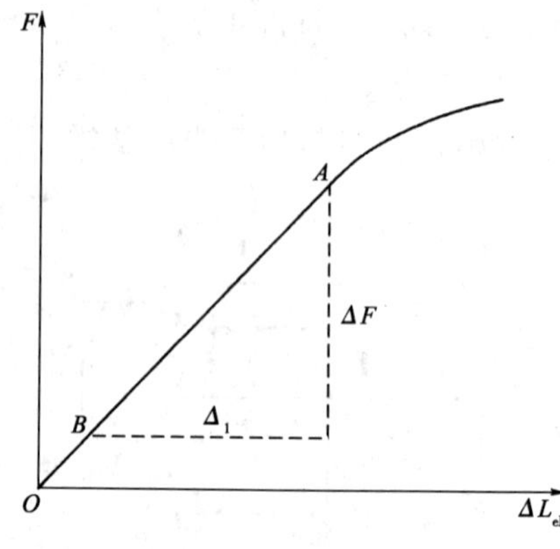

图 1-2-8 图解法测定弹性模量

(1)图解法

试验时，用自动记录方法绘制轴向力 F—轴向变形 ΔL_{el} 曲线，见图 1-2-8。在轴向力—轴向变形曲线上，确定弹性直线段，在该直线段上读取相距尽量远的 A、B 两点之间的轴向力变化量和相应的轴向变形变化量，按下式计算弹性模量：

$$E=\left(\frac{\Delta F}{S_0}\right)\Big/\left(\frac{\Delta_1}{L_{el}}\right) \tag{1-2-7}$$

式中：E——弹性模量；

S_0——钢筋截面积；

L_{el}——引伸计原始标距。

(2)拟合法

试验时，在弹性范围内记录轴向力和与其相应的轴向变形的一组数据对，数据对的数量一般不少于 8 对。用最小二乘法将数据对拟合轴向力—轴向应变直线，拟合直线的斜率即为弹性模量，如下式：

$$E=\left[\sum(e_1S)-k\,\bar{e}_1\bar{S}\right]\Big/\left(\sum e_1^2-k\,\bar{e}_1^2\right) \tag{1-2-8}$$

其中：$e_1=\dfrac{\Delta L_{el}}{L_{el}}$为对应于某一对数据的应变，即轴向变形除以引伸计原始标距；$\bar{e}_1=\dfrac{\sum e_1}{k}$为所有应变的平均值；$S=\dfrac{F}{S_0}$，为对应于某一对数据的应力，即轴向力除以钢筋截面积；$\bar{S}=\dfrac{\sum S}{k}$为所有应力的平均值；$k$ 为数据对的数量；S_0 为钢筋截面积；L_{el} 为引伸计原始标距；E 为弹性模量。

按下式(1-2-9)计算拟合直线斜率的变异系数，其值在 2% 以内，按式(1-2-8)得到的弹性模量有效。

$$\nu_1=\sqrt{\left[\left(\frac{1}{\gamma^2}-1\right)(k-2)\right]}\times 100\% \tag{1-2-9}$$

式中，γ 为相关系数，按下式计算：

$$\gamma^2=\left[\sum(e_1S)-\frac{\sum e_1\sum S}{k}\right]^2\Big/\left\{\left[\sum e_1^2-\frac{(\sum e_1)^2}{k}\right]\cdot\left[\sum S^2-\frac{(\sum S)^2}{k}\right]\right\} \tag{1-2-10}$$

第三章　结构混凝土强度及缺陷现场检测

由于受原材料及配合比、施工工艺、天气情况、施工人员技术水平等多种因素影响，在工程中混凝土强度和成型质量常常处于不稳定状态。现场塌落度检查和同条件立方体抗压强度试块也往往不能真实的反映结构混凝土的强度和成型质量。所以，为了能直接反映结构混凝土的真实强度等质量指标，保证工程质量，人们越来越重视利用非破损检测方法对结构混凝土进行现场检测。

结构混凝土的现场检测方法大体可以分为四类：第一类是以检测混凝土强度为目的，常见的有回弹法、超声—回弹综合法、振动法等无损检测方法，以及取芯、拔出、射击等半破损检测方法；第二类是以检测混凝土内部缺陷为目的，属于这一类的方法主要有超声脉冲法、射线法、介电法、微波吸收和雷达扫描法等等；第三类是以检测结构混凝土受力历史和受力损伤程度为目的，这是混凝土现场检测的一个新领域，主要方法是声发射法和超声法的综合利用；第四类是以检测结构混凝土其他性能为目的，例如弹性模量、粘塑性指标、密实度、抗冻性等，常常使用超声、取芯等方法。

在混凝土工程施工过程中出现下列情况时，可使用非破损检测方法对实际建筑物混凝土进行检测和评定：

(1)当试件的试验结果不能满足设计要求时；

(2)当混凝土试件强度缺乏代表性或试件数量不足时；

(3)对试件的试验结果有怀疑或争议时；

(4)发生混凝土工程质量事故，或对施工质量有争议时；

(5)监控混凝土工程建造过程中的施工质量。

对已建成的或将进行维修的混凝土工程为达到下述目的时，亦可利用非破损检测方法检测和评定混凝土结构或构件的质量：

(1)日常技术管理；

(2)大、中、小修或抢修工程；

(3)改变使用条件、改建或扩建等工程；

(4)确定遭受事故或灾害后的损伤程度，制定修复或加固方案时。

水运工程结构混凝土强度及缺陷现场检测应采用抽样检验方法，并应符合下列规定：

1. 批量检测

从验收批中，应随机抽取构件总数或结构面积的30%，且不宜少于3个构件组成样本，以此判定验收批的结构或构件混凝土质量。当抽检的结构或构件，经检验出现不合格批时，应从剩余的构件中，再抽取构件总数的30%组成新的样本，进行检测。当检验结果中仍出现不合格批时，则应检测剩余的全部构件。非受力结构，且构件数量较多，抽检的构件数量和其代表性可与有关方面协商确定。

2. 单个检测

单个检测适用于单独结构或构件的检测。当批量检测出现不合格批时应按单个检测对构件逐个判定，每个构件测区数不宜少于5个。

用非破损方法检测的结构中混凝土强度，适用于C10～C60的范围，推定的强度值相当于边长为150mm立方体试件抗压强度。

用取芯法钻取的混凝土芯样试件，制备成高度与直径均为100mm的芯样抗压强度试件，按《水运工程混凝土试验规程》(JTJ 270)规定方法测得抗压强度值，其尺寸效应相当于边长150mm立方体试件的抗压强度。

第一节　回弹法检测混凝土强度

回弹法是目前在现场检测混凝土强度最简便也最常用的一种方法，这种方法在我国的应用已达50余年。目前，我国是对回弹法检测混凝土强度研究最深入的国家，国内对回弹法的应用作出具体规范的行业标准有《回弹法检测混凝土抗压强度技术规程》(JGJ/T 23—2001)、《水运工程混凝土试验规程》(JTJ 270—98)、《港口工程混凝土非破损检测技术规程》(JTJ/T 272—99)。上述规范中对混凝土回弹仪、适用范围、操作规程、数据处理都作出了具体规定，但在一些细节和参数选用上还是有所区别的。考虑到本书的适用范围、阅读对象，本章节主要内容主要依据《港口工程混凝土非破损检测技术规程》(JTJ/T 272—99)，但建议读者详细了解其他两本规范，以作补充。

一、回弹法的基本原理

回弹法是用一个弹簧驱动的重锤，通过弹击杆，弹击混凝土表面，并测出重锤被弹回来的距离，以回弹值作为与强度相关的指标来推定混凝土强度的一种方法，属于表面硬度法的一种。

回弹法适用于普通混凝土抗压强度的检测。被测混凝土强度应在C10～C60之间，且表层与内部质量应无明显差异，内部也不存在缺陷。

二、检测仪器

回弹法检测混凝土抗压强度需要的仪器设备包括回弹仪，压力机，标定回弹仪的钢钻，以及钢卷尺。

1. 回弹仪的构造和分类

测定回弹值的仪器，宜采用示值系统为指针直读式的混凝土回弹仪。回弹仪由弹击杆、弹击拉簧、指示系统、保护壳等23个部件组成。根据其冲击动能及用途，可分为重型(冲击动能26.42J，用于大体积混凝土)、中型(2.207J，用于普通混凝土C10～C45)、高强度回弹仪(用于C50～C60混凝土)三种规格。

2. 回弹仪的技术要求

(1)水平弹击时，弹击锤脱钩的瞬间，回弹仪的标准能量应为2.207J。

(2)弹击锤与弹击杆碰撞的瞬间，弹击拉簧应处于自由状态，此时弹击锤起跳点应相应于指针指示刻度尺上“0”处。

(3)在洛氏硬度HRC为60±2的钢砧上，弹击杆端部球面与砧芯接触，向下弹击；分4次旋转弹击杆，每次转90°，弹击6次，共计24次，每次率定值RN应符合表1-3-1的标准。

不同型号回弹仪率定值　表 1-3-1

回弹仪型号	中　型	重　型	高强度型
率定值	80 ±2	63 ±2	80 ±2

3. 回弹仪的保养

当回弹仪出现下列情况之一时,应进行常规保养:

(1)弹击次数超过 3000 次;

(2)对检测值有怀疑时;

(3)率定值 RN 不合格。

4. 回弹仪的检定

回弹仪出现下列情况之一时,应送主管部门认可的单位检定:

(1)新回弹仪启用前;

(2)超过检定有效期限;

(3)累计弹击次数超过 6000 次;

(4)按常规保养后钢钻率定值不合格;

(5)遭受严重撞击或其他损害。

三、回弹检测技术

1. 一般规定

在被测混凝土结构或构件上均匀布置测区,测区数不小于 3 个。相邻两侧区的间距不宜大于 2.0m。测区应均匀分布,表面应清洁,平整、干燥,不应有接缝、饰面层、粉刷层、浮浆、油垢、蜂窝和麻面等表观缺陷,并应避开钢筋和铁制预埋件。测区面积:中型回弹仪为 $400cm^2$;重型回弹仪为 $2500cm^2$。(混凝土结构或构件厚度不大于 60cm,或最大粒径不大于 40mm,宜选用中型回弹仪;厚度大于 60cm,或骨料最大粒径大于 40mm,宜选用重型回弹仪。)

2. 回弹值测量

回弹值测量时的技术要求如下:

(1)回弹仪宜处于水平方向测试混凝土浇筑的侧面,当不能满足这一要求时,亦可按非水平方向测试。

(2)每个测区应弹击 16 个测点。当测区具有两个侧面时,每个侧面可弹击 8 个测点;当不具有两个侧面时,可在一个侧面上弹击 16 个测点。

(3)弹击回弹值测点时,应避开气孔或外露石子。一个回弹值测点只允许弹击一次,回弹值测点间的间距不宜小于 30mm。

(4)回弹仪的轴线垂直于结构或构件的混凝土表面,缓慢均匀施压,不宜用力过猛或冲击。

(5)一个回弹测点测试完毕,可将回弹仪的弹击杆压在混凝土表面,读取回弹测点值,亦可按下回弹仪上的按钮,锁住机芯读数。

(6)读数完毕后,应使回弹仪的弹击杆自机壳内伸出,挂钩挂上弹击锤,待测定下一个回弹测点。

3. 碳化深度值测量

碳化深度测定应符合下列规定:

(1)应采用电动冲击锤在回弹值的测区内,钻一个直径为20mm,深约80mm的孔洞。

(2)应清除孔洞内混凝土粉末,用1%酚酞溶液滴在孔洞内壁的边缘处,用0.5mm精度的钢直尺测量混凝土表面至不变色交界处的垂直距离2~3次,计算其碳化深度平均值,即为混凝土碳化深度。

(3)当测定的碳化深度值小于1.0mm时,可按无碳化处理。

4. 回弹数据整理

测试数据整理应符合下列规定:

(1)测区回弹值应以回弹仪水平方向测试混凝土浇筑侧面的测值为基准。

(2)测区回弹平均值的计算,应在16个回弹测点值中,剔除3个最大值和3个最小值后,剩余10个回弹值,计算测区平均回弹值。

(3)当回弹仪在非水平方向测试时,应按式(1-3-1)换算成水平方向回弹平均值:

$$mR = mR_{\alpha} + \Delta R_{\alpha} \tag{1-3-1}$$

式中:mR_{α}——回弹仪与水平方向成α角测试时测区的平均回弹值;

ΔR_{α}——按相关规范角度修正表查出的不同测试角度α的回弹修正值,计算至0.1。

四、推定混凝土强度

1. 测强曲线

测强曲线是检测值与混凝土强度推定值之间一组函数关系。一般通过制作大量不同强度的混凝土试件,利用最小二乘法建立回弹法等无损检测方法的测试结果与混凝土抗压强度之间的函数关系。测强曲线分为:

(1)统一测强曲线:由全国有代表性的材料、成型养护工艺配制的混凝土试件,通过试验所建立的曲线。

(2)地区测强曲线:由本地区常用的材料、成型养护工艺配制的混凝土试件,通过试验所建立的曲线。

(3)专用测强曲线:由与结构或构件混凝土相同的材料、成型养护工艺配制的混凝土试件,通过试验所建立的曲线。

2. 换算混凝土强度

地区和专用测强曲线的强度误差值均小于全国统一测强曲线,因此当有专用测强曲线时,应优先选用。当无专用测强曲线时,可根据回弹仪型号,按下列混凝土强度相关关系式进行换算:

(1)中型回弹仪:

普通混凝土强度

$$f_{cuRo} = 0.02497 m_R^{2.0106} \tag{1-3-2}$$

引气混凝土强度

$$f_{cuRo} = 15 m_R - 152 \tag{1-3-3}$$

(2)重型回弹仪:

$$f_{cuRo} = 77e0.04^{m_R} \tag{1-3-4}$$

(3)高强度回弹仪:

$$f_{cuRo} = f(R_{Ni}) \tag{1-3-5}$$

当混凝土结构或构件碳化至一定深度时,须将推定的混凝土强度按下面公式修正:

$$f_{cuRom} = \eta_m f_{cuRo} \tag{1-3-6}$$

式中：f_{cuRom}——碳化深度修正后的混凝土强度（MPa）；

f_{cuRo}——按公式推定的混凝土强度值（MPa）；

η_m——碳化深度修正值。

3. 推定混凝土强度

经碳化修正后的混凝土强度换算值，按下式推定混凝土强度：

$$f_{cuRe} = f_{cuRom}(1 - t\delta_e) \tag{1-3-7}$$

式中：f_{cuRe}——回弹法的混凝土强度推定值；

t——正态分布概率度。对于专用测强相关关系式，$t=0.5$；对于通用测强相关关系式，$t=1.0$；

δ_e——剩余变异系数。对于专用测强相关关系式，可自行求得；对于通用测强相关关系式，取0.14。

第二节　超声—回弹综合法检测混凝土强度

一、基本原理

超声—回弹综合法是建立在超声波传播速度和回弹值与混凝土抗压强度之间相关关系的基础上，是以声速和回弹值综合反映混凝土抗压强度的一种非破损方法。和单一的超声波法或回弹法相比，超声—回弹综合法具有检测效率高、费用低廉、能同时反映混凝土内部和表层质量、能消除碳化影响等优点，是目前较为准确的混凝土强度无损检测方法。

超声—回弹综合法的适用条件与回弹法基本相同，不宜用于遭受冻害、化学腐蚀、火灾损伤、埋有块石的混凝土以及经超声波法检测判定混凝土均匀性不合格的结构或构件。

二、检测仪器

1. 回弹仪

与上一节中的回弹仪构造、技术要求、保养、检定方法均一致。

2. 超声波仪

超声—回弹综合法所使用的超声波仪、换能器应满足下列要求：

（1）仪器设备应采用低频超声仪测试。应具有显示稳定和清晰的示屏装置及手动游标测读装置，或经鉴定认可的自动检测、数据采集、记录存储、结果分析、显示打印于一体的智能化超声检测分析仪。

（2）计时器的最小读数应为0.1μs，计时范围应为0.5～5000μs；声时调节范围应在20～30μs，2h内数字变化不宜大于±0.2μs。

（3）衰减器的最小分度应为1dB；接收放大器的频率范围为10～500kHz，总增益不应小于100dB。

（4）当温度为-10～+40℃时，相对湿度应小于或等于90%，电源电压应在200V±10%的环境条件下能正常工作。

（5）换能器频率范围应在20～250kHz，实测频率与标称频率相差不宜大于±10%。

三、试验步骤

1. 布置测区、测点

(1)每个构件不应少于3个测区。

(2)一个测区应是一个矩形网格或正方形网格,网格面积约225～2500cm^2。

(3)一个测区上由4个超声波测点和16个回弹值测点组成,如图1-3-1所示。

(4)测区回弹值可按上节所述步骤进行。

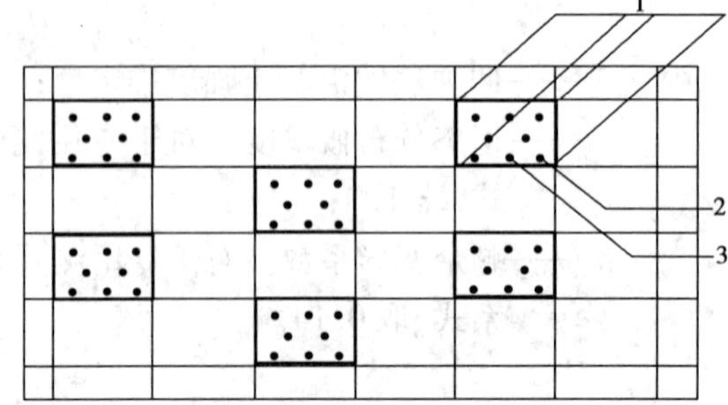

图1-3-1　超声—回弹综合法测点、测区示意图
1-超声波测点;2-回弹测点;3-测区

2. 声速检测步骤

(1)应修整表观有缺陷的测点并在测点上涂抹耦合剂。

(2)测量结构或构件的厚度,以下简称测距,应精确至1.0%。

(3)应根据测试对象和测距选择换能器的类型和频率。

(4)应将"发射"和"接收"两个换能器的辐射面上涂抹耦合剂,耦合在标准棒的两端,将"发射"电压旋钮调至所需电压位置,调节"增益"旋钮至合适位置,读出声时值 T,并按下式计算声时初读数 T_0。

$$T_0 = T - T_s \tag{1-3-8}$$

式中:T_0——声时初读数(s);

T_s——标准棒声时值(s);

T——声时值(s)。

声时初读数产生的主要原因是声延迟、电延迟以及电声转换问题。

(5)应将"发射"和"接收"两个换能器分别耦合在同一测距两端对应的测点上,用力将耦合剂挤出。调节超声波检测仪上的功能旋钮至合适位置后固定。

(6)测得的声时值 T 应记录于测试表格内。

(7)在测试过程中,当出现下列情况之一时,应重复测量3次。

①两个测点声时值的相对误差大于15.0%。

②首波振幅 A_0 值小于3mm。

③接收信号的波形不规则。

(8)混凝土声速值可按下式计算:

$$V = L(T \pm T_0) \tag{1-3-9}$$

式中:V——混凝土声速值(m/s);

L——两个换能器之间的距离(m);

T_0——声时初读数(s)。

(9)计算测区声速平均值。

3. 检测结果整理

混凝土强度换算值的确定应采用下列公式:

(1)中型回弹仪:

普通混凝土强度　$f_{cuvRo}=0.008m_V^{1.72}m_R^{1.57}$　(1-3-10)

引气混凝土强度　$f_{cuvRo}=0.04m_V^{1.54}m_R^{1.3}$　(1-3-11)

(2)重型回弹仪:

$$f_{cuvRo}=0.022m_V^{1.99}m_R^{1.19} \quad (1\text{-}3\text{-}12)$$

(3)高强度回弹仪:

$$f_{cuvRo}=f(V_i \cdot R_{Ni}) \quad (1\text{-}3\text{-}13)$$

4. 推定混凝土强度与本章第一节推定方法、公式、参数值均一致。

第三节　钻芯法检测混凝土强度

钻芯法系指在混凝土结构或构件上钻取混凝土芯样试件,直接测定混凝土强度的一种半破损现场检测方法。由于钻芯法的测定值就是圆柱状芯样的抗压强度,它与立方体试件抗压强度之间,除了需进行必要的形状修正外,无需进行某种物理量与强度之间的换算,因此,普遍认为这是一种较为直观、可靠的方法。但是钻芯法属于一种半破损检验方法,会对结构造成一定的破坏,如按照规范规定的方法,用钻芯法评价混凝土强度,需要钻取的芯样较多,对结构有一定的影响,因此常被用来对回弹法或超声回弹综合法进行修正。

1. 芯样的钻取

(1)芯样钻取前,应在选定位置用钢筋探测仪进行扫查,以避开受力钢筋位置。选取钻头直径不应小于粗骨料最大粒径的2倍。

(2)取芯样试件的位置应符合下列原则:

①应在混凝土质量具有代表性的部位;

②应在受力较小部位;

③应避开主筋,不得在预埋铁件和管线等位置;

④当用于修正非破损检测结果时,应在非破损方法计算所得的混凝土强度推定值的平均值邻近测区钻取;

⑤芯样试件钻取完毕后,应取出芯样试件,编号;

⑥钻取芯样试件留下的空穴,应及时修补。

2. 芯样的加工

(1)混凝土芯样抗压强度试件(抗压试件)的高径比宜以1.0为基准,亦可采用高径比0.8~1.2的试件。

(2)从每个钻孔中钻取的芯样,应按表1-3-2的规定制备试件数量。

芯样试件数量表　表1-3-2

芯样直径(mm)	≥100	75~65	60~50
抗压试件数量	1	3	5

(3)抗压试件不得在蜂窝、麻面、孔洞、掉石和裂缝等缺陷部位制取。

(4)芯样中钢筋允许含量应满足下列要求:

①芯样直径≥100mm的试件,可含一根直径≤22mm的钢筋,且与试件受压面平行;

②芯样直径<100mm的试件,可含一根直径≤6.0mm的钢筋,且与试件受压面平行。

(5)芯样试件的两个端面宜用高强砂浆、硫黄砂浆或107胶和水泥混合成胶液修整,其厚度不宜超过 1.5mm。

(6)修整完毕的芯样试件应静置 24h,移至标准养护室内或 20 ±3℃的水中养护 48h,取出作抗压强度试验。

3. 抗压强度试验

抗压强度试验应按《水运工程混凝土试验规程》(JTJ 270)规定的方法进行。进行抗压强度试验前,应首先对试件进行下列几何尺寸的测量,并做好记录:

(1)直径,用游标卡尺测量试件中部,在相互垂直的两个位置上,测量两次,计算其算术平均值,精确至 0.5mm。

(2)高度,用钢板尺在芯样由面至底的两个相互垂直位置上,测量两次,计算其算术平均值,精确至 1.0mm。

(3)垂直度,用游标量角器测量两个端面与母线的夹角,精确至 0.1°。

(4)平整度,用钢板尺或角尺紧靠在试件端面上,用塞尺测量与试件端面的间隙。

试件破型后,检查破碎的抗压强度试件,当出现下列情况之一时,应剔除该试件的试验结果:

(1)含有大于芯样直径 0.5 倍粒径的粗骨料。

(2)含有蜂窝和孔洞等缺陷。

(3)端面出现裂缝或抹平层分离。

(4)试件侧面出现斜向裂缝。

4. 试验结果处理

应按下式计算抗压强度测试值:

$$f_{curo}=1.273\frac{N}{\phi^2}\times\eta_A\times\eta_k \tag{1-3-14}$$

式中:f_{curo}——混凝土抗压强度测试值(MPa);

N——极限抗压荷载(N);

ϕ——芯样直径(mm);

η_A——不同高径比芯样试件强度换算系数,可按表 1-3-3 选取;

η_k——换算系数,当芯样直径小于 100mm 时,抗压强度试件的抗压强度值应乘以 η_k,换算成直径与高度均为 100mm 的抗压强度值,η_k =1.12。

η_A 值　　表 1-3-3

高径比	0.8	0.9	1.0	1.1	1.2
η_A	0.90	0.95	1.00	1.04	1.07

按表 3-2 规定制取的芯样试件数量,其抗压强度代表值应按下列方法确定:

(1)制备 1 个抗压试件的芯样,其测试值应为抗压强度代表值。

(2)制备 3 个抗压试件的芯样,其抗压强度代表值应按下列方法确定:

①以 3 个试件抗压强度测试值的算术平均值为钻孔芯样的强度代表值;

②当 3 个试件抗压强度测试值中出现的最大值或最小值与中间值相差超过 15% 时,取中间值为芯样试件强度代表值;

③当 3 个试件抗压强度中出现的最大值和最小值与中间值相差均超过 15% 时,该钻孔芯样无强度代表值。

(3)制备5个抗压试件的芯样,其抗压强度代表值应按下列步骤确定:

①剔除芯样试件强度最小值或最大值,按下式计算剩余芯样抗压试件强度平均值:

$$mf'_{\mathrm{curo}}=\frac{1}{4}\sum_{i=1}^{4}f_{\mathrm{curoi}} \tag{1-3-15}$$

②计算 t 值:

$$t=\frac{mf'_{\mathrm{curo}}-f_{\mathrm{curomin}}}{\frac{mf'_{\mathrm{curo}}\times 6}{100}\sqrt{1+\frac{1}{n_0-1}}} \tag{1-3-16}$$

式中:mf'_{curo}——剔除最小值或最大值后剩余芯样的强度平均值(MPa);

n_0——剩余芯样数。

③抗压强度代表值的确定:

当 $t \leqslant 2.4$ 时,以5个芯样试件强度的算平均值为芯样强度代表值;当 $t>2.4$ 时,对剩余4个芯样强度值再按上述方法进行检验,当检验结果 $t \leqslant 2.9$ 时,则以4个芯样试件强度的算术平均值为强度代表值;当 $t>2.9$ 时,则该钻孔芯样无强度代表值。

(4)当判定钻孔钻取的芯样无强度代表值时,应在原结构或构件上补充钻取芯样试件,再作抗压强度试验。

混凝土芯样试件强度代表值应按式(1-3-17)计算试件抗压强度推定值:

$$f_{\mathrm{cure}}=f_{\mathrm{cur}}/K_0 \tag{1-3-17}$$

式中:f_{cure}——相当于边长150mm立方体试件的抗压强度推定值(MPa);

f_{cur}——芯样试件抗压强度代表值(MPa);

K_0——换算系数,按表1-3-4中选取。

K_0　值　　表1-3-4

强度等级	≤C20	C25～C30	C35～C45	C50～C60
K_0	0.82	0.85	0.88	0.90

第四节　混凝土强度的合格判定

本章前三节介绍的三种无损或半破损检测方法,检测结果经计算最后给出的混凝土强度推定值仅为单个构件上的一个测区或批量构件中的一个构件的强度推定值,利用单个构件上多个测区或批量构件中多个随机构件的强度推定值可以进行单个构件或整批构件的混凝土强度的合格判定。

混凝土强度的合格判定,宜采用超声—回弹综合法,当不具备条件时,也可采用回弹法。混凝土强度的合格判定的程序一般为初步判定;当验收批或单个构件被判定为不合格时;当复验结果仍判该验收批为不合格时,应进行再检验。

一、混凝土强度的初步判定

1. 验收批判定

当测区数 $n \geqslant 5$ 时,能同时满足式(1-3-18)和式(1-3-19),可判为合格,反之,则初步判为不合格。

$$m_{f_{cue}} - S_{f_{cue}} \geqslant f_{cu,k} \tag{1-3-18}$$

$$f_{cuemin} \geqslant f_{cu,k} - \eta_C[\sigma_0] \tag{1-3-19}$$

式中：$m_{f_{cue}}$——同一验收批的，按测区强度或芯样强度推定值统计的混凝土抗压强度平均值（MPa）；

$S_{f_{cue}}$——同一验收批内，按测区强度或芯样强度推定值统计的标准差（MPa）；

$f_{cu,k}$——混凝土立方体抗压强度标准值（MPa）；

f_{cuemin}——同一验收批内测区混凝土强度推定值中的最小值（MPa）；

$[\sigma_0]$——混凝土立方体强度的标准差平均水平（MPa），可按表 1-3-5 选取；

η_C——系数，按表 1-3-6 选取。

$[\sigma_0]$ 值 表 1-3-5

强度等级	≤C20	C25～C40	≥C45
$[\sigma_0]$（MPa）	3.5	4.5	5.5

η_C 值 表 1-3-6

测区数量（个）	5～9	10～19	≥20
η_C	0.7	0.9	1.0

2. 单个构件判定

当构件内的测区数或芯样数 $n=3\sim4$ 个时，同时满足式（1-3-20）和式（1-3-21），可判为合格，反之，则判为不合格。

$$m_{f_{cue}} \geqslant f_{cu,k} + \eta_D \tag{1-3-20}$$

$$f_{cuemin} \geqslant f_{cu,k} - 0.5\eta_D \tag{1-3-21}$$

式中：η_D——系数，取值与表 1-3-5 值$[\sigma_0]$相同。

二、混凝土强度合格判定的复验

采用非破损检测方法时，当验收批或单个构件被判定为不合格时，可用取芯法进行复验，即在非破损方法推定的测区强度平均值的邻近测区内钻取芯样抗压试件，钻取芯样数量不宜少于 5 个。

（1）首先按本章第三节方法做芯样抗压强度试验，换算成立方体强度推定值。并按下式计算校核系数。

$$\psi = \frac{m_{f_{cuve}}}{m_{f_{cuvR}}} \tag{1-3-22}$$

式中：ψ——校准系数；

$m_{f_{cuve}}$——验收批或单个构件内用芯样强度推定的立方强度平均值（MPa）；

$m_{f_{cuvR}}$——验收批或单个构件内用非破损方法推定的立方强度平均值（MPa）。

（2）应按下式逐个修正非破损方法推定的测区强度推定值 f'_{cuvR}：

$$f'_{cuvR} = \psi \times f_{cuvR} \tag{1-3-23}$$

（3）以修正后的非破损方法强度推定值作为验收批或单个构件中的样本强度代表值，再按混凝土强度的初步判定进行混凝土强度合格判定。

三、混凝土强度合格判定的再检验

当复验结果仍判该验收批为不合格时，应按下列规定进行再检验：

(1)应在其未抽检部分的构件组成新的验收批，随机抽取30%的构件，并按混凝土强度的初步判定程序进行混凝土强度合格判定。

(2)当再抽取的构件中仍出现不合格构件时，则应检测剩余的全部构件，并对全部检测的构件，按单个构件逐个进行合格判定。

第五节 超声法检测混凝土缺陷

在混凝土结构物的施工及使用过程中，往往会对混凝土构成一些缺陷，混凝土缺陷是指破坏混凝土的连续性和完整性，并在一定程度上降低混凝土的强度和耐久性的不密实区、空洞、裂缝或夹杂泥砂、杂物等。造成这些缺陷和损伤的原因有四个方面：

(1)施工原因，如因振捣不足、钢筋过密而骨料的最大粒径选择不当、模板漏浆、桩孔壁塌方等造成的内部孔洞、断桩、不密实、蜂窝麻面、钢筋外露等。

(2)混凝土成型过程中，温度应力或过快失水造成的表面裂缝。

(3)长期在腐蚀介质或冻融作用下形成的表层缺陷或表层脱落。

(4)受外力作用产生的裂缝。

工程中为避免产生混凝土内部缺陷，从材料、混凝土配合比、施工工艺、管理制度等多个方面对混凝土进行质量控制。对混凝土缺陷的检测常采用外观检查、超声波检测、取芯检查等方法。其中超声法检测混凝土内部缺陷因其方法简便、对混凝土破坏小、能区分缺陷类型、缺陷范围、缺陷的严重程度而成为首选方法，必要时也可以钻取少量芯样试件验证。

一、超声法检测混凝土缺陷基本原理

混凝土超声探伤采用以下4点作为判别缺陷的基本依据：

(1)根据低频超声在混凝土中遇到缺陷时的绕射现象，按声时及声程的变化，判别和计算缺陷的大小。

(2)根据超声波在缺陷界面上产生散射，抵达接收探头时能量显著衰减的现象判断缺陷的存在和大小。

(3)根据超声脉冲各频率成分在遇到缺陷时衰减的程度不同，接收频率明显降低，或接收波频谱与反射波频谱产生的差异，也可判别内部缺陷。

(4)根据超声波在缺陷处的波形转换和迭加，造成接收波形畸变的现象判别缺陷。

以上4点可以单独运用，也可以综合运用。根据以上原理，在进行混凝土内部缺陷检测时，所需测量的物理量是声程、声时、衰减量、接收波形以及频谱，所以，凡是有波形显示的混凝土超声波检测仪均可以用于探伤。而无波形显示的数显式声速仪，虽然也可以用于探伤，但它只能提供声时和声速作为唯一的判别依据，因而容易造成误判。

二、检测仪器设备

1. 超声波仪和换能器

混凝土缺陷检测用超声波仪与换能器与本章第三节超声—回弹综合法所用设备的规格、

技术要求均一致。当采用厚度式换能器时，声时初读数的测试和计算方法也与前节要求一致。当采用柱状径向换能器测量时，可按下式计算声时初读数：

$$T_0=(D+d)/V_s+(d-d')/V_w \tag{1-3-24}$$

式中：T_0——声时初读数(s)；

D——声测管外径(m)；

d——声测管内径(m)；

d'——换能器外径(m)；

V_s——钢管声速(约5500m/s)；

V_w——水的声速(m/s)。

2. 其他设备

测量裂缝宽度可用塞尺和目测放大镜，测量裂缝长度及走向可用钢卷尺，钻取芯样可采用取芯机。

三、混凝土均匀性检测

混凝土均匀性检测应在结构或构件上布置超声波测点，测点数不宜少于30个，测点间距不宜大于0.5m，并应进行编号。测点布置应避开与声波传播方向相一致的主钢筋。

1. 检测步骤

(1)应修整表观有缺陷的测点并在测点上涂抹耦合剂。

(2)测量结构或构件的厚度，以下简称测距，应精确至1.0%。

(3)应根据测试对象和测距选择换能器的类型和频率。

(4)测定声时初读数T_0。

(5)应将“发射”和“接收”两个换能器分别耦合在同一测距两端对应的测点上，用力将耦合剂挤出。调节超声波检测仪上的功能旋钮至合适位置后固定。在下一个测试中不得随意调节功能旋钮。

(6)测得的声时值T。在测试过程中，当出现下列情况之一时，应重复测量3次：

①两个测点声时值的相对误差大于15.0%；

②首波振幅A_0值小于3mm；

③接收信号的波形不规则。

当数值和前测数值无变化时，应将该数据记录于测试表格内，并标记于简图中，按可疑值参与混凝土缺陷的分析。

(7)混凝土声速值可按下式计算：

$$V=L/(T\pm T_0) \tag{1-3-25}$$

式中：V——混凝土声速值(m/s)；

L——两个换能器之间的距离(m)；

T_0——声时初读数(s)。

2. 混凝土均匀性判定

从混凝土结构或构件上测得的声速值，计算混凝土声速平均值、声速标准差和变异系数。当计算所得的混凝土声速平均值和变异系数能同时满足下式要求时，可判定混凝土均匀性合格，反之则判定为不合格。

$$m_v \geqslant 3500 \tag{1-3-26}$$

$$\delta_v \leqslant 5.0 \tag{1-3-27}$$

式中：m_v——混凝土声速平均值(m/s)；

δ_v——混凝土声速变异系数(%)。

四、缺陷鉴别

1. 可疑值的确定

$$V_{min} \leqslant m_v - S_v \cdot \eta_1 \tag{1-3-28}$$

式中：V_{min}——混凝土结构或构件中的声速最小值(m/s)；

η_1——修正系数，可查表得；

S_v——混凝土声速标准差(m/s)。

2. 警告值的确定

$$V_{min} \leqslant m_v - S_v \cdot \eta_2 \tag{1-3-29}$$

式中：η_2——修正系数，可查表得。

对判定为可疑和警告的测点，应分析原因，按测点编号描绘于简图中，并按下列方法进行核实。当可疑的测点是孤立测点时，应在其附近补加测点确定其范围。当相邻测点均为可疑点，或单个测点是警告点，则可判定混凝土该部位有缺陷。

五、空洞或不密实区域检测

1. 当出现下列情况时，应进行混凝土空洞和不密实区域检测

(1)在混凝土均匀性检测中，被判定为可疑的区域或警告的测点。

(2)表观质量较差的区域。

(3)对施工质量有怀疑的结构或构件。

2. 测试步骤

空洞或不密实区域检测应根据结构或构件的测试条件，采用不同测试方法。当结构或构件具有两个相互平行的测试面时，可采用对测法、斜测法和汇交法。

当测距较大时，可在测试面的适当位置钻取直径40~50mm测试孔，其深度应根据构件厚度而定；在测试孔中注水，悬放径向振动式换能器。用厚度振动式换能器安放于测试面的测点上，用耦合剂耦合。

混凝土空洞和不密实区域的检测应符合下列规定：

(1)布置测试区域应大于可疑区域2~3倍。

(2)测点间距不宜大于100mm。

(3)测点连线(声通路)不宜与主钢筋平行。

3. 不密实区域和空洞的判定

判定不密实区域和空洞的声学参数应包括声时值、首波振幅值和接收信号的波形。对被判定为混凝土不密实的区域或空洞，必要时应钻取芯样验证。不密实区域和空洞应按下列方法进行判定：

(1)图示法，将测试的数值描绘成简图，估算混凝土不密实区域的范围和空洞的位置。

(2)计算法，用测得的数据按下式估算混凝土空洞直径。

$$D=\frac{L}{2}\sqrt{\left[\frac{T_{max}}{m_T}\right]^2-1} \tag{1-3-30}$$

式中：T_{max}——最大声时值(s)；

m_T——混凝土声时平均值；

D——混凝土空洞直径(m)。

六、表面损伤层厚度检测

1. 混凝土表面损伤层厚度检测的步骤

(1)根据结构或构件的损伤程度，结合表观质量状况，选取有代表性的部位布置测区进行检测，其数量不宜少于3个。

(2)测区内的测点不宜少于10个。

(3)布置测点时，应符合下列规定：

①测试面应处于干燥状态；

②测点的接触面应平整、无缝和无饰面层；

③两个测点的连线，不宜与主钢筋平行。

(4)测试时，应将"发射"和"接收"两个换能器耦合在同一测试面上，间距0.1m。

(5)固定"发射"换能器应保持不动，"接收"换能器应按0.1m的等距离直线方向移动，读取相应的声时值。

(6)当测定的损伤层厚度不均匀时，可适当增加测试区域。

2. 混凝土损伤层厚度的判定

(1)将测试区域中各测点的声时值和相应的测距值，绘制"时—距"坐标图。

(2)根据图中声时值所形成的拐点，按下列公式计算损伤层厚度混凝土声速值和未损伤层混凝土的声速值：

$$V_1=\cot\alpha=\frac{L_{i+1}-L_i}{T_{i+1}-T_i} \tag{1-3-31}$$

$$V'_1=\cot\beta=\frac{L'_{i+1}-L'_i}{T'_{i+1}-T'_i} \tag{1-3-32}$$

式中：V_1——损伤层厚度混凝土声速值；

V'_1——未损伤层混凝土的声速值；

L_{i+1}、L_i、L'_{i+1}、L'_i——分别为拐点前后各测点的测距(m)；

T_{i+1}、T_i、T'_{i+1}、T'_i——相应于测距的声时值(s)。

(3)损伤层厚度可按下式计算：

$$d_L=\frac{L_\alpha}{2}\sqrt{\frac{V_i-V'_i}{V_i+V'_i}} \tag{1-3-33}$$

式中：d_L——损伤层厚度(m)；

L_α——声速产生突变时的测距(m)。

七、混凝土结合面质量检测

混凝土在施工过程中，由于浇注的连续性不能保证，会形成新浇注的混凝土与已经终凝的混凝土直接出现结合面。结合面会极大地削弱混凝土的抗拉和抗剪强度,因此混凝土结合面的质量检测也非常重要。

混凝土的结合面从构件外观上可以观察到,一般以冷缝的形式存在。检测混凝土结合面质量前,应查明结合面位置、走向及表观质量,填绘于简图。混凝土结合面的质量检测可采用下列测试方法:

1. 双面斜测法

当结合面具有一对相对测试面时,应按下列方法进行测定:

(1)超声波测点应跨越结合面的两个相对面布置,测点边线的夹角相等。

(2)声通路方向应避开与构件主钢筋平行和预埋铁件。

(3)测点间的间距可根据结构或构件的尺寸而定,宜控制在0.1~0.25m。

2. 单面斜测法

当结合面只具有单个测试面时,可按下列方法进行测试:

(1)在距结合面0.05~0.10m位置的平面上,钻取一个直径50mm芯样,其深度为构件厚度的2/3。

(2)在芯样的孔穴内,置放一个柱状换能器,在跨越距结合面0.05~0.10m的平面上安放一个换能器。

(3)移动平面换能器应与结合面成平行,其间距应根据结构或构件的尺寸及换能器的效率而定,宜控制在0.10~0.25m。

3. 判定方法

根据本节第四部分的规定判定结合面的缺陷可疑点和警告点。对混凝土结合面被判定有缺陷的区域,必要时应通过钻取芯样或采用压水法进行验证。

八、裂缝检测

混凝土裂缝的宽度和走向可以利用长度尺和读数显微镜来进行测试,裂缝的深度往往无法通过直接的方法测得,取芯法也只能对垂直的浅裂缝进行检测,而且因为取芯对混凝土的破坏作用只能测量少量的部位。因此,利用超声波法进行混凝土裂缝深度的测量就具有重大的意义。超声波法测混凝土裂缝宽度常采用穿透法和平测法。

1. 混凝土裂缝检测前进行前期调查的内容

(1)裂缝周围混凝土质量、裂缝的长度及走向。

(2)使用材料的品质、混凝土配合比、浇筑和养护方法。

(3)缝隙内有无异物和积水。

(4)荷载条件及周围环境条件,包括温度和湿度变化。

(5)开裂时间及开裂过程中变化。

(6)设计图纸和计算书必要的校核。

2. 裂缝测试区布置应符合的规定

(1)每条裂缝的测试区不宜少于3个。

(2)测试区内的测点不宜少于4个,测点间的间距应通过试验确定。

(3)测试区内的测点应避开钢筋。

3. 裂缝宽度的测量的方法

(1)塞尺测量,将塞尺插于裂缝缝隙间,读取塞尺上所标量值,记录于测试表格。

(2)目测放大镜测量,将目测放大镜跨越于缝隙的两个边缘,读取测试值,记录于测试表格。

(3)测得的裂缝宽度、长度及走向应填绘于简图。

(4)在同一条裂缝上测得的最大测试值应为裂缝宽度代表值。

4. 检测混凝土裂缝深度应根据测试条件确定的测试方法

(1)当混凝土结构或构件上的裂缝具有一个可测试面时,预估裂缝深度小于或等于500mm,可采用单面平测法测量。测试步骤如下:

①不跨缝测量,将“接收”和“发射”两个换能器置于裂缝邻近的同一侧面,以两个换能器边缘间距100mm、150mm、200mm、250mm……距离移动,分别读取声时值 T_i,绘制时—距坐标图。

亦可用回归分析方法,求出下列关系式:

$$L_i = L'_i - a \tag{1-3-34}$$

式中:L_i——第 i 点的超声实际传播距离(m);

L'_i——第 i 点的“接收”和“发射”两个换能器的边缘间距(m);

a——回归系数。

②跨缝测量,将“接收”和“发射”两个换能器分别置于裂缝为轴线的对称两侧,其中心连线垂直于裂缝走向,以100mm、150mm、200mm、250mm……距离移动,分别读取相应的声时值 T_{di}。

③裂缝深度可按下式进行计算:

$$d_h = \frac{L_i}{2}\sqrt{\left[\frac{T_{di}}{T_i}\right]^2 - 1} \tag{1-3-35}$$

式中:d_h——裂缝深度(m);

T_{di}——跨越裂缝时第 i 点声时测试值(s);

T_i——不跨越裂缝时第 i 点声时测试值(s);

L_i——第 i 测点两个换能器内边缘间距(m)。

(2)当混凝土结构或构件的裂缝部位具有多个相互平行的测试表面时,可采用双面斜测法测试。裂缝深度应根据声时、首波振幅和波形等数据综合判定。

(3)检测大体积混凝土结构中的裂缝或构件厚度大于50cm的混凝土裂缝深度可采用钻孔法,钻取测试孔和测试步骤应符合下列要求:

①应在裂缝部位附近钻测试孔3个,其间距不宜小于1.0m;

②跨越于裂缝两侧的测试孔,其深度应大于裂缝深度,并与混凝土表面相垂直;

③不跨越裂缝的测试孔为校准孔,其深度约500mm;

④孔径应比换能器直径大5~10mm;

⑤测试孔内不应存有泥浆等杂质;

⑥应选用频率为20~36kHz径向振动式换能器;在换能器的电缆线上标出等距离标志,宜为0.1~0.5m;

⑦测试孔中应注满清水,将“接收”和“发射”换能器分别置于裂缝两侧的对应测孔中,以

同一高程等间距从上至下同步移动，读取声时、首波波幅。

(4)裂缝深度判定应符合下列规定：

①绘制换能器深度与相应的首波波幅值的 $A_i \sim d/h$ 和声时值的 $T_i \sim d/h_i$ 的坐标图；

②根据坐标图上趋于稳定的最小声时值和最大值对应于该点的深度应为裂缝深度测试值。

(5)裂缝测试结果处理应满足下列要求：

①应将裂缝宽度和深度的代表值以及长度及走向结构简图；

②应选取有代表性部位，5mm × 30mm 石膏楔子，观察裂缝裂状态的变化。

第四章　结构与构件的静力试验

第一节　试验目的和方法

通过静力试验,可以得到结构构件的结构性能,如对于混凝土结构,可以得到其变形、裂缝宽度或拉应力限制,对于钢结构,可以得到其强度、稳定性、刚度等。

静力试验是最基本、最常用的试验方式,一般指在不长的时间内对试件进行平稳的连续(分级)加载,荷载从"零"开始一直加载到试件破坏或达到预定荷载,或在短时间内平稳地施加若干次预定的重复或反复荷载后,在连续(分级)加载到试件破坏或达到预定荷载。单调加载是指荷载从"零"开始,一直加载到试件破坏的一次性连续(分级)加载方法,静力试验通常采用单调加载。

静力试验中,加载速度很慢,结构或构件的变形也很慢,不需要考虑加速度引起的惯性力,不需要考虑由于加载速度快、结构变形快而引起的材料性能变化等。

按照试件的规模,可以将结构试验分为整体结构试验和构件试验。

整体结构试验是指将整体结构作为试件,对其进行加载和测试,得到其结构性能。由于整体结构试件巨大,试验工作量很大,费用非常高,很少采用。由于费用昂贵,整体结构试验很少进行破坏性试验。

构件试验的试验工作量较小,费用较低,可以进行一定数量试验,得到较为系统、具有统计意义的试验结果。构件试验通常可以进行破坏性试验,可以得到极限荷载等极限值。

结构静力试验的试件选取应该根据试验目的来确定。

第二节　加载方法

结构构件受到各种荷载作用时,会产生内力、及变形等反应,如受压、受拉、受弯、受剪和受扭等;实际结构构件的内力往往是各个内力的组合,如梁通常受到弯矩和剪力的同时作用,柱子受到压力和弯矩的同时作用;如梁的挠度是弯曲和剪切变形合成的结果,等等。

试验中,应该根据试验目的和要求、实际试验条件等,选择合适的加载方法和设备对试件施加荷载,使试件受到的内力(或内力组合)和变形等与实际情况相同、或者与设计规定的相同。

选择加载方法包括选择加载图式和加载制度。加载图式表示试验荷载的空间分布,加载制度则表示试验荷载与时间的关系。

为了使得试件的内力(或内力组合)和变形等与实际情况、或者设计规定的相同,就要求试验加载的荷载图式与实际情况、或设计规定的相同。但是,由于种种原因,试验中往往无法施加相同荷载图式的荷载,使试件受到相同的内力、或者内力组合作用,发生相同的变形等。这时可以采用等效荷载,等效荷载是按照某一控制内力(内力组合)或变形相等的原则确定的。在等效荷载作用下，试件的某一控制内力（内力组合）或变形与实际情况、或设计规定的相等，其他的内力、变形等则不相等，应该根据需要对这些不相等的内力、变形等进行修正。

静力试验加载制度的主要内容是荷载分级和持荷时间。荷载分级是为了观察试件的各个现象、确定试件在某些荷载下的反应，持荷时间是为了让试件的变形等有足够的时间发展。

一、加载设备

结构设计中，常常采用均布荷载和集中荷载。结构试验中，应根据需要选用合适的加载设备，对结构构件施加均布荷载和集中荷载。

1. 重物堆载

用重物的重力作为试验加载，应对重物进行称量，称量重物的衡器示值误差应不大于 ±1.0%。重物堆载可以用于施加均布荷载，也可以用于施加集中荷载。

用重物堆载施加均布荷载，可以采用砖块、砌块、袋装水泥、袋装黄砂等（图 1-4-1）；应先将整个试件跨度等分为 $2n(n=1,2,3,\cdots)$ 个区段，在每个区段的中间，对中设置一堆重物，堆与堆之间应留有 50～150mm 的空隙；分级加载时，每一堆应同时堆放同样重量的重物。这样的堆载方法相当于用 $2n$ 个集中力模拟均布荷载，要求堆载的数量越多越好、越接近于均布荷载，应不少于 6 堆；此外，也应该考虑对由此引起的偏差进行修正。

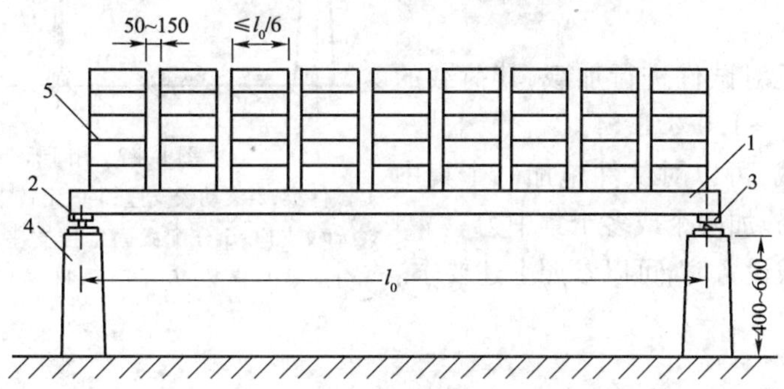

图 1-4-1　用重物加载

1-试件；2-滚动铰支座；3-固定铰支座；4-支墩；5-重物

理想的模拟均布荷载的方法是水（水的重力），在试件上设置一个水箱，调整水位就可以模拟均布荷载的大小。该方法的一个缺点是，当试件变形后，原来均匀的水位（荷载）就会变得稍稍的不均匀。

用重物施加集中力，可以用吊篮、杠杆等将重物的重力集中于作用点来实现（图 1-4-2）。图 1-4-2 中，可以通过调整 $L/1$ 的比例大小，达到放大荷载的效果；平衡重（10）则用于消除杠杆和吊篮等重量对试件的作用力。

2. 千斤顶加载

用千斤顶加载，应采用荷载传感器或液压传感器测量荷载，传感器的示值误差应不大于 ±1.0% F.S.。

用千斤顶可以施加集中荷载，如果需要若干个集中荷载，可以用若干个千斤顶，或一个、几个千斤顶再通过分配梁来实现。用千斤顶加载，操作轻便、容易控制，可以方便地进行各个加

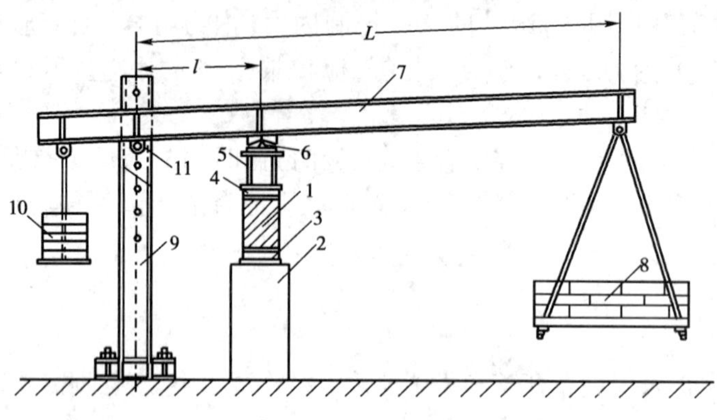

图 1-4-2 杠杆加载装置

1-试件;2-支墩;3-试件铰支座;4-分配梁铰支座;5-分配梁;6-刀口支点;7-杠杆;8-加载重物;9-杠杆拉杆;10-平衡杠杆自重的平衡重;11-钢轴(支点)

载点同步加载,但需要有反力装置,如反力架和台座、或自平衡反力架等。图 1-4-3 为用一个千斤顶,通过分配梁对试件梁施加两个集中力,用拉杆提供反力。

如果需要用多个集中力模拟均布荷载,也可以用若干个千斤顶同步加载,或一个、几个千斤顶再通过一层或几层分配梁来实现。

3. 试验机加载

可以用试验机对试件进行加载,其荷载的示值误差应不大于 ±1.0% F.S. 。

用试验机加载,可以对试件施加一个集中力,或通过分配梁施加两个或多个集中力。

采用其他加载设备时,可以参照上述要求。

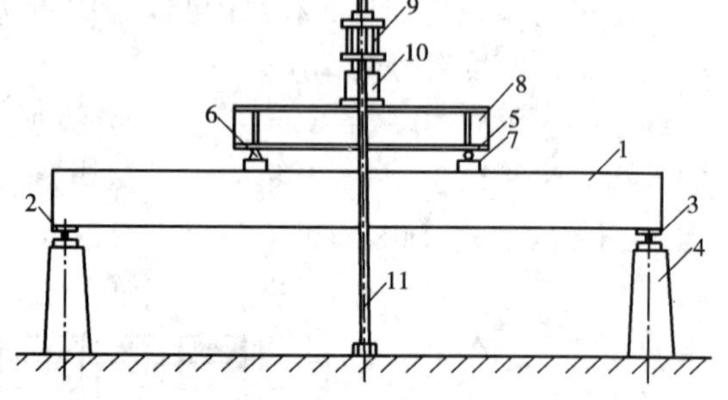

图 1-4-3 用千斤顶加载

1-试件梁;2-滚动铰支座;3-固定铰支座;4-支墩;5-分配梁滚动铰支座;6-分配梁固定铰支座;7-集中力下的垫板;8-分配梁;9-横梁;10-千斤顶;11-拉杆

二、受弯构件

梁和单向板是典型的受弯构件,是常用的基本承重构件。预制的梁和板等受弯构件一般是简支的,其一端为铰支承(固定铰支座),另一端为滚动支承(滚动铰支座),见图 1-4-4。支座下面用支墩安置在稳固的地面上,要求在试验过程中保持牢固和稳定。固定铰支座可以采用角钢、刀口式垫板(图 1-4-5)、半圆钢或焊于钢板上的圆钢(图 1-4-6),滚动铰支座可以采用圆钢(图 1-4-7)或下面有圆钢的刀口式垫板(图 1-4-8)。

受弯构件受均布荷载 q 作用下,其内力有弯矩和剪力,相应的弯矩分布和剪力分布如图 1-4-4a)所示,跨中处弯矩达到最大值$\left(\frac{1}{8}qL^2\right)$,两端支座处剪力达到最大值$\left(\frac{1}{2}qL\right)$。由于施加均布荷载比较困难,通常通常采用三分点荷载(图 1-4-4b)作为其等效荷载,跨中一个集中力 P 通过分配梁分为两个大小相等、方向相同的集中力$\left(\frac{1}{2}P\right)$,分别作用在梁上跨度的两个三分点处,引起的弯矩分布和剪力分布见图 1-4-4b)。对于以受弯为主的构件,即截面抗弯承载力(弯矩)为控制内力,可以按跨中弯矩相等的原则来确定等效的三分点荷载大小。令两者的跨

中弯矩相等,可得:

$$\frac{1}{8}qL^2=\frac{1}{6}PL \tag{1-4-1}$$

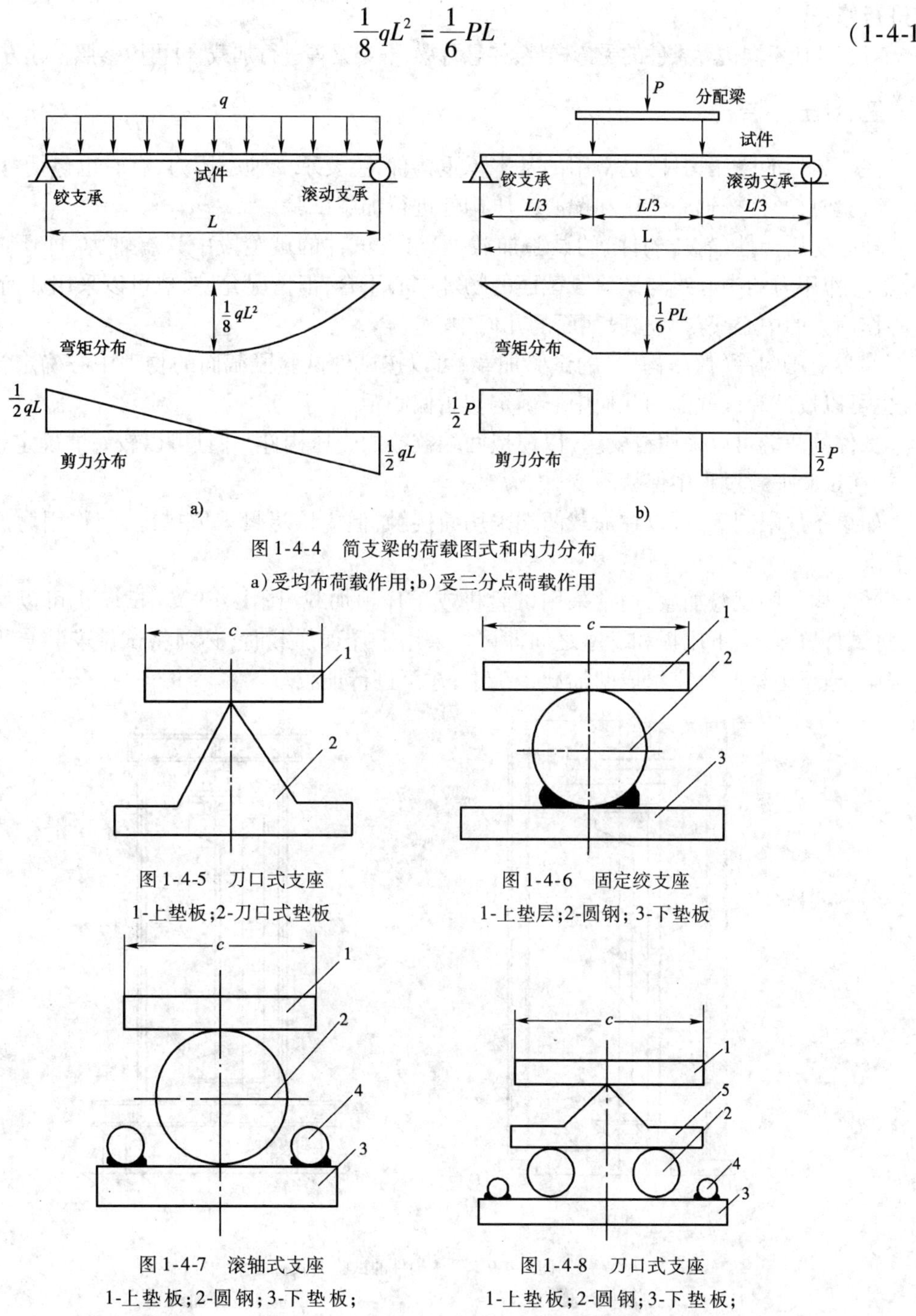

图 1-4-4 简支梁的荷载图式和内力分布

a)受均布荷载作用;b)受三分点荷载作用

图 1-4-5 刀口式支座

1-上垫板;2-刀口式垫板

图 1-4-6 固定绞支座

1-上垫层;2-圆钢;3-下垫板

图 1-4-7 滚轴式支座

1-上垫板;2-圆钢;3-下垫板;4-限位钢筋

图 1-4-8 刀口式支座

1-上垫板;2-圆钢;3-下垫板;4-限位钢筋;5-刀口式垫板

整理后,可得到等效荷载 P 的大小为:

$$P=\frac{3}{4}qL \tag{1-4-2}$$

从图 1-4-4 可以看到,用三分点荷载作为均布荷载的等效荷载,它们的弯矩分布较为接近,剪力分布的差别较大。此外,三分点荷载作为均布荷载的等效荷载得到的跨中挠度,也应该进行修正。

对于其他不同边界条件的受弯构件,如悬臂梁、框架梁等进行加载,也可以参照上述方法进行。

三、受压构件

柱是典型的受压构件,是常用的基本承重构件,主要承受轴心压力,有时也包括弯矩、剪力等。试验时,通常按轴心受压和偏心受压构件进行加载试验。

轴心受压构件(轴压构件)的试验加载,要求在试件的试验段中只有轴力,即所谓物理对中,轴心作用力的中心线与试验段截面的物理中心重合;但情况允许,也可以采用几何对中,即轴心作用力的中心线与试验段截面的几何中心重合。

偏心受压构件(偏压构件)的试验加载,可以按试件试验段截面的物理中心确定初始偏心距,也可以按试验段截面的几何中心确定初始偏心距。

试件的两端可以采用铰支座,以模拟两端铰接的受压构件,并且可以较好的确定轴力的中心线、在试验加载过程中保持不变。

如果条件限制等,可以在加载两端采用面接触,但应该尽量采取措施,使作用力的位置符合要求。

受压构件的试验加载,通常采用试验机或千斤顶加载(图 1-4-9)。试验机可以做到自平衡,将试件置于上、下压板和支座之间即可。采用千斤顶加载时,必须将试件安装自平衡的反力架中,或反力架与台座组成的加载系统中,才可进行加载。

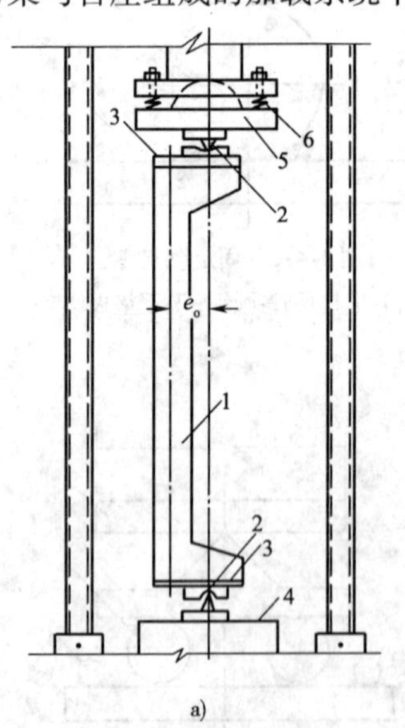

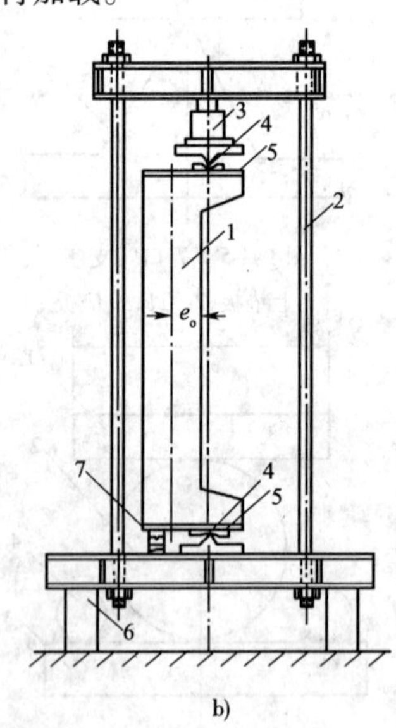

图 1-4-9 受压构件的试验加载

a)试验机加载

1-试件柱;2-刀口铰支座;3-垫板;4-下压板;5-上压板;6-调节弹簧

b)千斤顶加载

1-试件柱;2-反力架;3-千斤顶;4-刀口铰支座;5-垫板;6-支墩;7-临时垫木

四、加载制度

加载制度的选择和确定,应根据试验目的、试件类型和加载设备条件等。

对于混凝土预制构件的结构性能检验,应按照国家标准《混凝土结构工程施工质量验收规范》(GB 50204—2002)的有关规定进行荷载分级和持荷:

(1)为作挠度检验和裂缝宽度检验,应先确定荷载标准值。荷载标准值是指在正常使用极限状态下,根据构件设计控制截面上的荷载标准组合效应与构件检验的加载方式,经换算确定的荷载值。

(2)抗裂检验荷载值为抗裂检验系数允许值与荷载标准值的乘积,抗裂检验系数允许值按(GB 50204—2002)的第 9.3.4 条计算。

(3)承载力检验荷载设计值是指在承载能力极限状态下,根据构件设计控制截面上的内力设计值与构件检验的加载方式,经换算确定的荷载值。

(4)当荷载小于荷载标准值时,每级荷载不应大于荷载标准值的 20%;当荷载大于荷载标准值时,每级荷载不应大于荷载标准值的 10%。

(5)如需进行抗裂检验,当荷载接近抗裂检验荷载值时,每级荷载不应大于荷载标准值的 5%。

(6)当荷载接近承载力检验值时,每级荷载不应大于承载力检验荷载设计值的 5%。

(7)对仅作挠度、抗裂或裂缝宽度检验的构件应分级卸载。

(8)作用在构件上的设备重量及构件自重应作为第一次加载的一部分。

(9)每级加载完成后,应持续 10～15min;在荷载标准值作用下,应持续 30min。在持续时间内,应观察裂缝的出现和开展,以及钢筋有无滑移等;在持续时间结束时,应观察并记录各项读数。

混凝土结构构件在某一荷载下的变形发展较慢,持荷时间应稍长些;钢结构构件在某一荷载下的变形发展较快,持荷时间可以稍短些。

通常情况下,受弯构件在某一荷载下的变形相对受压构件稍慢,持荷时间应稍长;结构构件组成较复杂的在某一荷载下的变形相对组成简单的较慢些,持荷时间应稍长。

不同的加载设备,可以采取不同荷载分级和持荷时间。

当采用千斤顶、试验机等容易操作控制的加载设备,可以将荷载分得细些、级数多些,以利于多观察、多获得试验数据。当采用重物加载时,为了荷载图式准确和操作简便,可以取一层重物为一级荷载。

当一级荷载的加载时间较短时,该级荷载的持荷时间宜稍长些;当一级荷载的加载时间较长时,该级荷载的持荷时间可以稍短些。

在有条件的情况下,应在弹性阶段采用分级加载,在弹塑性阶段和接近破坏时采用连续加载,这时应平稳、缓和地连续施加荷载或变形。

第三节　测 量 方 法

结构试验中,应该测量荷载、挠度、裂缝、应力等,通过对测量结果的分析计算,可以得到所需要的结构性能。

一、荷载测量

要得到承载力、强度或其他控制作用力值,应该测得相应的荷载。

用重物加载时,应将分级施加的重物累加即可。

用水加载时,可以用水位尺测量水位高度,换算成分布荷载。

用千斤顶加载时,可用荷载传感器安置在千斤顶的活塞头上,即可测得千斤顶所输出的作用力;或用液压传感器接在千斤顶的油路上,通过测量油压测得千斤顶的作用力。当用并联在一起的数个千斤顶同时加载时,可以只用荷载传感器测量其中一个千斤顶的作用力,再换算得到其他千斤顶的作用力;或用液压传感器测量油路的油压,再换算得到所有千斤顶的作用力;这时,应考虑各个千斤顶的内摩擦力的不同、油路长度不同等引起的偏差。

二、挠度测量

受弯构件的挠度是一个重要的参数,是构件在荷载作用下的整体反应。

图 1-4-10 为受弯构件跨中挠度测量的示意图。

加载前,构件水平放置、未发生变形,其轴线可看作为一根水平的直线;加载后,构件发生弯曲变形,两端的支座也会发生向下的位移(支座沉陷),用位移传感器可以测得左、右两端支座沉陷 v_l^o 和 v_r^o,测得构件跨中的位移 v_m^o;挠度定义为构件由于弯曲变形引起偏离轴线的位移,图中的 a_q^o 为跨中挠度,根据图示几何关系可得跨中挠度的计算公式:

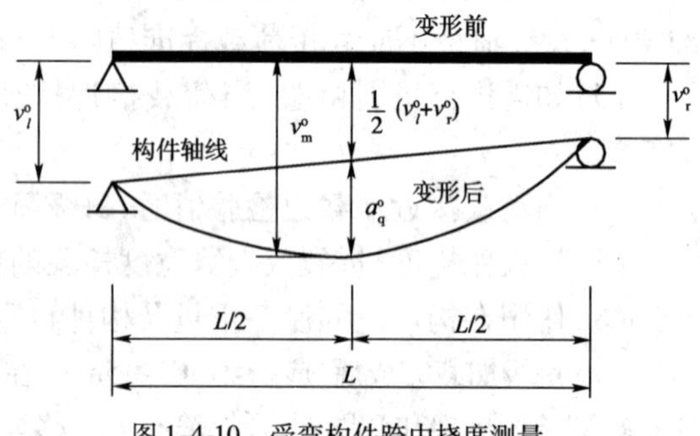

图 1-4-10　受弯构件跨中挠度测量

$$a_q^o = v_m^o - \frac{1}{2}(v_l^o + v_r^o) \tag{1-4-3}$$

式中:v_m^o——跨中位移;

v_l^o——左支座沉陷;

v_r^o——右支座沉陷。

在构件跨中和两端支座处布置位移传感器(或百分表等),测量跨中位移和左、右支座沉陷,由此可得跨中挠度。

在跨中其他位置布置位移传感器,按照图 1-4-10 的几何关系,也可以得到相应位置的挠度。如要测得受弯构件的挠曲线,应至少沿跨度等距布置不少于 5 个位移传感器(其中包括跨中三个,支座两个)。

三、裂缝测量

混凝土结构构件受到荷载、温度变化或不均匀沉降等作用时,会发生开裂,裂缝宽度也会发生变化。裂缝的发生和变化反映了裂缝处的应力或应变状态,是反映结构性能的一个重要参数。

裂缝测量包括开裂测量和裂缝宽度测量。

开裂测量通常采用目测,或借助于放大镜,确定开裂荷载、开裂部位。当采用分级加载,在某一级荷载的加载过程中发现开裂时,应取前一级荷载作为开裂荷载实测值;在某一级荷载的规定持续时间内发现开裂时,应取该级荷载与前一级荷载的平均值作为开裂荷载实测值;在某一级荷载的规定持续时间结束后发现开裂时,应取该级荷载作为开裂荷载实测值。

还可以根据荷载—挠度曲线的形状来判断开裂发生。按实测结果绘制荷载—挠度曲线,取曲线上斜率初次发生明显变化时的荷载作为开裂荷载实测值。

裂缝宽度测量可以精度为0.05mm的刻度放大镜，或相当精度的其他仪器；当条件限制、要求不严时，可以采用标准塞尺。

四、应力测量

结构构件受到荷载作用后，会产生应力，某些部位的应力会相对较大，应力较大的部位可能会首先发生破坏。有些结构试验会要求测量某一（某些）部位的应力，以了解结构构件的受力状况和可能发生的破坏形式等。

如要测量混凝土结构中某一部位钢筋的应力，可以在该部位的钢筋上粘贴应变计，通过测量应变、再换算得到相应的应力；也可以在该位置设置应力计，测得相应的应力。

如要测量结构构件某一处表面的应力，可以在该表面处粘贴应变计，连线至应变仪。如所要测量的是单向受力，可以只用单项应变计；如要测量平面应力或三维应力问题，应采用应变花或设置三维应变计。

五、数据采集

试验中，采用各种仪器和方法测量荷载、挠度、裂缝、应力等，并将测量结果作记录、保存，这一过程称为数据采集。

在数据采集中，为了得到准确、可靠的结果，应该遵循同时性和可观性原则。同时性原则要求一次采集（或一次测量）得到的所有数据（测量结果）是同一时刻的试件受到的荷载作用和试件的反应（挠度、裂缝、应力等），这些同一时刻的数据才能反映和描述试件在某一时刻的状态。客观性原则要求按照客观事实进行数据采集，并把所有关于试验实际情况的数据都加以测量、记录，使采集得到的数据能够完整、客观地反映和描述整个试验过程。

试验中，将所有的传感器接入采集仪，再接至计算机，组成结构试验的数据采集系统。在测点较多时，可以考虑采用数据采集系统，以提高测量结果的准确性和可靠性。当测点少、测量方法简便时，也可以采用人工测读等简便方法。

当采用分级加载时，也应分级测量，并且应在每级荷载持续时间结束时测量、采集，以此作为该级荷载下的测量结果。

第四节　数据处理

一、承载力确定和检验

承载力可以由极限荷载实测值得到。

试验加载中，当混凝土结构构件出现表1-4-1（GB 50204—2002）所列的承载能力极限状态标志（破坏标志）时，可以认为试件达到破坏。表中，应先按照构件的受力情况，然后确定是否达到承载能力极限状态。

如混凝土构件试验采用分级加载，在某一级荷载的加载过程中达到破坏，应取前一级荷载作为极限荷载实测值；在某一级荷载的规定持续时间内达到破坏，应取该级荷载与前一级荷载的平均值作为极限荷载实测值；在某一级荷载的规定持续时间结束后达到破坏，应取该级荷载作为极限荷载实测值。

混凝土构件承载力检验系数允许值　　表 1-4-1

受力情况	达到承载能力极限状态的标志		$[\gamma_u]$
轴心受拉、偏心受拉、受弯和大偏心受压	受拉主筋处的最大裂缝宽度达到 1.5 mm,或挠度达到跨度的 1/50	热轧钢筋	1.20
		钢丝、钢绞线、热处理钢筋	1.35
	受压区混凝土破坏	热轧钢筋	1.30
		钢丝、钢绞线、热处理钢筋	1.45
	受拉主筋拉断		1.50
受弯构件的受剪	腹部斜裂缝达到 1.5 mm,或斜裂缝末端受压混凝土剪压破坏		1.40
	沿斜截面混凝土斜压破坏,受拉主筋在端部滑脱或其他锚固破坏		1.55
轴心受压、小偏心受压	混凝土受压破坏		1.50

如试验采用连续加载,除结构构件出现承载能力极限状态的标志(破坏标志)外,还可以试验过程中所达到的最大荷载值作为极限荷载实测值。

其他结构构件出现规范规定的承载能力极限状态的标志或现象时,也可以认为该试件达到破坏。

对批量生产的混凝土预制构件,按设计规范的有关规定进行承载力检验,应将上述极限荷载实测值与承载力检验荷载设计值(均包括自重)的比值,按下式(GB 50204—2002)进行评价:

$$\gamma_u^o \geqslant \gamma_o [\gamma_u] \tag{1-4-4}$$

式中:γ_u^o——构件的承载力检验系数实测值,即极限荷载实测值与承载力检验荷载设计值(均包括自重)的比值;

γ_o——结构重要性系数,按规范或设计要求确定,当无专门要求时可取 1.0;

$[\gamma_u]$——构件承载力检验系数允许值,按表 1-4-1 选用。

二、挠度换算和检验

1. 等效荷载的挠度修正

当采用三分点荷载作为均布荷载的等效荷载,对受弯构件进行加载,所得到的跨中挠度应该进行修正,即将所得挠度乘以 0.98。

当采用其他等效荷载对受弯构件进行加载时,可以假定试件的材料为线弹性,用结构力学方法计算相应的修正系数。

2. 自重等引起的挠度

在受弯构件试验中,构件自重及部分设备重量引起的挠度难以直接测量,可以利用实际加载的荷载—挠度曲线,按下式进行推算:

$$a_g^o = \frac{M_g}{M_b} a_b^o \tag{1-4-5}$$

式中:a_g^o——构件自重及部分设备重量引起的跨中挠度;

M_g——构件自重及部分设备重量产生的跨中弯矩;

M_b——混凝土构件出现裂缝前一级实际加载产生的跨中弯矩；

a_b^o——混凝土构件出现裂缝前一级实际加载产生的跨中挠度；

对于其他情况，M_b、a_b^o 可以取荷载—挠度曲线的初始直线段末端的荷载所产生的跨中弯矩、和相应的跨中挠度。

3. 挠度检验

按设计规范的有关规定，对混凝土构件进行挠度检验时，应该考虑检验方法（短期静力加载检验）与设计荷载工况的差别，并作相应修正。

根据国家标准《混凝土结构工程施工质量验收规范》（GB 50204—2002）的有关规定，先将设计规范规定的受弯构件（在长期荷载作用下）的挠度限值换算成检验加载情况（短期荷载作用）下的挠度检验允许值。

当按现行国家标准《混凝土结构设计规范》（GB 50010—2002）第 3.3.2 条规定的挠度限值进行检验时，挠度检验允许值应按下式计算：

$$[a_s] = \frac{M_k}{M_q(\theta - 1) + M_k}[a_f] \qquad (1\text{-}4\text{-}6)$$

式中：$[a_s]$——挠度检验允许值；

$[a_f]$——受弯构件的挠度限值，按国家标准《混凝土结构设计规范》（GB 50010—2002）第 3.3.2 条规定取值；

M_k——按荷载标准组合计算的弯矩值；

M_q——按荷载准永久组合计算的弯矩值；

θ——考虑荷载长期作用对挠度增大的影响系数，按国家标准《混凝土结构设计规范》（GB 50010—2002）第 8.2.5 条规定取值。

当按行业标准《港口工程混凝土结构设计规范》（JTJ 267—98）第 3.3.3 款规定的挠度限值进行检验时，挠度检验允许值应按下式计算：

$$[a_s] = \frac{1}{\theta}[a_f] \qquad (1\text{-}4\text{-}7)$$

式中：$[a_s]$——挠度检验允许值；

$[a_f]$——受弯构件的挠度限值，按行业标准《港口工程混凝土结构设计规范》（JTJ 267—98）第 3.3.3 条规定取值；

θ——考虑荷载长期效应组合对挠度增大的影响系数，按行业标准《港口工程混凝土结构设计规范》（JTJ 267—98）第 5.7.2 条规定取值。

在荷载标准值作用下，构件挠度实测值应符合以下要求：

$$a_s^o \leqslant [a_s] \qquad (1\text{-}4\text{-}8)$$

式中：a_s^o——在荷载标准值作用下的挠度实测值。

用式（1-4-8）进行挠度检验，应该考虑构件自重及部分设备重量引起的挠度，及等效荷载影响的修正。

三、裂缝宽度检验

根据国家标准《混凝土结构工程施工质量验收规范》（GB 50204—2002）的有关规定，对混凝土预制构件进行裂缝宽度检验，应符合以下要求：

$$w_{s,max}^{o} \leqslant [w_{max}] \tag{1-4-9}$$

式中：$w_{s,max}^{o}$——在荷载标准值作用下，受拉主筋处的最大裂缝宽度实测值；

$[w_{max}]$——构件检验的最大裂缝宽度允许值，按表1-4-2取用。表中，设计要求的最大裂缝宽度限值，应根据国家标准《混凝土结构设计规范》（GB 50010—2002）第3.3.4条、行业标准《港口工程混凝土结构设计规范》（JTJ 267—98）第3.3.2条的规定选取。

构件检验的最大裂缝宽度允许值　　表1-4-2

设计要求的最大裂缝宽度限值	0.2	0.3	0.4
$[w_{max}]$	0.15	0.20	0.25

按设计要求的最大裂缝宽度限值确定相应的检验的最大裂缝宽度允许值，作为检验依据。由于设计的限值是按长期荷载作用结果确定的，结构性能检验时采用短期荷载试验，所以将裂缝宽度允许值设定成小于设计限值。

四、应变换算应力

对于线弹性材料、或材料仍处于线弹性阶段，如处于单向受力状态，将实测得到的应变乘以弹性模量即可得到相应的应力；如处于平面受力或三维受力状态，按材料力学或弹性力学的有关公式，将实测得到的应变换算成应力。

对于理想弹塑性材料，当应变超过弹性应变、但仍处于屈服阶段时，不管应变为何数值，应力值均为屈服强度。

在上述两种情况中，所采用的弹性模量可以按标准的规定值，但在有条件时，应尽量采用实测值。

对于非线性的情况（包括非线性材料、材料处于非线性阶段），可以采用实测的应力—应变关系，或理论的应力—应变关系，将应变换算成应力。

第五章　结构动力测试

第一节　结构动力特性和反应

结构动力特性主要包括结构的自振频率、阻尼系数和振型等一些基本参数，也称为动力特性参数或振动模态参数。这些特性是结构本身所固有的性能，与外荷载无关；这些特性是由结构形式、材料性质、结构刚度、质量分布和构造连结等因素决定的，只要当决定因素改变时，动力特性才会发生变化。

在结构抗震设计中，为了确定地震作用的大小，必须了解各类结构的自振周期。同样，对于现有建筑物的震后加固修复，也需了解结构的动力特性，建立结构的动力计算模型，才能进行地震反应分析。

在结构振动问题的分析计算时，也需要了解结构的自振频率等动力特性，以避免共振等现象发生；在设计中可以使结构避开干扰源的影响，寻找采取相应的防振、隔振或消振措施。

结构的动力特性可按结构动力学的理论进行计算。但由于结构建模计算会作一些简化和假定，与实际结构的组成、材料和连结等有偏差，由此计算得到的自振频率等往往会有一定误差。而结构阻尼系数一般无法由计算得到，只能通过试验获得。

因此，结构动力特性测试是动力测试的重要的组成部分。

水工建筑物常常会受到各种动力荷载的作用，如机械、车辆运行对结构的动力作用，水流、波浪的作用，风荷载作用，地震作用等。

在动力荷载作用下，结构会产生动力反应，如位移、速度、加速度等。测量这些动力反应，可以对结构的动力性能进行评价。

本章的主要内容为，振动测量仪器的工作原理和结构动力特性测量方法的介绍。

第二节　振动测量仪器

一、振动测量仪器组成

要测量动位移、速度、加速度等振动参数，应该使用振动测量仪器。常用的振动测量仪器包括，测振传感器、振动测试仪及计算机。

测振传感器的作用是感受所需测量的位移、速度、加速度等物理量，将这些物理量转换为电信号，通过电缆将电信号传输给振动测试仪；有时测振传感器的信号较弱，需要用放大器将传感器得到的电信号放大后再传输给振动测试仪。

振动测试仪的作用是对传感器的信号进行扫描采集、A/D 转换、记录保存，再将数字信号传输给计算机；测试仪还具有控制测量的功能，有些还可以进行一些信号分析、数据处理等。

计算机通过程序控制测量过程，收集信号，以文件方式保存，并可以作分析处理，以得到所需要的各个测试结果。

二、惯性式传感器

由于在振动测量时，难以找到一个静止点作为测量的基准点，通常都采用惯性式传感器（本章以下简称为传感器）。传感器的基本原理为：由惯性质量 m、阻尼 c 和弹簧 k 组成一个动力系统，这个动力系统（即传感器的外壳）固定在振动体上，与振动体一起振动，通过测量惯性质量相对于传感器外壳的运动，来获得振动体的振动（图 1-5-1）。由于这是一种非直接测量方法，传感器本身的动力特性将对测量结果具有重要的影响。

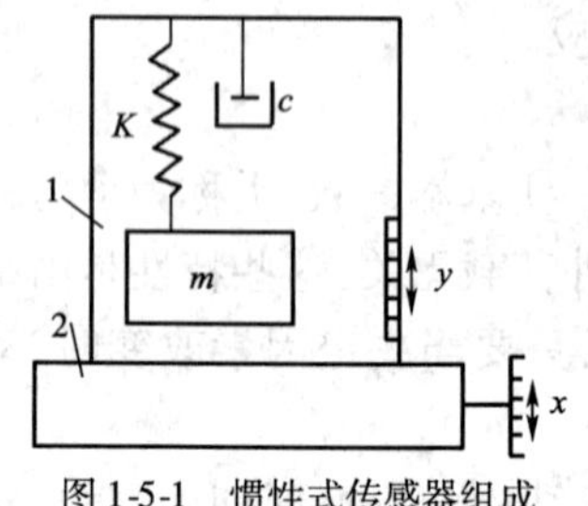

图 1-5-1　惯性式传感器组成

1-传感器；2-振动体

设被测振动体的运动规律为：

$$x = X_0 \cdot \sin\omega t \tag{1-5-1}$$

式中：x——振动体相对于固定参考坐标的位移；

X_0——振动体振动的振幅；

ω——振动体振动的圆频率。

传感器外壳随振动体一起运动。以 y 表示质量块 m 相对于传感器外壳的位移，由图 1-5-1 可知，质量块 m 的总位移为 $x+y$，它的运动方程为：

$$m \cdot \frac{d^2(x+y)}{dt^2} + c \cdot \frac{dy}{dt} + k \cdot y = 0 \tag{1-5-2}$$

或写成：

$$m \cdot \frac{d^2 y}{dt^2} + c \cdot \frac{dy}{dt} + k \cdot y = mX_0\omega^2 \cdot \sin\omega t \tag{1-5-3}$$

上式为一单自由度、有阻尼的强迫振动方程，它的通解为：

$$y = B \cdot e^{-nt}\cos(\sqrt{\omega^2 - n^2}t + \alpha) + Y_0 \cdot \sin(\omega t - \varphi) \tag{1-5-4}$$

式中：$n = c/2m$。

上式中的第一项为自由振动，由于阻尼而很快衰减。第二项为强迫振动，其中的振幅 Y_o 和相位差 f 分别为：

$$Y_0 = \frac{X_0\left(\frac{\omega}{\omega_n}\right)^2}{\sqrt{\left(1 - \frac{\omega^2}{\omega_n^2}\right)^2 + 4D^2\frac{\omega^2}{\omega_n^2}}} \tag{1-5-5}$$

$$\varphi = \arctan\frac{2D\frac{\omega}{\omega_n}}{1 - \left(\frac{\omega}{\omega_n}\right)^2} \tag{1-5-6}$$

式中，$D = \frac{n}{\omega_n}$，为阻尼比；$\omega_n = \sqrt{\frac{K}{m}}$，为传感器动力系统的自振频率。由式（1-5-4）可得传感器动力系统的稳态振动如下：

$$y = Y_0 \cdot \sin(\omega t - \varphi) \tag{1-5-7}$$

比较式（1-5-1）和（1-5-7），可以看到传感器中的质量块相对于其外壳的运动规律与振动体的运动规律相同，但两者之间相差一个相位角 f，它们的振幅之比如下：

$$\frac{Y_0}{X_0}=\frac{\left(\frac{\omega}{\omega_n}\right)^2}{\sqrt{\left(1-\frac{\omega^2}{\omega_n^2}\right)^2+4D^2\frac{\omega^2}{\omega_n^2}}} \tag{1-5-8}$$

式(1-5-8)和式(1-5-6)分别为惯性式位移传感器的幅频特性和相频特性,相应的曲线称为幅频特性曲线和相频特性曲线(图1-5-2和图1-5-3)。

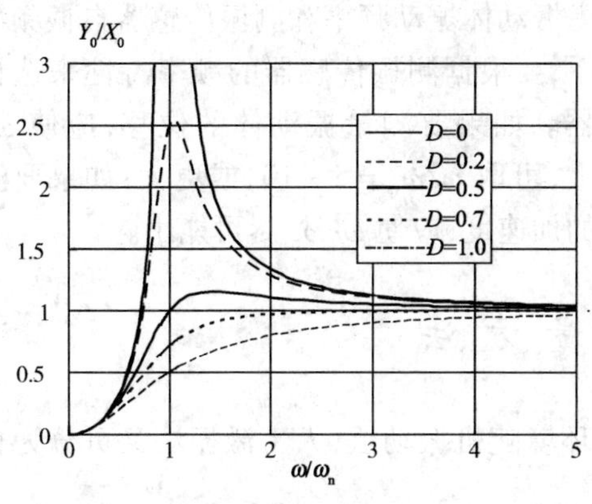

图1-5-2　幅频特性曲线

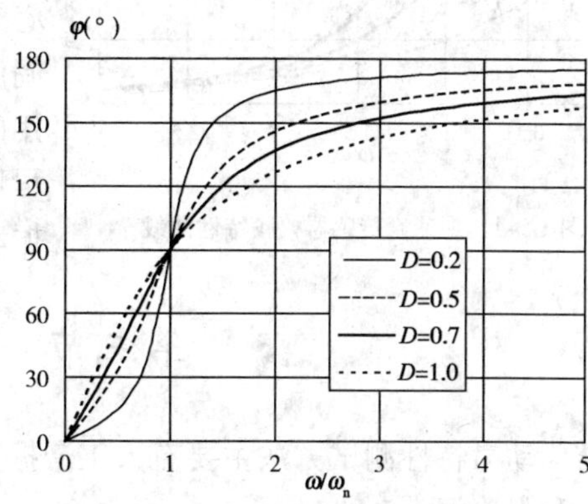

图1-5-3　相频特性曲线

由图1-5-2和图1-5-3可以看到,当ω/ω_n较大时,即振动体振动的频率比传感器的自振频率大很多时,不管阻尼比D的大小如何,Y_0/X_0趋近于1,f趋近于180°,表示质量块的位移振幅和振动体的位移振幅趋近于相等、而它们的相位趋于相反,这是惯性式位移传感器的理想状态。当ω/ω_n接近于1时,Y_0/X_0值随阻尼值的变化而作较大变化,f也随ω/ω_n的变化而变化,表示仪器测得的波形有畸变。当ω/ω_n较小趋于零时,Y_0/X_0值也趋于零,表示传感器难以反映需要测量的振动。

所以,在选择惯性式位移传感器时,应使传感器的自振频率ω_n与所测振动的频率ω相比尽可能小,即使ω/ω_n尽可能大。实际使用中,可取$\omega/\omega_n \geqslant 5$。有时,当振动体的频率很低,就难以选择到满足上述要求的传感器。

对式(1-5-1)求导两次,可得到关于振动体的加速度为:

$$\frac{d^2x}{dt^2}=-X_0\cdot\omega^2\cdot\sin\omega t=-a_m\cdot\sin\omega t \tag{1-5-9}$$

式中,$a_m=X_0\cdot\omega^2$为被测振动体的加速度幅值,负号表示其加速度的方向与位移方向相反,相位相差180°。同样可以得到惯性式加速度传感器的幅频特性,见式(1-5-10)和相应的幅频特性曲线(图1-5-4),图中的纵坐标为$Y_0\omega_n^2/a_m$,横坐标为ω/ω_n。

$$\frac{Y_0}{a_m}=\frac{1}{\omega_n^2\sqrt{\left(1-\frac{\omega^2}{\omega_n^2}\right)^2+4D^2\frac{\omega^2}{\omega_n^2}}} \tag{1-5-10}$$

由图1-5-4可以看到,当ω/ω_n很小,即振动体振动频率比传感器的自振频率小很多时,传感器质量块的位移振幅和振动体的加速度振幅成正比,即$Y_0\omega_n^2/a_m$趋于1而它们的相位差趋近于180°。这是惯性式加速度传感器的理想状态。

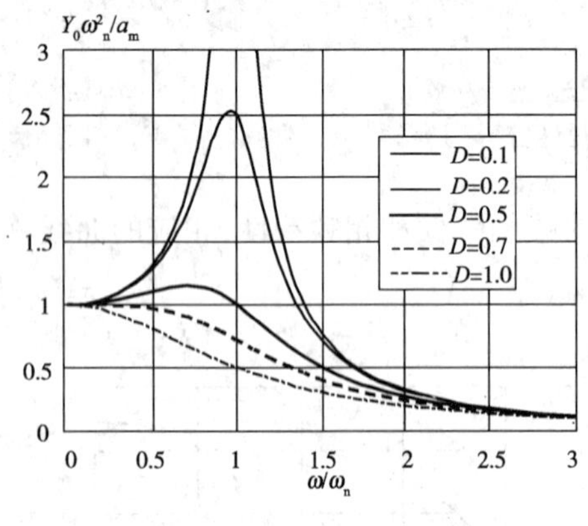

图 1-5-4　加速度传感器幅频特性曲线

由图 1-5-4 可以看到，当 ω/ω_n 很小，即振动体振动频率比传感器的自振频率小很多时，传感器质量块的位移振幅和振动体的加速度振幅成正比，即 $Y_0\omega_n^2/a_m$ 趋于 1 而它们的相位差趋近于 180°。这是惯性式加速度传感器的理想状态。

通过以上讨论可以知道，使用振动测量仪器时，必须考虑振动体振动频率和测振传感器自振频率之间的关系，要根据测振传感器的频率特性来选择适用的仪器。如果要测量振动体的位移，应使 ω/ω_n 尽可能大，可取 $\omega/\omega_n=5\sim10$、或更大；如果要测量振动体的加速度，应使 ω/ω_n 尽可能小。

第三节　测 量 方 法

结构动力特性测试方法主要有人工激振法和环境随机振动法，人工激振法又可分为自由振动法和强迫振动法。

一、自由振动法

给结构一个初位移或初速度，使结构产生一个有阻尼的自由振动，测得这一有阻尼自由振动的曲线，从这一曲线上测量得到有关的数据，通过计算得到结构的自振频率和阻尼等。

通常可以用绳索牵引等方法给结构一个初位移，然后突然释放，使结构产生自由振动；用施加荷载（冲量）的方法，使结构获得一个初速度，产生自由振动。

1. 自振频率测量

图 1-5-5 为一结构有阻尼自由振动曲线，图中的横轴为时间（可以秒为单位），纵轴为位移（可以 mm 为单位）。取某一个波的顶点的横坐标作为起点，到下一个波的顶点的横坐标之间的时间，就是结构完成一次振动所需要的时间，即自振周期 T。自振周期的倒数就是自振频率 f，$f=1/T$。从自由振动曲线（振动数据）上，量取自振周期 T，即可得到自振频率 f；为精确起见，可量取多个波形的自振周期，以求得其平均值。

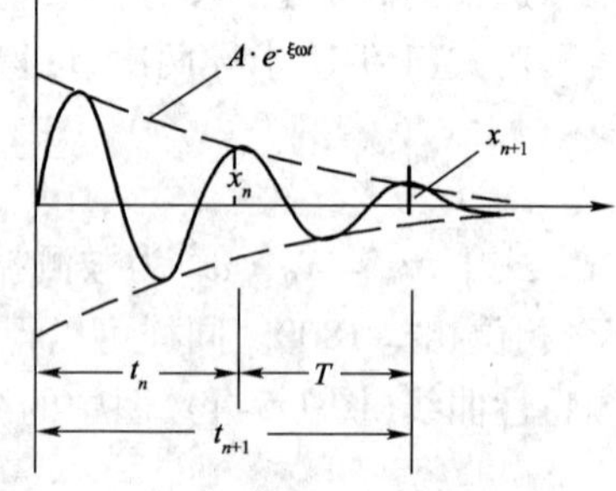

图 1-5-5　有阻尼自由振动曲线

除了用位移振动曲线作自振频率测量外，也可以用速度或加速度振动曲线作自振频率测量，方法相同。

2. 阻尼测量

单自由度结构有阻尼自由振动的规律为：

$$x=Ae^{-\xi\omega t}\sin(\omega' t+\alpha) \tag{1-5-11}$$

式中：A——振幅；

x——阻尼比；

ω——不考虑阻尼的圆频率；

ω'——有阻尼的圆频率；

α——初始相位角。

从图 1-5-5 看到，在某一时刻 t_n，结构振动位移达到该段周期的峰值，为 $x_n = Ae^{-x\omega tn}$；经过一个周期 T 后，时间为 $t_{n+1} = t_n + T$，位移为 $x_{n+1} = Ae^{-x\omega(tn+T)}$。

相邻两个位移峰值之比为：

$$\frac{x_n}{x_{n+1}} = \frac{Ae^{-\xi\omega t_n}}{Ae^{-\xi\omega t_{n+1}}} \tag{1-5-12}$$

将 $t_{n+1} = t_n + T, \omega = 2\pi/T$ 代入式(1-5-12)，再两边取对数可得：

$$\ln\frac{x_n}{x_{n+1}} = \ln\frac{Ae^{-\xi\omega t_n}}{Ae^{-\xi\omega(t_n+T)}} = \ln\frac{1}{e^{-\xi\omega T}} = \xi\omega T = 2\pi\xi \tag{1-5-13}$$

整理后得：

$$\xi = \frac{1}{2\pi}\ln\frac{x_n}{x_{n+1}} \tag{1-5-14}$$

利用上式，可以由振动曲线(振动数据)得到结构的阻尼比。从振动曲线(数据)上确定时刻 t_n，量得该时刻的位移峰值，及过一个周期(时刻 t_{n+1})的位移峰值 x_n，代入式(1-5-14)，可计算得到相应的阻尼比。为精确起见，可以量得过 K 个周期(时刻 $t_{n+K} = tn + KT$)的位移峰值 x_{n+K}，用下式计算结构阻尼比：

$$\xi = \frac{1}{2K\pi}\ln\frac{x_n}{x_{n+K}} \tag{1-5-15}$$

如果试验实测的振动曲线图没有明确的零位线，见图 1-5-6，这时可以采用峰—峰值来代替上述位移峰值。

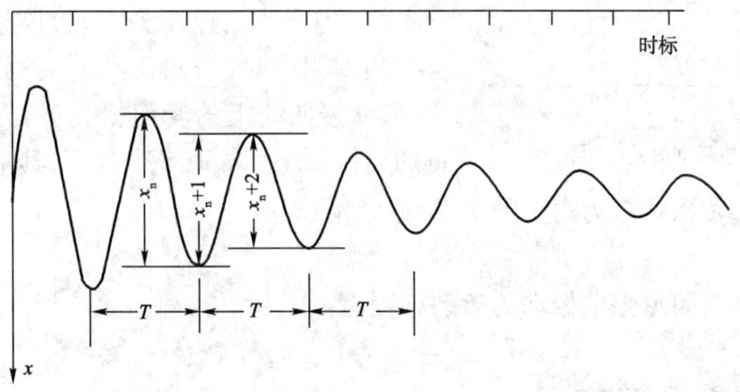

图 1-5-6　无零线有阻尼自由振动曲线

所谓峰—峰值，即在时刻 t_n 时，位移达到峰值，时间经过半个周期，位移达到另一个方向的峰值，这两个峰值之和(或这两个峰值点之间横向距离)就是峰—峰值。过一个周期和过 K 个周期的峰—峰值，也同样确定。将峰—峰值代替位移峰值，代入式(1-5-14)和式(1-5-15)，同样可以得到结构阻尼比。

与自振频率测量相同，除了用位移振动曲线作自振频率测量外，也可以用速度或加速度振动曲线作自振频率测量，方法相同。

3. 振型测量

多自由度结构按某一个自振频率振动时，其振动变形的形式保持不变，这个变形形式称为振型。

图1-5-7所示为一座5层房屋的振型测量示意图，在各个楼层布置传感器，可以测得各个楼层的振动曲线。在房屋的顶部给一个初位移或初速度，房屋将会产生一个按第一自振频率的有阻尼自由振动，相应的振动形式就是第一振型。从各个振动曲线的峰值处，量得各楼层的位移值，归一化后可以得到给房屋的第一振型（图1-5-7）。

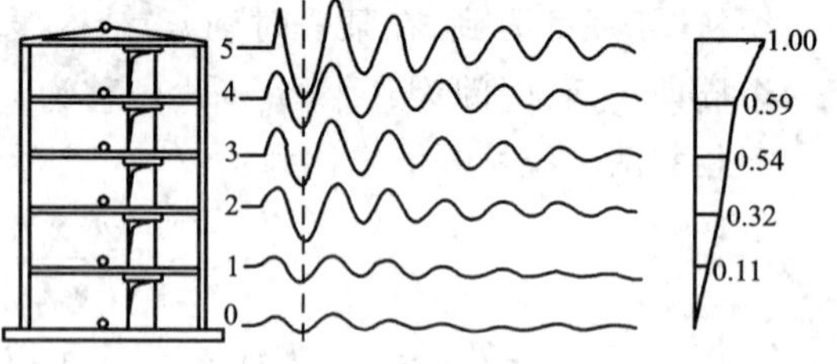

图1-5-7　房屋振型测量

用这种方法，通常只能测量结构的第一振型。

二、强迫振动法

使用离心式机械激振器或电磁激振器，对结构施加周期性的简谐激振力，使结构产生强迫简谐振动。当激振力的频率与结构的自振频率相等时，结构就会产生共振。知道结构何时产生共振，并测得相应的频率等数据，即可得到结构的频率等动力特性。因此，强迫振动法也称为共振法。

1. 自振频率测量

用激振器对结构施加激振力，激振力的频率从零起逐步增加，同时测量结构的振幅和频率，测得结构的振幅与结构频率（即激振频率）的关系曲线（或共振曲线），见图1-5-8。图中的纵坐标为振幅，横坐标为圆频率（$\omega=2\pi f$）。

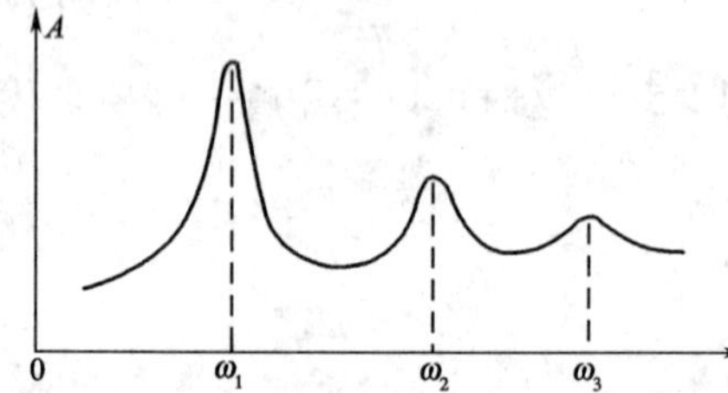

图1-5-8　强迫振动的共振曲线

由图1-5-8可以看到，当激振频率与结构的某个自振频率相等时，结构会发生共振现象，振幅达到极值、即共振曲线上的峰值，相应的频率即为所需要测量的自振频率。如有多个极值，其中最小（左面）的一个，即为第一频率，依次往右为第二频率、第三频率，等等。

2. 阻尼测量

单自由度体系有阻尼强迫振动的运动方程为：

$$m\ddot{x}+c\dot{x}+kx=p(t)=p\sin\theta t \tag{1-5-16}$$

上式中，等号右面是简谐激振力。

由式（1-5-16）可以解得稳态强迫振动为：

$$x=B\sin(\theta t+\beta) \tag{1-5-17}$$

其中：

$$B=\frac{\dfrac{p(t)}{m}}{\sqrt{\left(1-\dfrac{\theta^2}{\omega^2}\right)^2+4\xi^2\dfrac{\theta^2}{\omega^2}}} \tag{1-5-18}$$

$$\tan\beta=\frac{-2\xi\omega\theta}{\omega^2-\theta^2} \tag{1-5-19}$$

式中：m——质量；

θ——激振力的频率；

ω——体系的自振频率；

ξ——阻尼比。

由此可以得到动力放大系数为：

$$\mu(\theta)=\frac{1}{\sqrt{\left(1-\frac{\theta^2}{\omega^2}\right)^2+4\xi^2\frac{\theta^2}{\omega^2}}} \tag{1-5-20}$$

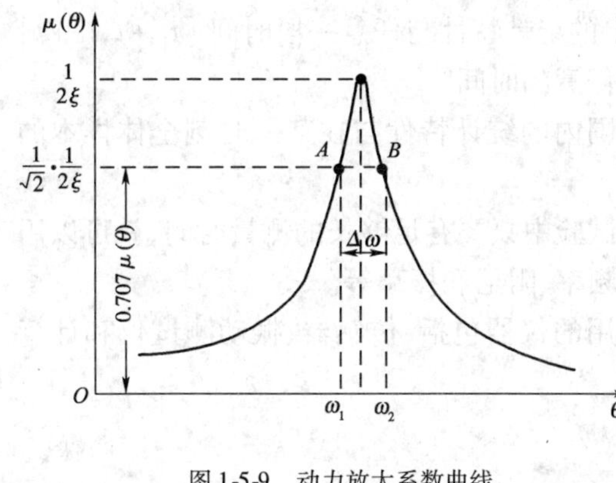

图 1-5-9　动力放大系数曲线

以为纵坐标，为横坐标，可以画出动力放大系数曲线，见图 1-5-9。

由式（1-5-20）可知，当 $\xi=0$，即无阻尼时，如 $\theta=\omega$，则发生共振，振幅趋于无穷大；当 ξ 不为零，即有阻尼时，如 $\theta=\omega$，则有 $\mu=1/2\xi$，即动力放大系数曲线的峰值。

由试验得到实测动力放大系数曲线，测得其峰值的大小，由下式计算该单自由度体系的阻尼比：

$$\xi=\frac{1}{2\mu} \tag{1-5-21}$$

还可以用半功率法来获得阻尼比。在动力放大系数曲线（图 1-5-9）上，取纵坐标为 $\frac{1}{\sqrt{2}}\cdot\frac{1}{2\xi}$ 的两点 A 和 B，取得 A 和 B 两点的横坐标 ω_1 和 ω_2，由此计算得到阻尼比：

$$\xi=\frac{\omega_2-\omega_1}{2\omega} \tag{1-5-22}$$

3. 振型测量

用强迫振动法测量多自由度结构的振型，传感器的布置与自由振动法相同，激振器应布置在所测振型中位移相对较大的位置。

控制激振力的频率，从零起逐步增加。当激振力的频率等于结构的某一个自振频率时，结构将按该频率对应的振型发生共振，这时的振动形状即为振型。可以从自振频率的大小来确定振型的序列号，也可以直接从振型的形状来确定振型的序列号。

三、环境随机振动法

由于地壳内部的微小振动、城市中的车辆运行等各种激振因素，地面一直处于微小的振动之中，这一现象称为地脉动。地脉动是不规则的振动，难以用确定的时间函数描述，每一段时间内所测得的曲线与任何其他时间段内的曲线都不相同，数学上将其称为随机过程。

大地地面是建筑物的建造环境和使用环境，地脉动对建筑物而言是一个激振力，它会引起建筑物产生振幅很小的振动，即脉动。建筑物的脉动是由地脉动激振引起的强迫振动，由于地脉动是持续存在的，建筑物的脉动也是持续不断的。

由于引起建筑物脉动的地脉动是随机过程，所以建筑物的脉动也是随机过程。地脉动包含了很多不同频率的分量,其中一些分量的频率与建筑物的自振频率相同,在这些分量作用下,建筑物会产生共振现象,振幅会放大;在其他频率的分量作用下,建筑物不会产生共振,振幅不会放大。

通过测量建筑物所在场地的地脉动和建筑物的脉动,计算分析地脉动和建筑物脉动之间的关系,可以得到建筑物的动力特性。

由于地脉动和建筑物脉动都是随机过程,应该采用统计方法对地脉动和建筑物脉动进行计算分析。在计算分析时,通常假定地脉动和建筑物脉动都是各态历经的平稳随机过程。

一个随机过程,如果其在某一段时间内$[t_1, t_2]$的统计特性与任意一段时间$[t_1+t, t_2+t]$的统计特性相同,则认为它是平稳过程。这里,t是任意的时间。

一个随机过程,其中某一个样本在整个时间范围内的统计特性与在某一时刻全体样本的统计特性相同,则认为它是各态历经的。

由于上述各态历经的平稳过程的假定,在实际试验中只要有足够长的测量时间,就可以用单个样本的振动数据来得到建筑物的动力特性,如频率、阻尼和振型等。

用环境随机振动法测量建筑物的动力特性,所用的仪器包括:传感器、振动测试仪和计算机。对振动数据的计算分析,可以采用专用程序。

第六章　水工建筑物现场检测与原型观测

第一节　概　　述

水工建筑物在其施工期间和其服务期限内会承受周围环境变化的作用,并根据环境的变化做出不同性质的反映。在检测和观测水工建筑物的性态时,各种物理量的取得取决于原因或环境参量,即成因量,由于他们的变化而引起建筑物性态的变化为效应参量(结果参量),即效应量。

原因参量和效应参量随时间而不断地变化,为评估与建筑物的反应模式有关的相关关系,必须对这些变化进行现场检测与原型观测,由于这种现场检测与原型观测在水工建筑物寿命期限内可能重复地进行很多次,较为实用的解决办法是配备专用于监视的永久性现场检测与原型观测系统。因此,建立一个有效的现场检测与原型观测系统,必须选好观测物理量。一般水工建筑物的典型观测物理量有:大气条件(温度、湿度等)、水文条件(水位、水深、水温、波浪、流速、流向等)、冰情、水质、变形(水平位移、垂直位移等)、冲淤、构件的力与应力及耐久性等。

水工建筑物现场检测与原型观测应包括下列主要内容:

(1)现场检测与原型观测设计。

(2)现场检测与原型观测仪器设备选型、安装、使用和维护。

(3)现场检测与原型观测实施。

(4)现场检测与原型观测资料整理与分析。

(5)现场检测与原型观测成果报告编写。

第二节　外 观 检 测

水工建筑物的外观检测主要是目测检查和借助于一般简单工具即可进行的检测,检测是非破损性的,即不影响结构的正常使用。一般分两步进行,第一步先对整体结构进行表面检查,初步确定结构损坏较严重的部位,即结构的薄弱之处;第二步对这些部位进一步详细检查,进行损坏原因的初步分析。

一、资料收集

水工建筑物检测评估实际上是一个寻找判据的过程,由于水工建筑物受力情况复杂,需要由多方面的判据来对其性能做出综合评价。这些判据可以是通过现场调查直接获得的某些参数,也可以是一些针对性的载荷试验成果,或者是在以上基础上的理论计算结果。第一步就是要根据建筑物的具体情况尽可能地收集各种参数,为检测评估工作寻找第一手资料。

收集项目包括:

(1)设计资料:包括设计图纸、修改设计计算书及图纸、地质报告等。

(2)施工资料:包括施工记录、竣工资料、验收资料等。由于施工过程中遇见的问题不一定保留完整的文字记录,因此,必要时还应向当时施工的技术人员了解有关情况。

(3)维修与加固资料:向业主了解建筑物在使用过程中的荷载状况、工作状况,以及维修加固情况等。

二、外观检查

水工建筑物的各种缺陷,大多始发于或显露于建筑物的外表,外观检查的目的是从外表确定建筑物结构或构件损坏的种类和范围,主要内容包括外观缺陷观测、混凝土结构裂缝观测以及构件表面变形观测等。

(1)观察外观缺陷,包括缺陷的位置、性质、程度、外貌、尺寸等,宜采用目视观察法。观测点应根据结构构件所处的位置分区域设置,并应重点设置在浪溅区和水位变动区,观察时宜对全部检查区域拍照。

(2)裂缝观测应包括裂缝的分布位置、走向、长度、宽度、深度和变化过程等内容。裂缝的分布位置、走向和长度的观测可采用绘制裂缝分布图法;裂缝宽度量测可采用光学裂缝放大仪法、游标卡尺法、千分表法、石膏饼法、着色法、传感器自动测计法、塞尺测量法、滑动标尺法、近景摄影测量法等;裂缝深度的观测可采用超声波法等;连续监测裂缝变化可采用传感器自动跟踪监测。裂缝观测点的数量和设置应根据观测目的和要求确定,观测区及观测点应能确切反映结构或构件开裂程度、裂缝特征及变化趋势。

(3)构件表面变形观测应测定变形范围、变形程度和变形方向。观测点的设置应能确切反映构件的实际变形范围、变形程度和变形趋势,并应满足下列要求:①构件边角处或构件表面变形区以外,观测点不少于3个;②构件表面变形边缘线处,观测点不少于4个;③构件表面变形区及敏感部位,观测点不少于5个,并至少形成2个测试断面。构件表面变形观测可采用三维坐标测量法、微水准测量法、激光准直法、近景摄影测量法、方向线法或GPS变形测量法等。

在外观检查的基础上,确定下一步工作内容、数量和重点检测部位,为分析缺陷产生的原因及确定处理方案提供可靠依据。

第三节　材料检测

水工建筑物的材料检测主要包括材料强度和劣化情况检测,此类检测的对象是存在比较严重劣化现象的构件,测试目的是查明劣化的部位和程度,确定劣化程度对结构承载力的影响。

一、结构混凝土强度的检测

混凝土强度是结构应力计算的重要参数,方法大致可分为非破损检测和半破损检测两类。非破损检测是指在不破坏混凝土结构整体性的情况下通过测定某些与混凝土抗压强度具有一定相关关系的物理参量来推定混凝土的强度,适用于对混凝土结构的大规模检测,目前广泛应用的方法有回弹法和超声回弹法。半破损检测指在混凝土的被检测部位进行局部破坏以推算混凝土强度的方法，常用的方法有钻芯法。检测方法见本篇第三章第一节～第三节。

二、结构混凝土耐久性的检测

结构耐久性是指结构在正常维护条件下，在规定的时间内随时间变化而仍能满足预定功能要求的性能。水工建筑物混凝土结构的耐久性问题十分复杂，涉及的破坏因素包括大气和近海环境的钢筋锈蚀、冻融循环、化学腐蚀、淡水腐蚀、物理磨损以及各种因素的综合作用，因此，结构耐久性检测应根据结构所处环境、结构的当前技术状态及耐久性评定所需要的参数进行，主要包括构件的几何参数、保护层厚度、碳化深度、混凝土氯离子含量、钢筋锈蚀、冻融损伤等。

1．保护层厚度检测

保护层厚度可采用非破损或微破损方法检测，当使用前者时，宜采用微破损方法校准。同类构件中含有测区的构件数宜为5%～10%，且不少于6个；同类构件少于6个时，应逐个测试，均匀性差时应增加检测构件数量；每个检测构件的测区数不应少于3个，测区应均匀布置。

2．混凝土碳化深度的检测

混凝土的碳化是指混凝土硬化后其表面与空气中 CO_2 作用，使混凝土中的水泥水化生成的产物 $Ca(OH)_2$ 生成 $CaCO_3$，并使混凝土空隙溶液 pH 值降低，从而破坏防止钢筋锈蚀的表面钝化膜，导致钢筋锈蚀，碳化引起钢筋锈蚀的先决条件是碳化深度超过钢筋保护层的厚度。

碳化深度的测量，一般可用电动冲击钻在被检测部位钻一个直径20mm、深70mm的孔洞，除净孔洞中的粉末和纸屑，不得用水冲洗，随后，用浓度为1%的酚酞乙醇溶液滴在孔洞内壁的边缘处，当已碳化（颜色不变）与未碳化界线清楚时，再用深度测量工具测量已碳化与未碳化混凝土交界面到混凝土表面的垂直距离，测量不少于3次，其平均值即为混凝土碳化深度值。

3．钢筋锈蚀状态的检测

混凝土结构中钢筋的锈蚀实际上是钢筋电化学反应的结果。钢筋锈蚀将使混凝土握裹力和钢筋有效截面积下降，并可能由于锈蚀产生的膨胀而造成混凝土保护层的崩落，影响整体结构的稳定。

目前国内外广泛采用的判断混凝土中钢筋锈蚀的电化学状态的方法是自然电位法，也称半电池电位法，它是通过测定混凝土中由于钢筋锈蚀的电化学反应而引起的电位变化来判定钢筋锈蚀的状态。半电池通常有两种：饱和绿化亚汞和饱和铜或硫酸铜，测试系统原理是电路的一端接半电池，另一端连在被测钢筋的任选位置，用高阻抗的电压表测量钢筋和半电池间的电位差，从而得出钢筋的极电位。

4．混凝土含氯量检测

混凝土的含氯量可采用混凝土含氯量测定仪测定，其工作原理是用冲击钻把取样深度内的混凝土研磨成粉末，用粉末收集器皿收集，将3g精确的样品溶解在20ml精确计量的酸性萃取液中，使混凝土中氯离子与萃取液中的酸发生电化学反应，将一个带温度传感器的电极插入萃取液中测量电化学反应。含氯量测定仪能把氯化物反应所产生的电压经温度修整后转化为含氯量的浓度，直接在液晶显示屏上显示。

测试时，测点位置应选择在不同区域、不同构件具有代表性的部位。不同区域应抽取构件数量5%且不少与10个构件进行检验。取样位置应选择在主筋附近并避开混凝土裂缝和明显缺陷。混凝土粉样应分层取样，每一取样点不得少于5层，各层样品标明构件编号和取样深度且不得相混，取样完毕后封存。取样点相邻位置相同深度段的粉样可混合为一个试样。每一份标准样品的重量约为20g。测试时应谨防样品污染，在将试验样品加入萃取液时，应分阶段加入，以防粉末中石灰石与溶液过分反应。由于使用弱酸溶液需要较长时间才能完全溶解聚合物中的氯化物，因此，为了测试最精确的结果，任何别测点所集取的第一个样品，应每个15min检测一次直到最后三个读数的差在10%范围内为止。

5. 混凝土抗冻试验

为了检验混凝土的抗冻性能，确定混凝土的抗冻等级，可现场取芯样，在室内进行抗冻试验，芯样直径一般为100mm，高400mm。试验用冷冻设备应满足以下指标：试件中心温度-18±2℃～5±2℃；冻融液温度-25～20℃；冻融循环一次历史2～4h（融化时间不少于整个冻融历时的25%）。采用热电偶测量冻融过程中试件中心温度变化时，设备精度应能达到0.3℃。

测试芯样以3个试件为一组，试验龄期如无特殊要求时一般为28d，到达试验龄期前4d，将试件在-18±2℃的水中浸泡4d（对于水中养护的试件，达到试验龄期时即可直接用于试验）。通常每做25次冻融循环对试件检测一次，也可根据混凝土抗冻性的高低来确定检测的时间和次数，测试时应防止试件失水。冻融试验出现以下三种情况之一者即可停止：①冻融至预定的循环次数；②相对动弹模下降至初始值的60%；③质量损失率达5%。

第四节　承载力检测

对水工建筑物的现场调查和变形检测是建筑物原型观测的重要步骤，但建筑物在长期运营使用过程中影响其实际承载力的不确定因素很多，而此类承载力下降是无法通过构件承载力验算来确定的，只有通过进行载荷试验才能对承载力进行准确的评估。水工建筑物承载力检测主要包括建筑物的构件检测和整体检测两个方面。

一、构件承载力检测

构件承载力检测主要包括单个构件的承载力检测或残余应力检测。水工建筑物的构件在长期使用过程中由于大气和近海环境的钢筋锈蚀、冻融循环、化学腐蚀、物理磨损以及各种因素的综合作用下，其承载力将会有一定程度的降低，如混凝土构件在钢筋锈蚀时，由于钢筋锈蚀产生沿筋纵裂或者保护层脱落，将外围混凝土分割成几部分，必然造成参与受力的混凝土有效截面减少，对受压构件承载力降低程度的影响很大；锈蚀后钢筋锈蚀截面损失和强度降低将对承载能力有很大影响；另外，钢筋锈蚀后体积膨胀，混凝土保护层将沿钢筋产生纵裂，直至脱落，使钢筋与混凝土的粘结力受到影响，构件受力性能将会降低。因此，在评估构件承载力时，应进行构件的承载力检测。检测时应具体应根据构件实际的受力状态和特点，进行抗弯承载力、抗剪承载力、轴心或偏心受压承载力等检测，并结合构件的材料检测结果，研究其承载力、变形、裂缝扩展以及延性的规律。

构件残余应力主要是构件在长期使用过程中产生的徐变、地层沉降和位移、预应力损失、施工误差、构件在加工过程中的非荷载因素等引起额外的应力，这些应力都是传统检测方法无法测得的。构件残余应力的测试对象包括结构受力不甚明确或构件可能已有一定的初始应力，对其承载力将构成一定影响的，可选取重要的构件进行应力释放测试，测试目的是直接获得构件的实际应力水平，反算结构受力状态，分析破坏原因。

二、整体承载力检测

水工建筑物老化或损伤后，其主要受力构件承载力降低，造成建筑物整体承载力水平的降低，影响建筑物的运行安全和使用寿命。在主要构件承载力明显降低、建筑物受到某种外力作用下局部破坏或者建筑物需要升级改造等情况下，可进行建筑物的整体承载力检测，这样可以较为准确地得到其实际承载能力。水工建筑物整体承载力检测包括竖向承载力检测和水平承载力检测，检测时应视工程具体情况选择进行竖向加载试验还是横向加载试验。

第五节　位移观测

由于各种因素的影响，在水工建筑物及其设备的运营过程中，都会产生位移。这种位移在一定限度之内是正常的现象，但如果超过了规定的界限，就会影响水工建筑物的正常使用，严重时还会危及建筑物的安全。因此，在水工建筑物的施工和运营期间，必须对它们进行监测。

一、产生位移的原因

水工建筑物产生位移的原因有很多，最主要的原因有两个方面，一是自然条件及其变化，即建筑物地基的工程地质、水文地质、土的物理性质、大气温度和风力等因素引起。例如，同一水工建筑物由于基础的地质条件不同，引起建筑物不均匀沉降，使其发生倾斜或裂缝。二是建筑物自身的原因，即建筑物本身的荷载、结构、形式及动载荷（如风力、振动等）的作用。此外，勘测、设计、施工的质量及运营管理工作的不合理也会引起水工建筑物的位移。

二、位移观测的目的

位移观测的目的就是周期性地对所设置的观测点（或建筑物某部位）进行重复观测，以求得在每个观测周期内的变化量。若需观测瞬时位移，可采用各种自动记录仪器测定其瞬时位置。

三、位移观测的内容

水工建筑物位移观测主要包含水平位移、垂直位移、倾斜、裂缝、和外观等观测项目，通过这些项目的观测，就能够掌握建筑物及其地基基础的状态及其变化过程，并据以判断其是否安全正常和验证其设计数据。

1. 水平位移观测

水工建筑物水平位移观测可分为表面水平位移观测和内部水平位移观测。表面水平位移观测点应设置在水工建筑物周边线和转角点内侧、纵横轴线上、沉降缝或伸缩缝两侧、基础或断面发生变化的两侧等。内部水平位移观测点的布置和数量应按观测目的和要求确定，沿纵向的观测点位间距宜取20～50m，竖向测点的间距可取0.5m或1.0m，每个水平位移观测断面的观测点位不应少于两个，观测点间距宜取6～50m。

表面水平位移观测可根据观测要求与现场条件选用下列方法：

(1)测量观测点特定方向的位移时,选用视准线法、激光准直法或测边角法等。

(2)测量观测点任意方向的位移时,视观测点的分布情况,采用前方交会法或方向差交会法、导线测量法和极坐标法等。

(3)对观测内容较多的大测区或观测点远离稳定地区的测区,采用三角、三边、边角测量与基准线法相结合的综合测量方法等。

内部水平位移观测可采用经纬仪和全站仪测量。

2. 垂直位移观测

垂直位移观测可分为表面垂直位移观测和内部垂直位移观测。表面垂直位移观测点应结合工程地质情况、建筑物结构特点和结构受力情况设置在结构缝两侧、不同结构分界处两侧、不同基础或地基交接处两侧、建筑物周边线内侧和墩式结构的角点内侧等。内部垂直位移观测点应沿铅锤线方向布置,每一土层不得少于1点。最浅的观测点应设在基础底面下不小于0.5m处,最深的观测点应设在超过压缩层理论深度处,经论证也可设在适当深度处。观测点的位置和数量应按观测目的和要求确定,每个观测断面不得少于2个观测点。垂直位移观测宜采用水准仪和全站仪测量。

3. 倾斜观测

倾斜观测的内容应包括水工建筑物顶部相对于下部的水平位移和垂直距离的测定,计算建筑物整体的倾斜度和倾斜方向。观测点应沿垂直线按顶部和下部对应设置,并可与水平位移、垂直位移观测点同时设置。

倾斜观测方法应根据观测要求和现场条件确定,可采用下列方法:

(1)当从水工建筑物外部观测时,宜选用投点法、测水平角法或前方交会法等。

(2)当水工建筑物具有足够的整体刚度时,宜选用倾斜仪直接观测法。

(3)当水工建筑物顶部与下部之间具有竖向视通条件时,宜选用吊垂球法、激光位移计自动测计法或正垂线法等。

(4)当水工建筑物立面上观测点数量较多或倾斜变形比较明显时,也可采用近景摄影测量法或激光3D扫描法。

建筑物周围水下地形变化观测应进行水下地形测量,可采用量距法、精密测距法、GPS地形测量等。

第六节　工 程 实 例

一、工程概况

某高桩梁板结构码头,结构断面如图1-6-1所示,要求提高码头的卸船能力,使用生产能力更高的桥式卸船机,但由于旧码头段在使用期间已产生了较严重的结构性损坏,码头的桩基、梁板等结构是否能承受升级后的卸船机荷载,需要对旧码头段结构进行检测评估。

二、资料收集和现场调查

由于码头受力情况复杂,针对码头的不同损坏情况,需要由多方面的判据来对其性能做出综合评价。码头结构检测评估的第一步就是要根据码头损坏的具体情况尽可能地收集各种参

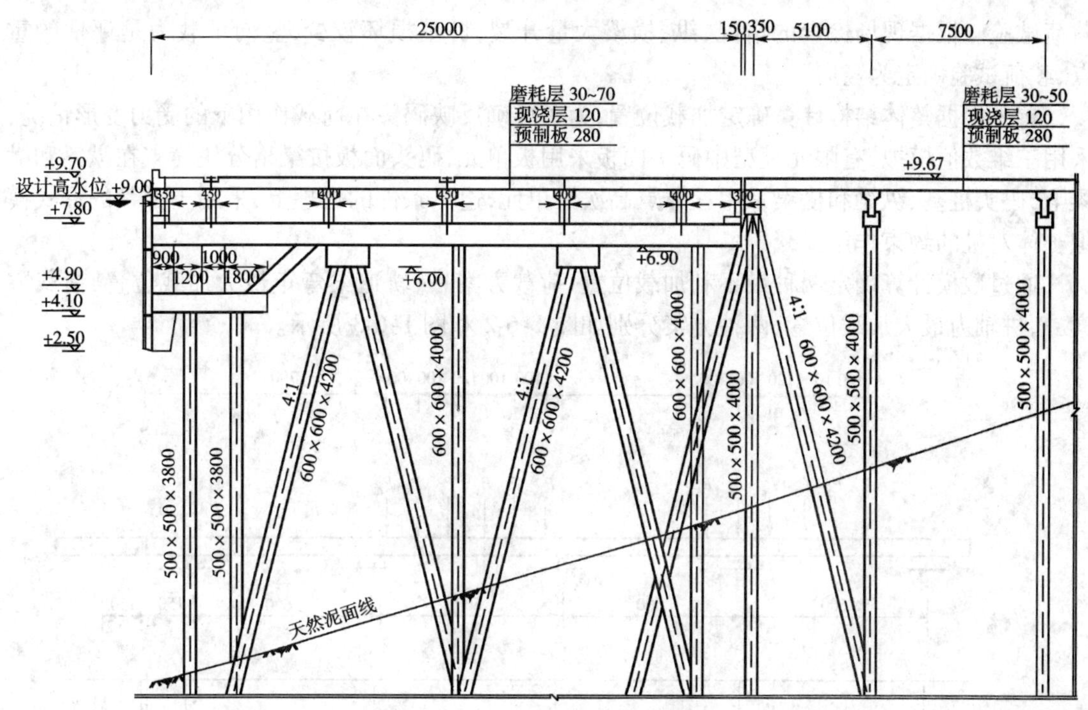

图 1-6-1　码头结构剖面图

数，为检测评估工作寻找第一手资料。

1. 构件表面状况检查

具体包括：旧码头基桩、立柱和桩帽、横梁、纵梁、面板，检查是否存在混凝土开裂、露筋、露石、混凝土蜂窝麻面、掉角等情况。

现场检查发现，全部 32 个桩帽均与下横梁脱开，同时桩帽存在明显裂缝，有的裂缝曾经修补，在修补位置再次开裂并继续扩展。由于桩帽全部与横梁脱开，造成横梁受力不均，内力增大，现场发现横梁存在大量裂缝，16 榀横梁中有 15 榀存在裂缝，有的裂缝曾经修补，在原来修补的地方重新开裂并继续扩展。

根据现场检测，有 3 根基桩存在明显裂缝和断裂，码头的纵、横梁均存在严重的裂缝，第 6 跨轨道梁的底面和两侧面存在多条裂缝，底面裂缝延伸至两侧并向上延伸达 1.3m，超过了截面中心点高度，但由于无法检测裂缝深度，不能确定裂缝是否贯通，只能根据裂缝的分布情况推测裂缝可能已经贯通。由于轨道梁裂缝多为弯曲应力所致，可以初步认为是上部荷载超过设计荷载引起。在所有构件中，破坏最严重的是梁系，需要对其剩余承载力进行检算。

2. 构件混凝土表面强度

采用回弹法检测部分基桩、立柱、横梁、纵梁、面板的抗压强度，每个构件根据尺寸大小布置 10 ~ 15 个测区，用统一曲线进行强度计算。在回弹值测量完毕后选择不少于构件的 30% 测区数在有代表性的位置上测量碳化深度。现场共测试了 6 根桩、1 个桩帽、2 个立柱、4 根纵梁、3 根横梁、4 块面板，根据测试结果，混凝土实际强度达到 C40 标准。

三、码头结构荷载试验及计算评估

由于码头损坏较严重，为了进一步确定结构承载力和正常工作能力，对旧码头进行了一次载荷试验。根据现场检查的情况,纵、横梁大量开裂,桩基损坏较少,竖向承载力是评估的重点,载荷试验确定为竖向。

首先根据整体结构计算确定加载位置,为了准确反映码头在荷载作用下的受力变形情况,采用三维数值模拟,有限元模型中码头面板采用板单元,码头面板按梁格分块简支在纵梁和横梁上,码头桩基、纵梁和横梁采用三节点高次梁单元,边界条件的处理上,采用土弹簧的形式模拟土体对桩的约束作用。

通过数模计算确定两种最不利加载位置:荷载方案一,轨道梁弯矩最大加载位置,荷载方案二,桩轴力最大加载位置,两种方案分别如图 1-6-2 和图 1-6-3 所示。

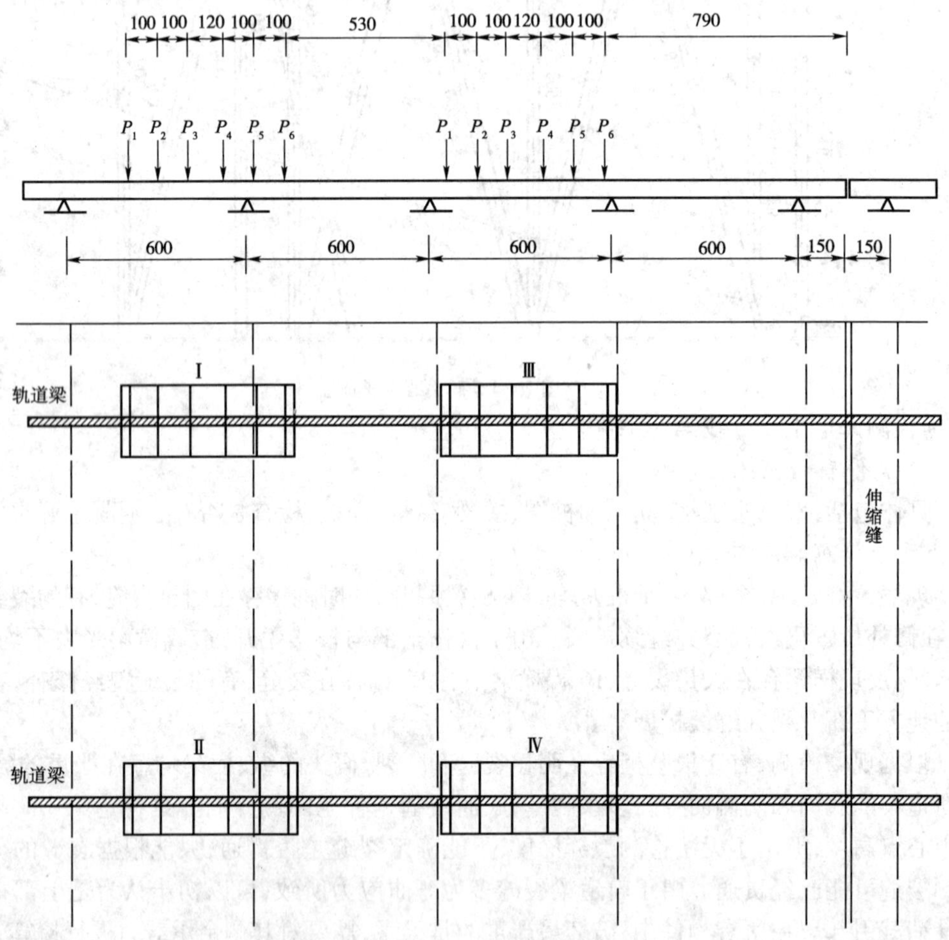

图 1-6-2　荷载方案一(单位:cm)

观测项目主要有:①试验段的整体沉降,②轨道梁的挠曲变形,③轨道梁跨中截面应力分布和梁底混凝土最大拉应力,④轨道梁下直桩的沉降,⑤轨道梁下直桩的轴力。布设在桩上和轨道梁上的应变测点如图 1-6-4 所示,整体加载方案如图 1-6-5 所示。

载荷试验采用逐级加载,各测试值随荷载增大而变化,当码头结构整体性较好、材料劣化不严重时,结构基本处于弹性工作状态,各测试物理量(内力与变形)随荷载增加的变化曲线接近于直线。各测试点的变化曲线越偏离直线,说明结构越偏离弹性工作状态,其原因包括几何非线性和材料非线性,前者说明结构整体性下降,结构整体承载力下降,后者说明构件内力超出了弹性范围,构件承载力下降。

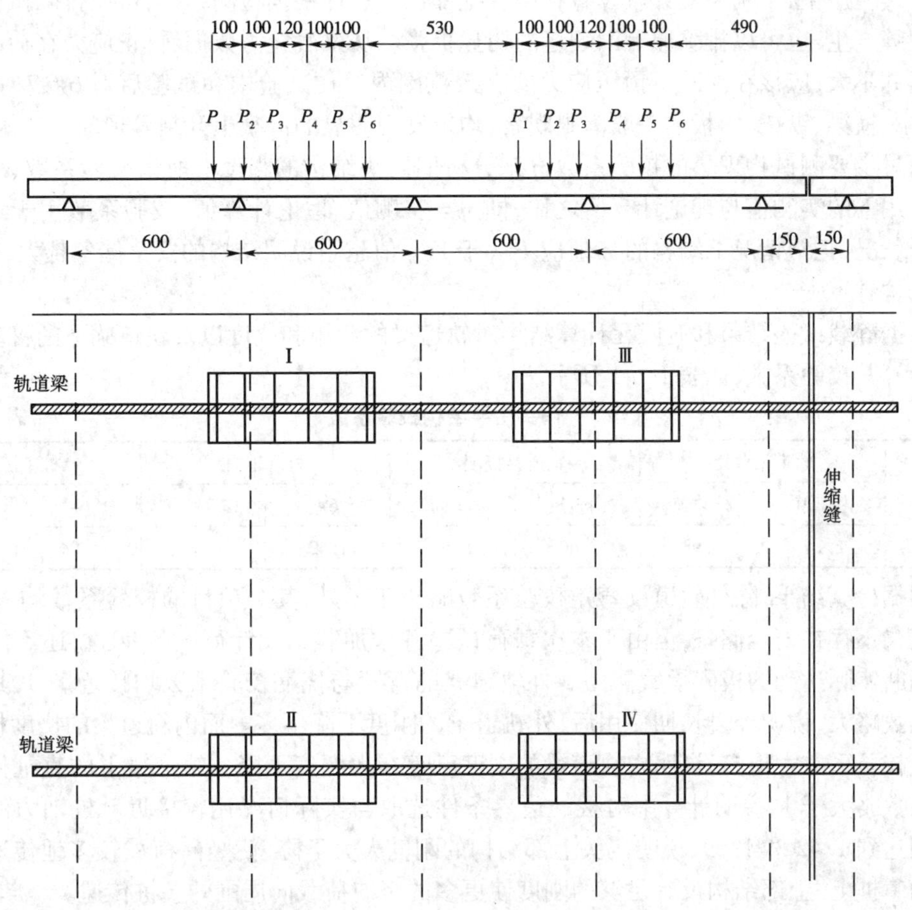

图 1-6-3　荷载方案二(单位:cm)

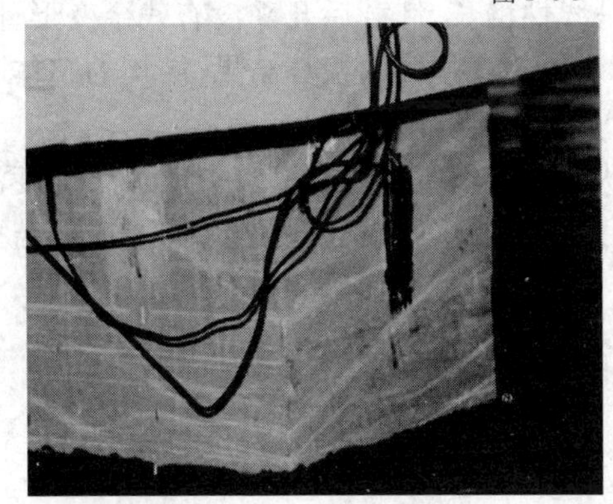

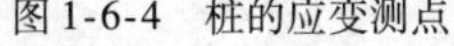

图 1-6-4　桩的应变测点

图 1-6-5　荷载加载完毕

根据经纬仪测试结果,码头面 4 个三维位移测点的最大位移值各方向位移都很小,由此产生的试验区码头面倾斜、扭转变形的影响可以忽略不计。

轨道梁底受拉区最大拉应变未超过 50 微应变,远未达到混凝土的极限拉应变,现场试验过程中也没有出现新的裂缝。在内外轨道梁跨中 1m 范围的梁底布置了连续搭接的应变测点，经两种荷载方案试验，均未发现应变值突变和应变计断裂的现象。由于内轨道梁混凝土原来已有裂缝产生，个别应变计就设置在旧裂缝部位。这样根据检测结果，可以排除试验过程中有新裂缝产生，也可以排除原有旧裂缝的明显扩张。从梁底应力数据看，正应力在荷载试验期的增量并不大，应该在混凝土预压应力的有效范围内。在试验中和试验后对6#、7#排架的叉桩、桩帽、横梁、纵梁、面板的一般肉眼观察，均未发现明显的混凝土开裂等现象。

通过主要测试物理量的校验系数 η 来分析旧码头结构的强度。所谓校验系数，就是试验荷载作用下的实测值与理论计算值之比，即 η = 实测值/理论计算值，校验系数用于评估结构的工作状况，正常情况下结构的 η 值应不大于1，η 值越小说明结构的安全储备越大，η 值越大说明结构越不安全。

根据静载试验结果和有限元计算结果对轨道梁的弯矩和挠度以及轨道梁下的桩基轴力和沉降计算其校验系数，如表1-6-1所示。

码头主要结构校验系数　　表1-6-1

	轨道梁弯矩		轨道梁挠度		桩基轴力		桩基沉降	
	内轨道	外轨道	内轨道	外轨道	6#	7#	6#	7#
校验系数	1.14	0.98	3.40	1.10	1.42	1.69	1.04	1.19

根据检算结果，除外轨道梁弯矩校验系数略小于1外，其余项目的校验系数均大于1，说明轨道梁不存在安全储备，但由于本次载荷试验并未加载到设计荷载的80%，还不能从试验结果判断实际达到的极限承载能力。外轨道梁的弯矩与挠度校验系数均接近1.0，其中挠度校验系数略大，说明经过长期使用后，外轨道梁的刚度下降不多。而内轨道梁的挠度校验系数比弯矩校验系数大得多，说明内轨道梁的刚度已存在大幅度下降。轨道梁下的直桩桩顶沉降校验系数略大于1，说明计算中对桩的边界条件选取与实际情况比较接近。桩轴力的校验系数分别达到1.42和1.69，说明码头上部结构的刚度大大下降，使竖向荷载较多地传递到荷载附近的基桩上，上部结构没有足够的刚度使更多的竖向荷载向周围的基桩传递。

由于本次试验的加载值未能达到设计荷载的80%，轨道梁的弯矩甚至未能达到设计抗弯能力的一半，各项测试指标在逐级加载过程中基本呈线性增长，卸载后几乎没有残余变形，因此凭试验结果尚不能完全反映结构承载力。但根据几项关键指标的检算结果，结构的整体刚度以及轨道梁刚度已大大下降，检算系数按照0.65取值是合理的。

此外，纵梁裂缝宽度已经超过了正常使用极限状态的限值，由于加载较小，轨道梁挠度没有达到正常使用极限状态限值。综上原因，该码头存在较严重的结构性破坏，需要进行结构加固。

第七章　海港工程钢结构验收检测及防腐技术

除传统的船闸、修造船水工建筑物外，近年来，钢结构或钢构件在水运工程中有了越来越多的应用，如钢管桩、海洋石油平台、钢引桥、钢板桩、钢拉杆等。由于钢材具有强度高、质量均匀、加工方便等优点，在水运工程中有广泛的用途。

钢结构工程的质量检验应包括钢结构制作与安装、装卸与输送设备钢结构安装和常规钢构件制作施工的质量检验。这些内容中，钢结构的连接质量检验是其工程质量验收检验的主要内容。

海洋工程中的钢结构常年与海水和潮湿气体接触，海水中的氯离子作用到钢材表面，引起腐蚀。据资料介绍，在海洋环境中钢结构的腐蚀速度可以达到0.2～0.5mm/a，局部腐蚀速度达1.0 mm/a。钢结构受腐蚀后，不仅外观受到影响，还会使钢材构件截面减少，材料力学性能下降，严重影响结构的寿命和使用安全。钢结构的局部腐蚀还会造成结构穿孔，引起应力集中，使其机械强度大幅下降。

为了减缓钢结构在海洋环境下的腐蚀速度，延长使用年限，有必要对海洋中的钢结构进行防腐蚀处理，根据钢结构自身特性及所处的外部环境、使用年限、维修保养条件，采取相应的防腐措施。为了确保钢结构的防腐蚀施工质量和安全使用，应按照相关规范要求，及时对施工完的防腐质量进行检查，并在使用阶段按时进行防腐效果检测。

第一节　海港工程钢结构的几种主要连接方式及检测方法

一、钢结构的连接形式

钢结构所采用的连接方法有焊接连接、铆钉连接、普通螺栓连接和高强螺栓连接四种。

1. 焊接连接

焊接连接是建筑钢结构最主要的连接形式。它可分为电弧焊、接触焊、气焊和电渣焊等，以电弧焊为最常用。电弧焊又分为手工焊、自动焊和半自动焊。

2. 铆钉连接

铆钉连接韧性和塑性较好，但施工复杂，近年来已逐步为焊接和高强度螺栓所代替，故一般仅在大跨度及荷载很大的经常承受动力荷载作用的结构中采用。

3. 螺栓连接

螺栓连接分普通螺栓与精制螺栓连接两种。精制螺栓因制造和安装复杂已少采用。粗制螺栓因抗剪性能差，主要用于受拉的安装连接或临时定位连接。

4. 高强螺栓连接

高强螺栓连接施工简单，受力性能好，应用日趋广泛，有摩擦型和承压型两种。摩擦型适用于承受动力荷载的结构，承压型则适用于承受静力荷载的结构。

二、焊接质量检验

1．一般规定

钢结构焊接时，首次采用的钢材、焊接材料、焊接方法等应进行焊接工艺评定，并确定焊接工艺。

从事钢结构无损探伤检测的单位和人员应具有相应的资质。无损探伤人员应按考核合格项目及权限从事焊缝无损探伤，无损探伤测试报告必须有相应探伤方法的Ⅱ级及Ⅱ级以上资格证书。

2．一般检验项目

钢结构焊接一般检验项目包括，焊缝外观、坡口形式、焊缝尺寸。要求焊缝表面不得有裂纹、焊瘤等缺陷。一级、二级焊缝不得有表面气孔、夹渣、弧坑裂纹、电弧擦伤等缺陷。且一级焊缝不得有咬边、未焊满、根部收缩等缺陷。焊缝外形应均匀，焊道与焊道、焊道与金属间过渡应平滑，焊渣和飞溅物应清理干净。

焊缝坡口形式应满足设计要求，并应符合现行国家标准《气焊、手工电弧焊及气体保护焊焊缝坡口的基本形式与尺寸》（GB 985）和《埋弧焊焊缝坡口的基本形式和尺寸》（GB 986）的有关规定。

焊缝尺寸应满足设计要求，焊缝尺寸允许值和不合格率应符合《水运工程质量检验标准》（JTS 257）中相关要求。

3．主要检验项目

焊接材料的品种、规格、性能和质量应满足设计要求，并应符合现行行业标准《建筑钢结构焊接技术规程》（JGJ 81）和《港口设备安装工程技术规范》（JTJ 280）的有关规定。

钢焊缝内部缺陷主要有：内部裂纹、未焊透、内部气孔、夹渣，其中裂纹、夹渣危害性较大。内部缺陷主要通过超声波探伤或射线探伤来检验。一、二级焊缝无损探伤的方法、数量、部位和质量应满足设计要求并应符合国家现行标准《钢焊缝手工超声波探伤方法和探伤结果分级》（GB 11345）和《钢熔化焊对接接头射线照相和质量分级》（GB 3323）的有关规定。

《钢焊缝手工超声波探伤方法和探伤结果分级》（GB 11345）适用于母材厚度不小于8mm铁素体类钢焊缝，不适用于铸钢及奥氏体不锈钢焊缝；不适用于外径小于159mm 的钢管对接焊接，内径小于200mm 的管座角焊缝及外径小于250mm 和内外径之比小于80%的纵向焊缝。

《钢熔化焊对接接头射线照相和质量分级》（GB 3323）适用于母材厚度2～200mm 钢熔化焊对接焊缝。

根据上述规定，设计要求全焊透的一、二级焊缝应采用超声波探伤进行内部缺陷的检验，超声波探伤不能对缺陷作出判断时，应采用射线探伤。一、二级焊缝的质量等级及缺陷分级应符合表1-7-1的规定。

（1）评定等级

焊缝超声波探伤中一般按通过不同等级检验出的缺陷的指示长度和母材厚度之比以及指示长度的最大限值和最小限值进行缺陷的等级分类。评定等级分为Ⅰ、Ⅱ、Ⅲ、Ⅳ级，其中Ⅱ、Ⅲ级对应于GB 50205中焊缝质量等级的一级和二级。

（2）检验等级

焊缝探伤检验等级分为A、B、C三级，A级检验采用一种角度的探头在焊缝的单面单侧进行检验,只对允许扫查到的焊缝截面进行探测。一般不要求作横向缺陷的检验。母材厚度大于 50mm 时,不得采用 A 级检验。

一、二级焊缝质量等级及缺陷分级　　表 1-7-1

焊缝质量等级		一　级	二　级
内部缺陷超声波探伤	评定等级	Ⅱ	Ⅲ
	检验等级	B 级	B 级
	探伤比例	100%	20%
内部缺陷射线探伤	评定等级	Ⅱ	Ⅲ
	检验等级	AB 级	AB 级
	探伤比例	100%	20%

注:探伤比例的计数方法应按以下原则确定:

①对工厂制作焊缝,应按每条焊缝计算百分比,且探伤长度应不小于 200mm,当焊缝长度不足 200mm 时,应对整条焊缝进行探伤;

②对现场安装焊缝,应按同一类型、同一施焊条件的焊缝条数计算百分比,探伤长度应不小于 200mm,并应不少于 1 条焊缝。

B 级检验原则上采用一种角度探头在焊缝的单面双侧进行检验,对整个焊缝截面进行探测。母材厚度大于 100mm 时,采用双面双侧检验。受几何条件的限制可在焊缝的双面单侧采用两种角度探头进行探伤。条件允许时应作横向缺陷的检验。

C 级检验至少要采用两种角度探头在焊缝的单面双侧进行检验。同时要做两个扫查方向和两种探头角度的横向缺陷检验。母材厚度大于 100mm 时,采用双面双侧检验。

4. 超声波探伤法基本原理介绍

超声波是在弹性介质中传播的机械波,在同一介质中的传播速度相同,超声波探伤所用的频率一般在 0.5 ~ 10MHz 之间,对金属材料,常用的频率为 1 ~ 5MHz 超声波。超声波频率高、波长短,因而超声波像光波一样具有良好的方向性,可以定向发射。焊缝中的各种缺陷,都会造成物质的不连续性,即会产生界面,当超声波传播过程中遇到这些界面,则能在界面上产生反射、折射和波型转换。

超声波探伤的主要设备是超声波探伤仪,它的作用是产生电振荡并加于换能器(探头)激励探头发射超声波,同时将探头送回的电信号进行放大,通过一定方式显示出来,从而得到被探工件内部有无缺陷及缺陷位置和大小等信息。

钢结构焊缝探伤采用 A 型脉冲探伤仪,这种仪器通过探头向工件周期性地发射不连续且频率不变的超声波,根据超声波的传播时间及幅度判断工件中缺陷位置和大小。A 型显示是超声波的一种最基本的显示方式,探伤荧光屏的横坐标代表声波的传播时间(或距离),纵坐标代表反射波的幅度(声压),由反射波的位置可以确定缺陷位置,由反射的幅度可以估算缺陷大小。

5. 焊缝射线探伤的基本原理

射线探伤常用的为 X 射线、γ 射线,这两种射线都是易于穿透物体的,但是在穿透物体的过程中受到吸收和散射,因此,其穿透物体后的强度就小于穿透前的强度。衰减的程度由物体的厚度、物体的材料品种以及射线的种类而定。当厚度相同的板材含有气孔时,有气孔的部分不吸收射线,容易透过。相反如果混进容易吸收射线的异物时,这些地方射线就难于透过。因此,将强度均匀的射线照射所检测的物体,使透过的射线在照相胶片上感光,把胶片显影后就可得到与材料内部结构和缺陷相对应的黑度不同的图像,即射线底片,通过对这种底片的观察来检查缺陷的种类、大小、分布状况等。

三、高强度螺栓连接质量检验

钢结构工程中常用的高强度螺栓包括高强度大六角头型螺栓和扭剪型高强度螺栓。

1. 一般检验项目

高强度螺栓连接副的形式、规格和技术参数应满足设计要求。螺母和垫圈的安装应满足设计要求。高强度螺栓连接副终拧后,螺栓丝扣外露宜为 2 ~ 3 扣,10% 的螺栓丝扣外露可为 1 ~ 4 扣。高强度螺栓孔不应采用气割扩孔。扩孔后的孔径不应超过 1.2 倍的螺栓直径。

2. 高强度螺栓连接副施工扭矩检验

高强度螺栓连接副扭矩检验含初拧、复拧、终拧扭矩的现场无损检验。检验所用的扭矩扳手其扭矩精度误差应不大于 3% 。高强度螺栓连接副扭矩检验分扭矩法检验和转角法检验两种,原则上检验法与施工法应相同。扭矩检验应在施拧 1h 后,48h 内完成。

按《钢结构工程施工质量验收规范》(GB 50205)要求,高强度大六角头螺栓连接副终拧扭矩检查数量按节点数抽查 10% ,且不应少于 10 个,每个被抽查节点按螺栓数抽查 10% ,且不应少于 2 个。

扭剪型高强度螺栓连接副终拧后,尾部梅花头被拧掉者视同其终拧扭矩达到合格质量标准。除因构造原因无法使用专用扳手终拧掉梅花头者外,未在终拧中拧掉梅花头的螺栓数不应大于该节点螺栓数的 5% 。对所有梅花头未拧掉的扭剪型高强度螺栓连接副应采用扭矩法或转角法进行终拧并作标记,且需进行终拧扭矩检查。检查数量按节点数抽查 10% ,但不应少于 10 个节点,被抽查节点中梅花头未拧掉的扭剪型高强度螺栓连接副全数进行终拧扭矩检查。

(1)扭矩法检验

检验方法:在螺尾端头和螺母相对位置画线,将螺母退回 60°左右,用扭矩扳手测定拧回至原来位置时的扭矩值。该扭矩值与施工扭矩值的偏差在 10% 以内为合格。

高强度螺栓连接副终拧扭矩值按下式计算:

$$T_c = K \cdot P_c \cdot d \tag{1-7-1}$$

式中:T_c——终拧扭矩值(N · m);

P_c——施工预拉力值标准值(kN),见表 1-7-2;

d——螺栓公称直径(mm);

K——扭矩系数,按规定的扭矩系数试验确定。

高强度大六角头螺栓连接副初拧扭矩值 T_0 可按 $0.5T_c$ 取值。

扭剪型高强度螺栓连接副初拧扭矩值 T_0 可按下式计算:

$$T_0 = 0.065P_c \cdot d \tag{1-7-2}$$

式中:T_0——初拧扭矩值(N · m);

P_c——施工预拉力标准值(kN),见表 1-7-2;

d——螺栓公称直径(mm)。

高强度螺栓连接副施工预拉力标准值(kN)　　表 1-7-2

螺栓性能等级	螺栓公称直径(mm)					
	M16	M20	M22	M24	M27	M30
8.8s	75	120	150	170	225	275
10.9s	110	170	210	250	320	390

(2)转角法检验

检验方法:①检查初拧后在螺母与相对位置所画的终拧起始线和终止线所夹的角度是否达到规定值。②在螺尾端头和螺母相对位置画线,然后全部卸松螺母,在按规定的初拧扭矩和终拧角度重新拧紧螺栓,观察与原画线是否重合。终拧转角偏差在10°以内为合格。终拧转角与螺栓的直径、长度等因素有关,应由试验确定。

第二节　海洋工程钢结构防腐蚀

一、海港工程钢结构部位划分及相应的防腐蚀措施

1. 海港工程钢结构部位划分

钢材的腐蚀速度和它所接触的介质关系密切,同一工程或者同一个构件,在不同环境中的腐蚀速度是不相同的,例如海港工程中的钢管桩,泥面以下部分的腐蚀速度要小于浸泡在海水中的部分,而处在浪溅区部分的腐蚀速度又高于海水中的那一段。图1-7-1是海港中不同部位钢材腐蚀速度示意图,从中可以看出浪溅区的腐蚀速度最高,泥面以下部分的腐蚀速度最低。

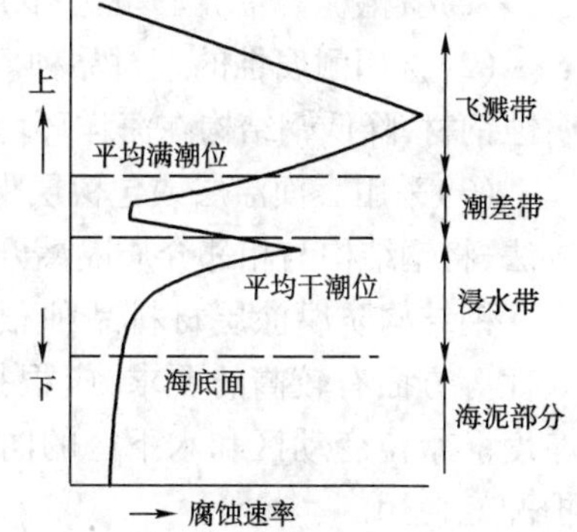

图1-7-1　普通钢材海水中腐蚀速率

在海港工程钢结构施工中,有必要根据不同环境分别采取不同的防腐蚀措施。

根据《海港工程钢结构防腐蚀技术规范》(JTS 153-3—2007),将海港工程中的钢结构按所处环境及锈蚀速度的不同,划分成五个区,即大气区、浪溅区、水位变动区(潮差区)、水下区和泥下区。具体划分如下:

对有掩护的海港,大气区和浪溅区的分界线为设计高水位加1.5m;浪溅区与水位变动区的分界线为设计高水位减去1.0m;水位变动区和水下区的分界线为设计低水位减去1.0m;水下区与泥下区的分界线为海泥面;泥面以下部分为泥下区。

对无掩护条件的海港,大气区和浪溅区的分界线为设计高水位加(η_0 +1.0m)(η_0 为设计高水位时的重现期50年);浪溅区和水位变动区的分界线为设计高水位减 η_0;水位变动区和水下区的分界线为设计低水位减1.0m;水下区和泥下区分界线为海泥面。

2. 海港工程钢结构的主要防腐措施

钢材的防腐蚀措施有许多种,应根据海港建筑物的重要性、使用年限、周围环境条件、施工和维修保养条件等选择合适的防腐蚀措施,达到既有效、又经济的目的。海港工程中常采用的钢结构防腐措施有如下几种:

(1)增加钢结构的预留腐蚀裕量。根据结构所处的环境,按设计要求的使用年限和预

估的腐蚀速度，适当增加钢结构的腐蚀裕量。不同部位的钢结构单面腐蚀裕量计算公式如下：

$$\Delta\delta = K[(1-P)t_1 + (t-t_1)] \tag{1-7-3}$$

式中：$\Delta\delta$——钢结构单面腐蚀裕量（mm）；

K——钢结构单面平均腐蚀速度（mm/a），可按现场实测值计算，也可按表1-7-3选用；

P——保护效率（%），采用涂层保护时，在涂层设计使用年限内可取50%～95%；采用阴极保护时，水位变动区取20%≤P<90%；水下区取P≥90%；采用涂层和阴极保护联合保护时，取85%～95%；

t_1——防腐措施设计使用年限（a）；

t——钢结构设计使用年限（a）。

钢结构单面平均腐蚀速度（mm/a）　　表1-7-3

部位		平均腐蚀速度
大气区		0.05～0.10
浪溅区	有掩护条件	0.20～0.30
	无掩护条件	0.40～0.50
水位变动区及水下区		0.12
泥下区		0.05

注：①表中平均腐蚀速度适用于pH=4～10的环境条件，对严重污染环境应适当加大；

②对水质含盐量层次分明的河口区或年平均气温高、波浪大、流速大的环境，应适当加大；

③对钢板桩岸侧部分可参照泥下区取值。

（2）选用耐腐蚀的钢材品种。海港工程中钢结构可根据不同的腐蚀介质，选用合适的耐腐蚀钢材，降低钢结构在海洋环境中的腐蚀速度。

（3）采用表面涂层或包覆层保护。如采用防腐蚀涂层保护、金属热喷涂或包覆层防腐的方法，将钢结构与相邻介质隔离开来，降低钢材表面的腐蚀速度。

钢结构防腐涂层材料品种很多，用于海工钢结构的防腐涂料在耐腐蚀性、耐候性和耐久性等方面有较高的要求，应根据使用环境和设计使用年限，选择合适的涂料品种及涂层厚度。水位变动区和水下区的防腐涂层材料还应该具有耐电位性和耐碱性，以便与阴极保护配套使用。

金属热喷涂用的喷涂材料主要有铝、铝合金或锌。热喷涂工艺有气喷法、电弧喷涂法和等离子喷涂法，其中气喷法适用于锌涂层，电弧法适用于铝涂层。

包覆层防腐是以玻璃纤维为骨架，用树脂作粘合剂组成的防腐层，常用2～5层玻璃纤维和树脂粘结在一起，具有厚度大、耐水性好、耐冲击等优点。

（4）采用阴极保护，这是海洋水下区域钢结构防腐的最有效手段之一。阴极保护有外加电流阴极保护、牺牲阳极阴极保护以及两种系统联合保护，这些都是成熟的防腐技术。实践证明，阴极保护可以使海洋工程中水下钢结构的腐蚀速度下降到0.02mm/a以下，有效延长海水中钢结构的使用寿命。

3. 海港工程钢结构不同部位对应的防腐措施

（1）大气区——应采用涂料涂层或金属喷涂层进行保护，大气区的涂料应具有良好耐候性。阴极保护在大气区是无效的。

(2)浪溅区和水位变动区——宜采用重防腐涂层或金属喷涂层加封闭涂层保护,也可以用包覆层保护。这一区域使用的防腐涂料应能适应干湿交替变化,且应具有耐磨、耐冲击、耐候性等性能。阴极保护在浪溅区是无效的,但在水位变动区可以使用。

(3)水下区——这一区域的防腐多采用阴极保护措施,可以单独用阴极保护,也可以将阴极保护与涂层保护联合使用。若水下区采用防腐涂层,防腐层的材料应具有耐电位性和耐碱性。

(4)泥下区——宜采用阴极保护

(5)钢板桩的岸侧及预埋拉杆等埋地钢结构可以采用阴极保护与涂层保护联合保护的办法,也可以用阴极保护与包覆有机材料相结合的方法。

预留钢结构的腐蚀裕量在所有部位都可以采用,但在海港工程中不宜单独使用,一般都是与涂层保护、阴极保护等联合使用。我国《港口工程桩基规范》(JTJ 254—98)中明确规定海洋工程的钢管桩必须在浪溅区和水位变动区预留腐蚀裕量。

二、海洋工程钢结构防腐检验与检测

海洋工程钢结构的防腐蚀施工及后期管理与陆上工程防腐相比,有其特殊性和复杂性,为此应加强海洋钢结构防腐施工中的质量验收检测和运行过程中的质量检查。

1. 涂层防腐检验与检测

(1)钢结构表面清洁度与粗糙度检验

钢结构在进行涂层保护前应对表面进行除锈和净化处理,使需进行保护的钢材表面达到规范要求的清洁度和粗糙度。

钢材表面清洁度按《涂装前钢材表面锈蚀等级和除锈等级》(GB 8923—88)中相应照片对照目视评定。目视评定应在有良好日光或人工照明条件下进行,不得借助放大镜等器具,以钢材表面外观最接近照片所示的等级作为评定结果。表面清洁度检验数量应符合下列规定:

钢管桩或钢板桩:不少于总桩数的10%,且每工班不少于1根;

小型钢构件:不少于构件总数的10%,,且每工班不少于5件;

大型、整体钢构件:每50m^{2}对照检查一次,且每工班不少于1次。

钢材表面粗糙度检验可以采用比较样块法目视评定,也可以用粗糙度测试仪或剖面检测仪测定。目视评定时,按《涂装前钢材表面粗糙度等级的评定(比较样块法)》(GB/T 13288—91)相应样块目视比较评定。表面粗糙度检验数量与表面清洁度的检验数量相同。

(2)涂层附着力检测

涂层附着力应该满足设计要求,这是检验涂层质量的一个重要参数。附着力的检测方法按涂层厚度不同可分为以下三种:

①当涂层厚度小于等于120μm时,可按《色漆和清漆划格试验》(GB 9286)中的划格法检测,也可用圆滚线划痕检测。划格法检测方法如下:首先用切割刀具在被检测部位的涂层上划格(图1-7-2),横、竖方向各6条,形成90°交角的网格。切割要划透至底材表面,然后用粘胶带贴在划格区上面,用于压平,5min后按要求将胶带撕开(图1-7-3),再对照表1-7-4将试验面分级。

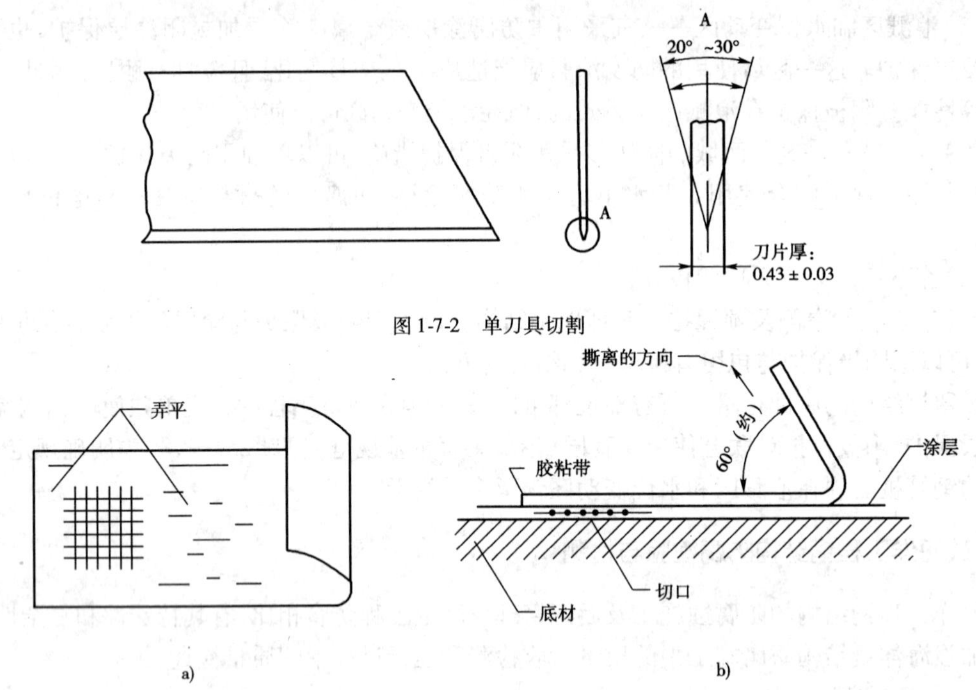

图 1-7-2　单刀具切割

图 1-7-3　胶粘带定位

a)根据网格定胶粘带的位置;b)直接从网格上撕离前胶粘带的位置

划格试验分级　　表 1-7-4

分级	说　明
0	切割边缘完全平滑,无一格脱落
1	在切口交叉处有少许涂层脱落,但交叉切割面积受影响不能明显大于 5%
2	在切口交叉处和/或沿切口边缘有涂层脱落,受影响的交叉切割面积明显大于 5%,但不能明显大于 15%
3	涂层沿切割边缘部分或全部以大碎片脱落,和/或在格子不同部位上部分或全部剥落,受影响的交叉切割面积明显大于 15%,但不能明显大于 35%
4	涂层沿切割边缘大碎片剥落,和/或一些方格部分或全部出现脱落。受影响的交叉切割面积明显大于 35%,但不能明显大于 65%
5	剥落的程度超过 4 级

②当涂层厚度大于 250μm 时,采用拉开法检测。常用检测方法有两种:

一是用拉开法测试仪进行测试,将铝合金接头用胶粘剂粘在被测涂层表面,等胶粘剂完全固化后,用拉开法测试仪进行附着力测试,示意图见图 1-7-4。拉开法测试仪器有机械式和液压(气压)驱动式两种类型。测试时将拉力仪套上铝合金接头,进行测试,记录破坏强度。

另一种方法是先加工两只直径 20mm 的钢质试柱,再从被测构件上切下一块直径(或边长)30mm 的试件。在两个清洁的试柱端面涂一薄层粘结剂,与试片同心对接(图 1-7-5),待完全固化后清除周边多余的粘结剂,在拉力机上以 10mm/min 速度张拉,直至破坏,记录破坏强度。

由式(1-7-4)计算涂层附着力:

$$F = \frac{G}{S} \tag{1-7-4}$$

式中：F——涂层附着力；

G——试验时的破坏荷载；

S——被测涂层试柱截面面积。

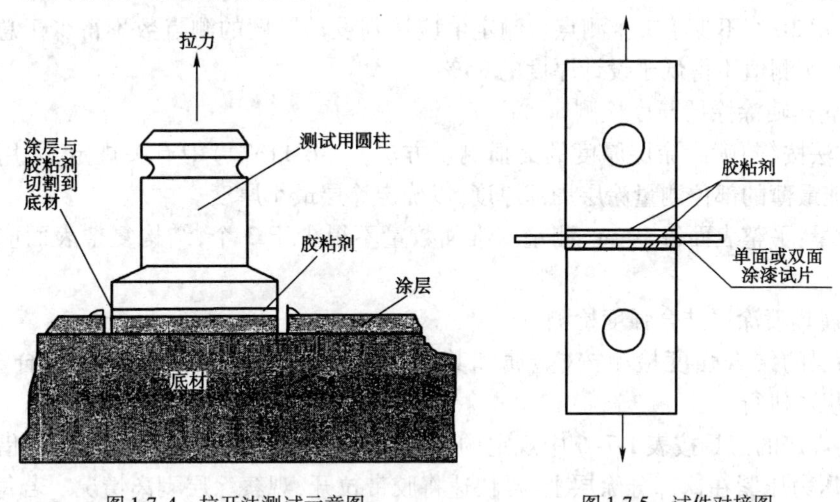

图 1-7-4　拉开法测试示意图　　图 1-7-5　试件对接图

③当涂层厚度大于 120μm 而小于等于 250μm 时，附着力检测可采用切割法。测试工具比较简单，大致方法如下：

首先将涂层表面清洁干燥，用锋利的刀片沿直线稳定地切割涂膜至底材，夹角为 30° ~ 45°，划线长度 40mm，交叉点在线长的中间。切下长 75mm 压敏胶带，把胶带中间放在切割处的交叉点上，用手指抹平。再用橡皮擦平胶带，直至密实为止。在(90 ± 30)S 内，以 180°从涂膜表面撕开胶带，观察涂层拉开后的状态。美国材料试验协会制定的 ASTMD3359 - 02 标准中定义了六种状态供参考，其中 5A ~ 3A 为附着力可以接受(表 1-7-5)。

表 1-7-5

分级	说　明	分级	说　明
5A	没有脱落或脱皮	2A	刀痕两边都有缺口状脱落达 3.2mm
4A	沿刀痕有脱皮或脱落的痕迹	1A	胶带下 X 区域内大部分脱落
A	刀痕两边都有缺口状脱落达 1.6mm	0A	脱落面积越过了 X 区域

切割法检测数量：钢管桩或钢板桩每 10 根检测一根；其他钢结构每 200m² 检测数量不应少于 1 次，且总检测数不得少于 3 次。

(3)涂层厚度检测

涂层厚度是涂装工程中一项主要控制技术指标，也是涂层质量检验中的一项关键工作，因此应重视涂层厚度的正确测定。涂层厚度检测方法和仪器很多，应根据场合、底材性质、涂膜状态等合理选择。这里只介绍干膜厚度测定。

根据对被测涂层的损坏情况，干膜测厚可分为无损检测和破坏性检测两类。无损检测又可分为磁性法、超声法和机械法；破坏性检测有显微镜法。

目前使用较多的是磁性测厚仪，它是利用磁场磁阻原理测量钢材涂层厚度的方法，通过仪器探头和钢底材表面之间的磁通量大小反应涂层的厚薄,磁通量越大,表明涂层厚度越大。

检测方法及次数:按《港口工程钢结构防腐蚀技术规范》要求,先在标准样块上校准测厚仪,然后进行测试。每一测点取3次读数,每次读数的位置相距25~75mm,取3次平均值作为该点测定值。

检测数量:钢管桩及钢板桩每根不少于3个测点;大型钢构件每10 m^2 不少于3个测点;小型钢构件每2 m^2 不少于1个测点。测定值应达到设计厚度的测点数不得少于总测点数的85%,且最小实测值不得低于设计厚度的85%。

(4)金属热喷涂涂层厚度检测

检测方法按《热喷涂涂层厚度的无损测量方法》(GB 11374)中有关规定,采用磁性测量法,选择可能最薄的部位测量涂层局部厚度,以确定涂层最小厚度。

检测数量:平整表面每10 m^2 测量基准面数量不得少于3个,结构复杂表面应适当增加测点。

(5)金属热喷涂层结合强度检测

热喷涂层的结合强度检测按《金属和其他无机覆盖层热喷涂锌、铝及其合金》(GB/T 9793)有关规定执行。

首先用规定的刀具按表1-7-6中规定的格子尺寸将涂层切断,然后将粘胶带借助一个辊子以5N的压力压紧在这部分涂层上,再快速将胶带拉开,观察涂层剥离情况。若每个格子内涂层仅有一部分粘在胶带上,且损坏发生在涂层的层间而不在基体界面处,则认为合格。

格子尺寸　　表1-7-6

覆盖格子的表面	检查的涂层厚度(μm)	划痕之间的距离(mm)
15mm×15mm	≤200	3
25mm×25mm	>200	3

检测数量,钢桩每10根应检测1根,其他钢构件每200 m^2 检测数不得少于1次,且总检测数不得少于3次。

(6)牺牲阳极的化学成分应现场取样后进行化学分析,看是否满足相应规范要求。

检测数量每批次不得少于1.5%,且不少于1件。

(7)牺牲阳极的尺寸、重量和表面状态应进行现场抽样检查。

现场抽样的数量每批次不得少于5%,且不得少于3件。

(8)牺牲阳极的短路连接应采用水下摄像或其他水下成像技术,对焊缝长度、高度及连续性进行检查。

检查数量应为总数的5%~10%,且不得少于3块。

(9)应对每一单元构件进行阴极保护电位检测,海港工程钢结构保护电位应符合表1-7-8要求,检测仪器最小分辨率1mV,内阻大于10MΩ的高内阻数字表和符合《船用参比电极技术条件》规定的Ag/AgCl或Cu/饱和 $CuSO_4$ 参比电极。

测试方法:将参比电极放入水中,靠近待测钢材表面(不接触),用导线连接参比电极,万用表和被测构件,在万用表上读取数值。

三、海港工程钢结构防腐定期检查

在使用过程中要定期对钢结构防腐情况进行检查和检测,表1-7-7是海港工程钢结构防腐蚀技术规范中列出的定期检查项目，特殊检查项目及内容可根据具体情况确定。

定期防腐检查项目、内容及周期　　表 1-7-7

项目分类	检 查 项 目	检 查 部 位	检查内容、方法	检查周期
常规检查	防腐涂层外观	水上涂装钢结构	涂层破损情况；目测检查	1
	阴极保护运行状态	水中钢结构	保护电位、仪器状态；电位检测	1
	阳极使用环境	水中钢结构	检查阳极的安装固定状态	1
详细检查	水下外观检查	水中钢结构	水下钢结构涂层及锈蚀；水下摄像、探摸	5
	涂层防腐性能检查	水中钢结构	对防腐涂层详细检查和测定	5
	腐蚀量检测	钢结构	用超声测厚仪检测钢结构壁厚	5
	阳极外观检查	牺牲、辅助阳极	对阳极外观目测检查	5～10
	阳极消耗量检查	牺牲阳极	对阳极进行检查和测量	5～10
	电连接	阴极保护钢结构	测量构件间的连接电阻	5～10

四、附录

（1）阴极保护的保护电位应符合表 1-7-8 中要求。

钢结构保护电位　　表 1-7-8

环境、材质		保护电位（V）		
		饱和硫酸铜电极	海水氧化银电极	锌合金电极
含氧环境中的钢	最正值	−0.85	−0.78	+0.25
	最负值	−1.10	−1.05	+0.00
缺氧环境中的钢（有硫酸盐还原菌腐蚀）	最正值	−0.95	−0.90	+0.15
	最负值	−1.10	−1.05	+0.00
高强钢（$\sigma_s \geqslant 700$MPa）	最正值	−0.85	−0.78	+0.25
	最负值	−1.00	−0.95	+0.10

（2）阴极保护的初期保护电流密度可参照表 1-7-9。

港湾工程钢结构初期保护电流密度　　表 1-7-9

环 境 介 质	钢结构表面状态	保护电流密度（mA/m^2）		
		初始值	维持值	末期值
静止海水	裸钢	100～130	55～70	70～90
流动海水	裸钢	150～180	60～80	80～100
海泥	裸钢	25	20	20
海水堆石	裸钢	60～90	40～50	50～75
海水中混凝土或水泥砂浆包覆	裸钢	10～25	10～25	10～25
水位变动区混凝土	钢筋	5～20	5～20	5～20

（3）总保护电流可按下式计算：

$$I = \sum I_n + I_f \tag{1-7-5}$$

$$\sum I_n = \sum i_n S_n \tag{1-7-6}$$

式中：I——总保护电流（A）；

I_n——各分部位的保护电流(A)；

I_f——其他附加保护电流(A)；

i_n——各分部位的初期保护电流密度(A/m^2)；

S_n——各分部位的保护面积(m^2)。

(4)牺牲阳极的接水电阻可按下式计算：

$$R_a = \frac{\rho}{2\pi L}\left(\ln\frac{4L}{r} - 1\right) \tag{1-7-7}$$

$$r_m = \frac{C}{2\pi} - \left(\frac{C}{2\pi} - r_t\right)\mu \tag{1-7-8}$$

式中：R_a——阳极接水电阻(Ω)；

ρ——海水电阻率(Ω·cm)；

L——牺牲阳极长度(cm)；

r——阳极等效半径；(cm)

C——阳极截面周长(cm)；

r_t——阳极铁芯半径(cm)；

μ——牺牲阳极利用系数，取0.85～0.90。

(5)牺牲阳极发生电流量按下式计算：

$$I_\alpha = \frac{\Delta V}{R} \tag{1-7-9}$$

式中：I_α——单个阳极发生电流(A/块)；

ΔV——驱动电压(V)，锌合金取0.20～0.25V，铝合金取0.25～0.3V。

(6)牺牲阳极数量按下式计算：

$$N = \frac{I}{I_\alpha} \tag{1-7-10}$$

式中：N——阳极数量(块)；

I——总保护电流(A)；

I_α——单块阳极发生电流(A)。

(7)牺牲阳极使用年限按下式计算：

$$t = \frac{W_i\mu}{EI_m} \tag{1-7-11}$$

式中：t——设计使用年限(a)；

W_i——单块阳极净重(kg)；

μ——牺牲阳极利用系数，一般取0.75～0.90；

I_m——维持保护电流(A)，其值取(0.50～0.55)I(I为总保护电流)；

E——牺牲阳极消耗率(kg/A·a)。

(8)阳极剩余重量按下式计算：

$$Q_e = \left[\frac{1}{\pi}\left(\frac{D_1 + D_2 + D_3}{6}\right)^2 L - V\right]\rho \times 10^{-3} \tag{1-7-12}$$

式中：Q_e——阳极的剩余重量(kg)；

D_1、D_3——剩余阳极两端距端部各100mm处的周长(mm)；

D_2——剩余阳极中部的外周长(mm);

L——剩余阳极的长度(mm);

V——芯棒体积(mm^3);

ρ——阳极密度(g/mm^3)。

(9)阳极的剩余年限可按下式计算:

$$t_e = \frac{Q_e}{Q_e - Q_o}t \tag{1-7-13}$$

式中:t_e——阳极剩余年限(a);

Q_e——阳极的剩余重量(kg);

Q_o——阳极的初始重量(kg);

t——阳极的使用年限(a)。

检查数量每批批次不得少于5%,且不得少于3件。

参 考 文 献

[1] 交通部第一航务工程勘察设计院. 海港工程设计手册(中册). 北京:人民交通出版社,1999 年 4 月,第 1 版.

[2] 交通部第一航务工程勘察设计院. 港口工程结构设计算例. 北京:人民交通出版社,1994 年 1 月,第 1 版.

[3] 陈万佳. 港口水工建筑物. 北京:人民交通出版社,1989 年 6 月,第 1 版.

[4] 姚振刚,刘祖华. 建筑结构试验. 上海:同济大学出版社,1996 年 9 月,第 1 版.

[5] 国家标准. 工程结构可靠性设计统一标准(GB 50153—2008). 北京:中国建筑工业出版社,2009 年 5 月,第 1 版.

[6] 国家标准. 混凝土结构设计规范(GB 50010—2002). 北京:中国建筑工业出版社,2002 年 3 月,第 1 版.

[7] 国家标准. 钢结构设计规范(GB 50017—2003). 北京:中国建筑工业出版社,2003 年 10 月,第 1 版.

[8] 国家标准. 混凝土结构试验方法标准(GB 50152—92). 北京:中国建筑工业出版社,1992 年 8 月,第 1 版.

[9] 国家标准. 混凝土结构工程施工质量验收规范(GB 50204—2002). 北京:中国建筑工业出版社,2002 年 3 月,第 1 版.

[10] 行业标准. 水运工程混凝土试验规程(JTJ 270—1998). 北京:人民交通出版社,1998 年.

[11] 行业标准. 港口工程混凝土结构设计规范(JTJ 267—98). 北京:人民交通出版社,1998 年.

[12] 行业标准. 港口工程钢结构设计规范(JTJ 283—99). 北京:人民交通出版社,1999 年.

[13] 国家标准. 金属材料 室温拉伸试验方法(GB/T 228—2002).

[14] 国家标准. 金属材料 弹性模量和泊松比试验方法(GB/T 22315—2008).

[15] 国家标准. 钢筋混凝土用钢 第 2 部分:热轧带肋钢筋(GB 1499.2—2007).

[16] 国家标准. 钢筋混凝土用钢 第 1 部分:热轧光圆钢筋(GB 1499.1—2008).

[17] 国家标准. 冷轧带肋钢筋(GB 13788—2008).

[18] 国家标准. 预应力混凝土用钢绞线(GB/T 5224—2003).

[19] 国家标准. 预应力混凝土用螺纹钢筋(GB/T 20065—2006).

[20] 国家标准. 钢及钢产品 力学性能试验取样位置及试样制备(GB/T 2975—1998).

[21] 吴慧敏. 结构混凝土现场检测新技术. 湖南:湖南大学出版社,1998.

[22] 袁海军,姜红. 建筑结构检测鉴定与加固手册. 北京:中国建筑工业出版社,2003.

[23] 行业标准. 海港工程钢结构防腐蚀技术规范(JTS 153—3—2007). 北京:人民交通出版社.

[24] 行业标准. 港口水工建筑物检测与评估技术规范(JTJ 302—2006). 北京:人民交通出版社.

[25] 行业标准.水运工程水工建筑物原型观测技术规范(JTJ 218—2005).北京:人民交通出版社.

[26] 行业标准.港口工程混凝土非破损检测技术规程(JTJ/T 272—99).北京:人民交通出版社.

[27] 国家标准.钢结构工程施工质量验收规范(GB 50205—2001).北京:中国计划出版社.

第二篇　基桩试验与检测技术

第一章 桩的基本知识

桩基础是建筑工程、水运工程、桥梁工程等大中型工程中一种最常见的基础形式,其作用是将上部结构荷载或外来荷载传递到较深、相对变形较小的桩周土层中,减少上部结构的变形(沉降变形、上浮或水平变形)。

桩基础已有悠久的历史,早期使用较多的是木桩,这在我国考古发掘的建筑遗址中屡有发现。上海港早期建造的码头有许多是使用木桩。随着钢铁和混凝土工业的发展,铸铁桩、钢桩和混凝土桩逐步取代了木桩,如今高层建筑、港口码头、道路桥梁、船坞、海洋平台等领域已经离不开桩基础。在我国已建成的工程中,最大的桩直径已达5m以上,桩长超过130m,单桩竖向承载力超过100000kN;港口和海洋工程中最高的打桩架高度已超过100m,打桩锤活塞重量已超过120t;我国各类工程中每年的用桩量已达到了数百万根。

桩是埋入土中的杆件,属于隐蔽工程,桩的质量直接关系到整个建筑物的安全及人民生命财产的安全。然而,影响桩质量的因素很多,如桩的制作和施工工艺、施工质量、桩身材质、地质条件等等,因桩质量问题引起的建筑物重大事故的工程例子很多。因此,如何正确检测和判别埋入土中的桩身质量,是业主、设计、施工、监理等部门所关心的事。国内外已有许多检测桩质量的方法及相应的仪器设备,并有相应的规范、规程,但仅有这些还远远不够,即使看似简单的桩的静载荷试验,在有些情况下并不是说按规范中哪一条标准就能直接判别,而是要结合桩身结构、施工工艺、地质勘察资料及检测人员经验综合判别;若要检测垂直受荷桩的分层侧摩阻力或水平受荷桩的桩身弯矩分布等参数时,还需要在桩身布设传感器,又涉及到传感器的选型、埋设方法、数据的采集和分析等一系列问题。而像高应变、低应变、超声波等间接检测方法,在检测及分析时不但要考虑桩身结构、桩身材料特性、桩周土层分布、施工工艺等因素,还要清楚这些检测方法的基本假定和使用范围。

第一节 桩的分类

一、按桩身材料分

1. 木桩

这是工程中应用最早的一种桩,在我国的一些老建筑及建筑遗址中还常有发现,上海黄浦江边的一些码头在20世纪70年代改建时就曾拆除出大量方型及圆型木桩。随着钢材和混凝土等建筑材料的发展及木材的日益短缺,现在我国已很少使用木桩了。

2. 混凝土桩

这是现今国内外使用最为普遍的桩,由于混凝土的抗压强度高、耐久性好、原材料丰富、且可制成不同形状、不同尺寸的桩,既可以在工厂或工地现场预制,也可以就地灌注成混凝土灌注桩,施工方便、价格便宜,已广泛应用到各工程领域。为了提高混凝土的抗拉和抗弯能力,又发展了各种工艺的预应力混凝土桩,如先张法预应力混凝土方桩、先张法预应力混凝土管桩、后张法预应力混凝土管桩和预应力混凝土灌注桩等，大大提高了混凝土桩的适应能力。

3. 钢桩

在水运工程中应用较多的有钢管桩、钢板桩和 H 型钢桩。钢桩具有质量可靠、制作方便、穿透硬层能力强等特点，在水运工程及外海大型桥梁中运用较多。钢管桩主要用在外海大型高桩码头、大型靠船平台、海上采油平台、大型桩墩基础等工程中；钢板桩主要用于挡土结构，有时也兼作支承桩；H 型钢桩主要用在一些嵌岩桩基工程中。由于钢桩的材料价格比较昂贵，在有腐蚀的介质中还要进行防腐处理，成本较高，因此在一般的中小型工程中很少应用。

4. 组合型桩

利用混凝土桩和钢桩的各自特点，按不同使用要求而组合的桩。如在打入土中的钢管桩内灌注混凝土或钢筋混凝土，构成钢管混凝土桩；利用混凝土耐腐蚀和钢管桩易贯入的特性，组合成上部混凝土管桩，下部钢管桩的组合桩；利用锚杆嵌岩或钻孔灌注桩嵌岩，提高抗拔力及抗水平能力的上部钢管桩（或混凝土管桩），下部嵌岩的预制型锚杆嵌岩桩等。

二、按桩的承载性状分

1. 摩擦型桩

在承载能力极限状态下，由桩顶传下来的竖向荷载全部或大部分由桩侧摩阻力承担的桩称为摩擦型桩。根据桩侧摩阻力分担比的不同，摩擦型桩又可分为摩擦桩和端承摩擦桩两种：若由桩顶传下的竖向荷载全部由侧阻力承担，而桩的端承力可忽略不计时，称为摩擦桩；若桩顶传下的荷载大部分由侧阻力承担，端承力只占一小部分，则称为端承摩擦桩。

2. 端承型桩

在承载能力极限状态下，由桩顶传下来的竖向荷载全部或主要由桩端承担的桩称为端承型桩。同样端承型桩也可以分为两种：桩顶传下的竖向荷载全部由端承力承担，侧阻力可忽略不计时，称为端承桩；若荷载的大部分由端承力承担，侧阻力只占其中的一小部分，称为摩擦端承桩。

从上面的区分可以看出，判别某桩是摩擦型桩还是端承型桩，主要是看在承载力极限状态下，由桩顶传下的荷载主要由哪一部分承担，而不是仅由桩端土的性状决定。

三、按沉桩（成桩）时对桩周土的影响程度分

1. 挤土桩

挤土桩包括采用打入或压入沉桩工艺的混凝土预制桩、闭口及半闭口的钢管桩、沉管灌注桩等，此类桩在施工过程中会对桩周土体产生挤压，扰动，不仅影响到桩刚植入后的承载能力，挤土还会影响到邻近已施工的桩、周边建筑物和岸坡稳定，若桩的设置或施工不当，会造成邻近桩产生位移甚至断裂、周边建筑物产生裂痕、岸坡出现失稳等现象。

2. 非挤土桩

包括混凝土钻孔灌注桩、挖孔灌注桩、冲抓成孔灌注桩，中掘法沉桩等，此类桩在施工过程中对周边的挤土影响很小，但桩的承载能力也明显低于同直径挤土桩。

3. 部分挤土桩

包括打入法施工的中小直径开口钢管桩、大直径混凝土管桩，这类桩在施工过程中挤土量少于挤土桩，对周围环境影响相对较小，但桩周土体扰动仍然存在。

四、按使用功能分

1. 抗压桩

桩主要承受上部传来的竖向荷载，如结构物自重、车辆及人行荷载、堆载等。高层建筑、道路桥梁、高桩码头、堆场下面的桩以承压桩为主。

2. 抗拔桩

主要承受竖向上拔荷载，如深基坑、船坞、地下车库大型地下建筑等基础底板下的桩以承受上拔荷载为主。

3. 水平受荷桩

桩的水平荷载主要来自上部结构传向桩基的水平力，土压力施加到桩上的水平力以及波浪力等，水运工程中的靠船力、系缆力、风力、波浪力，以及接岸结构挡土桩承受的土压力都会对桩形成水平荷载。在码头、桥梁、海洋平台等工程中，常用斜桩承受水平荷载；挡土结构中常用混凝土板桩或钢板桩，一些大型工程中也有采用钢管桩或预应力管桩作挡土结构的。

第二节　水运工程中常见桩的类型及主要特性

由于工程性质和地质条件不同，实际工程中使用的桩型和桩的种类很多，且随着建材工业的不断发展和制桩技术的提高，新的桩型和桩种不断出现。我国目前在水运工程中常遇见的桩型有以下几种：预应力混凝土桩（包括预应力混凝土方桩和预应力混凝土管桩），钢桩，混凝土灌注桩，预制钢筋混凝土方桩（即非预应力桩）和复合型桩等。

一、预应力混凝土桩

预应力混凝土桩由于制桩时对桩身混凝土施加了预压应力，提高了桩身抗拉和抗弯能力，抗锤击性能好，且具有良好的耐久性，因而在港口工程中被普遍采用。我国港口工程中常用的预应力混凝土桩有以下几种：

（1）先张法预应力混凝土方桩，这是20世纪50年代至90年代在港口工程中使用最普遍的桩型，常用截面尺寸为400～600mm，混凝土强度C40～C60；桩身混凝土预压应力一般在50～60MPa，工程需要时也可以增加到80～90MPa。水上用的预应力混凝土方桩大多整桩预制，最长的已接近60m；有时受施工条件（打桩架高度、预制场地设备条件等）的限制，也可分段制作，施工过程中通过法兰或电焊连接。为减轻桩的自重，预应力混凝土方桩通常制成空心桩，空腔直径一般200～330mm左右。

（2）先张法预应力混凝土管桩，包括PHC桩、PC桩和SPHC桩。PHC桩是预应力高强混凝土管桩的简称，桩身混凝土强度C80，由高压蒸养工艺制作，采用高强度钢筋（常用钢筋强度标准值为1420 MPa或1570 MPa）作预应力主筋，桩身有效预压应力在4～10 MPa范围。陆上工程中大多采用直径300～600mm、单节长度不大于15m的管节，沉桩过程中现场电焊接桩；水上工程中大多采用直径600～1200mm、单节长度15～30m的管节，在厂区内按设计要求的桩长拼接后再送到工地打桩。为了减少桩身接头，现国内已生产出单节长度55m的管桩（仅限于桩径在800～1200mm），并已在工程中广泛应用。

PC桩的桩身混凝土强度C60，采用常温或普通的蒸养进行养护，不需要高压蒸养，其余与

PHC 桩相同。

SPHC 桩是我国近几年开发的一种新型管桩，主要应用在港口工程和桥梁工程中。该桩与 PHC 桩的主要区别是采用高强钢绞线作预应力筋，管节的接桩端采用碗形钢质桩头，提高了接桩处的抗拉能力和抗锤击能力。目前生产的 SPHC 桩管径在 800 ~ 1200mm 范围。

(3)后张法预应力混凝土管桩(又称混凝土大管桩)，在我国生产应用已近 30 年，桩身混凝土强度 C60。由于采用了离心 + 振动 + 辊压的复合型制管工艺，管壁的抗渗性能好。该桩的生产工艺是：先在工厂预制成一定长度(1 ~4m)的管节，达到一定强度后再按工程需要拼接成整桩，并对桩施加预压应力。该桩的桩径在 1200 ~ 1400mm，有效预压应力在 60 ~ 90 MPa，桩身抗裂弯矩在 1100 ~ 2300kN · m。

二、钢桩

水运工程中常见的钢桩是钢管桩和钢板桩，也有少数工程用 H 形钢桩。钢桩具有材料强度高、制作方便、质量可靠、贯入性能好和抗水平能力强等优点。钢管桩主要用来承受抗压、抗拔和水平承载能力，外海大型码头、靠船墩工程及嵌岩桩工程使用较多；钢板桩主要用于挡土结构，有时也兼作承压。和混凝土桩相比，钢桩费用较高，且在海洋工程中要采取防腐措施。

三、混凝土灌注桩

按施工工艺不同，混凝土灌注桩有钻孔灌注桩、冲孔灌注桩、工人挖孔灌注桩及锚杆嵌岩灌注桩等。前面提到的预应力混凝土桩和钢桩都是先在工厂预制成型，再通过重锤打入(或压入)地基中，这两种桩型由于受沉桩设备限制，桩径和桩的嵌岩深度受到不同程度的制约。而混凝土灌注桩是在现场成孔后再浇灌混凝土而成的一种桩型，对工程的适应性较强，能根据工程需要，制成大直径或变截面的桩，我国已施工的混凝土灌注桩最大直径已超过 5m，截面形状有扩底桩、多支盘桩等。混凝土灌注桩对地基的适应性强，可适用于各种不同的粘性土、砂土、砾石和基岩。为满足基桩抗拔承载力需要，灌注桩也可施工成锚杆嵌岩型和后张预应力桩。锚杆嵌岩灌注桩利用嵌岩锚杆提高桩的抗拔力，这在覆盖层较浅的工程中已普遍使用；利用后张预应力工艺制成的抗拔灌注桩不仅提高了桩自身的抗拔强度，还可节约抗拔主筋的材料费用。

四、预制钢筋混凝土方桩

由于此类桩制作工艺简单，在工地现场稍经场地处理后就可浇注，因此被广泛应用在工业与民用建筑、道路等工程中，内河港口中的中小型工程也有应用。这种桩的抗弯及抗裂性能差，不适合在沿海港口及大中型水运工程中采用。

五、复合型桩

复合型桩又称组合型桩，由两种桩型或两种不同材料组合而成，以充分发挥各自的特性，水运工程中使用的复合型桩有以下几种：

(1)桩的下段采用钢管桩，上段用预应力混凝土管桩，中间电焊连接。这种桩的优点是下段钢管桩的贯入性能好，桩可以打入较硬的土层；上节采用预应力混凝土管桩可以解决水中的防腐蚀，还可以解决超长混凝土管桩打桩时的起吊超重问题。

(2)钢管混凝土桩,在打入土中的钢管桩内掏土后灌入钢筋混凝土,或者用离心法制成外表钢管里面混凝土的钢管混凝土空心管桩,不但提高了桩自身的轴向抗压强度及抗水平能力,还可确保桩身质量。

第三节　桩常用的施工方法

桩的沉桩(成桩)施工方法由桩型、地质条件、施工环境、施工设备等多种因素决定,方法很多,这里只介绍水运工程中常用到的几种。

一、锤击法沉桩

这是混凝土预制桩和钢桩最常用的一种沉桩方法,利用柴油锤、液压锤、蒸汽锤等设备将桩打入到预定深度。陆上用打桩机,水上用打桩船。还有一种称为"吊打"的方法,将打桩锤安置在一特制的有轨道的吊笼内,由吊车(或起重船)将吊笼置于桩顶进行打桩,这一工艺在海洋石油平台钢管桩施工中应用较多,部分港口工程中也有应用。

如何选用打桩锤是锤击法沉桩中的重要一环,应根据工程地质情况、桩身材料、桩型尺寸和要求的承载力等条件综合考虑,一方面要满足桩打入到设计要求的最终标高或承载能力,同时也应使传递到桩身的锤击应力(锤击压应力和锤击拉应力)控制在桩身材料允许范围之内。

每一种锤在出厂时都会标明锤的额定能量,但锤的额定能量与传到桩身的实际锤击能量是不同的;前者指锤的势能,与锤重、落锤高度成正比;传到桩身的实际锤击能量除了与锤重和落锤高度有关外,还与能量传递效率、垫层材料、桩身刚度等有关。例如额定能量相等的筒式柴油锤与液压锤相比,柴油锤传到桩身的有效锤击能量要小于液压锤;筒式柴油锤的能量传递率一般在30% ~40%左右,保养不好的旧锤更低;液压锤的能量传递率在50% ~70%。又如同一个锤在相同落高时,不同的桩垫可以使传到桩身的锤击应力相差很多,软且厚的桩垫得到的桩身锤击应力会明显小于由硬且薄桩垫得出结果。较合理的选锤方法是施工前根据设计提出的桩型和承载力要求,结合地质情况和工程经验选用合适的锤型,通过施工前的试打桩监测结果,验证选用的锤型及垫层是否合适。现在工程中使用的打桩锤大都具有调节落锤高度的功能,改变落锤高度和垫层刚度是调整桩身锤击应力行之有效的方法。

锤击法沉桩施工简便,效率高,易于操作,现有的施工机械比较多,便于选用。但锤击沉桩也存在以下一些问题:打桩时的噪声、振动及柴油锤造成的空气污染会对周围环境有影响;受打桩设备的限制,在某些场合不能满足设计要求的入土深度或单桩承载能力。

二、静压法沉桩

这是一种无振动、无噪声、无空气污染的沉桩工艺,在陆上人群密集地区使用较普遍。为了减少打桩振动对岸坡稳定的影响,水运工程中有时也会使用静压桩。静压沉桩是利用压桩设备上的荷载作反力,通过液压或机械装置将预制桩压入土中,与锤击沉桩相比,桩在静压过程中不会出现锤击压应力和锤击拉压力,只要桩身材料强度能满足压桩施工就行,这对预制混凝土桩的施工特别有利。

静压沉桩目前主要用于以粘性土为主的地基中,且以中小型预制桩为主。在密实砂土中压桩比较困难。

与打入桩一样，桩在静压施工过程中也会对桩周土体产生挤压，会不同程度的影响到施工区周边的道路、管道和建筑物的安全。施工前应根据工程桩的数量、密度、地质及周围环境情况，采取预防措施。此外，压桩机在水平移位时，支腿下的地基土会产生一个水平向的分力，如果地面处的土质较软，且已压入桩的桩顶入土较浅时，压桩架移位时产生的水平力有可能使桩身上部出现环向裂缝甚至断桩，此类事故已多次出现。

三、水冲沉桩

当桩需要穿过密实砂层、而打桩和压桩施工有困难时，可以采用水冲沉桩法施工，即利用高压水破坏桩侧及桩端处的土体，减小沉桩阻力，使桩在较小的外力作用甚至仅有的自重作用下沉桩。按照水冲沉桩工艺不同，可以分为内冲内排、内冲外排和外冲外排三种类型，如图2-1-1）所示。当冲水管置于桩的空腔内，由管下端射出的高压水将桩端处土破坏，泥浆水通过桩的空腔从桩顶排出（图 2-1-1a），此工艺称为内冲内排；当冲水管置于桩的空腔内，且管的下端伸出桩端以外，这时高压水在桩端下冲起的泥浆水由桩侧面排出（图 2-1-1b），称为内冲外排；若将冲水管置于桩外侧，由管端冲出的水在桩外排出（图 2-1-1c），称为外冲外排。从以上三种工艺对比可以看出，内冲内排法对桩侧土的破坏程度相对较小，外冲外排对桩侧土的破坏程度最大。

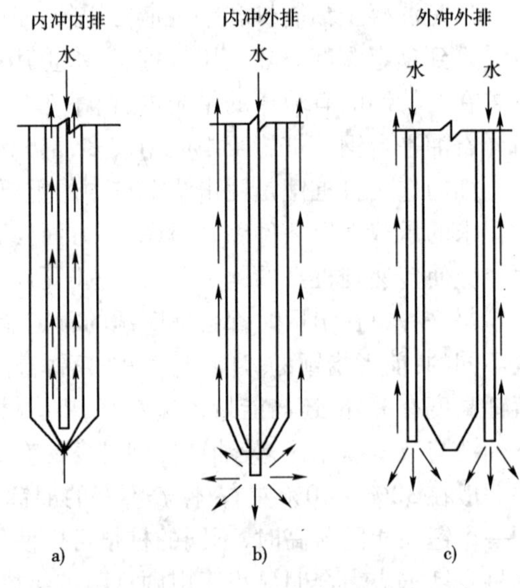

图 2-1-1　水冲沉桩类型

还有一种工艺是将水冲与锤击结合起来，利用内冲内排或内冲外排破坏桩端处的土阻力，同时用重锤将桩打入土中的冲打结合方法，可以是冲冲打打，也可以边冲边打。由于水冲过程中桩端土受严重破坏，桩的端阻力很小，按应力波在桩身的传递规律，此时桩顶作用的锤击力会在桩身产生很大的锤击拉应力，对混凝土桩很不利，因此在对混凝土桩进行冲打结合的施工工艺时，应尽量采用“冲冲打打”，避免在桩端阻力很小时锤击。

无论采用哪一种水冲沉桩工艺，因桩周和桩端土在水冲过程中都会受到扰动，会使桩的承载能力受到不同程度的影响。为了减少水冲沉桩的承载力损失和桩的后期沉降，港口工程桩基规范明确规定了当桩端沉至距设计标高一定距离（$1.0 \sim 1.5D$）时，停止冲水，将水压降到 $0 \sim 0.1$MPa，改用单一锤击，以提高桩端部分的阻力。

水冲沉桩法在我国长江中、下游地区密实粉细砂层中应用较多。

四、混凝土灌注桩

混凝土灌注桩又称就地灌注桩，先用专用工具在地基土中成孔，再放入钢筋笼并浇灌混凝土而成的桩。按照不同的成孔工艺，混凝土灌注桩又可分为钻孔灌注桩、冲孔灌注桩、挖孔灌注桩和沉管灌注桩等。

混凝土灌注桩的特点是适应性强：可适用于各种不同的地基，如粘性土、砂砾石、岩基等；

根据工程需要,可以制成中、小直径的桩,也可制成直径达数米、长度百米以上的超大吨位混凝土桩,还可以制成扩底桩或其他形状的变截面桩;可在陆域、水域或沿海滩涂地域施工;施工中对周围环境影响小,不会对邻近的建筑物、地下管道等设施造成危害。正因为灌注桩有上述优点,已被广泛应用到各不同的基础工程中。

混凝土灌注桩同时也存在以下一些缺陷,如成桩过程中有时会发生坍孔、桩身缩颈、夹泥等现象,影响桩身质量;采用泥浆护壁工艺成孔时,孔壁泥皮会不同程度影响桩的侧摩阻力;孔底沉渣会影响桩的端承力和桩沉降量。上述问题需通过改进施工技术、加强施工管理去解决,也可以采用成桩后在桩底、桩侧注浆的方法,消除沉渣和泥皮对承载力的影响,提高桩端承力和侧摩阻力。

第四节　桩承载力及完整性检测

桩基工程是水运工程中的主要基础形式之一,桩的承载力和桩身完整性直接关系到工程的质量和安全,是建设单位、设计单位和施工单位共同关心的问题,除了加强施工过程中的管理以外,施工后的质量检测也是必不可少的一个重要环节。桩的检测内容大体上可分为承载能力检测和桩身完整性检测两个方面。

一、桩承载力检测

桩承载能力检测按桩的使用功能可以分为轴向抗压承载力试验、轴向抗拔承载力试验和水平承载力试验,各试验方法及相应试验目的见表 2-1-1。

桩承载力试验方法及试验目的　　表 2-1-1

试验方法	试验目的
单桩轴向抗压静载试验	确定单桩轴向抗压极限承载力 通过在桩身埋设传感器,确定桩侧各土层的分层摩阻力和桩端阻力 确定桩的轴向反力系数 在桩身埋设沉降杆,确定不同荷载时桩端或桩身的沉降量 验证桩的轴向抗压承载力是否满足设计要求
单桩轴向抗拔静载试验	确定单桩轴向抗拔极限承载力 通过在桩身埋设传感器,确定桩侧各土层的分层抗拔侧摩阻力 通过桩身埋设沉降杆,确定桩端上拔位移量 验证桩的轴向抗拔承载力是否满足设计要求
单桩水平静载试验	确定单桩水平极限承载力 确定水平地基反力系数 当桩身埋设传感器时,确定水平荷载下桩身弯矩分布 检验工程桩的水平承载力和相应桩顶水平位移是否满足设计要求
高应变法	判定单桩轴向抗压承载力 分析桩的侧摩阻力和桩端阻力 通过打桩过程中的监测,分析桩在不同入土深度时遇到的土阻力

单桩轴向抗压静载试验、单桩轴向抗拔静载试验和单桩水平静载试验属于直接试桩法，即通过现场的原型试验可以直接获得所需的结果，只要试验方法规范、数据采集可靠、判别准确，得出的试验结果一般是可靠的。高应变方法检测桩的轴向抗压承载力属于半直接方法，除了仪器精度、数据采集方法外，还与计算模型的假定、参数选用及分析人员的经验有很大关系，高应变法在桩承载力测试精度上还不如桩的轴向抗压静载试验，但高应变具有检测方便，成本低廉等优点，常常把这一方法作为桩轴向抗压静载试验的补充，或者在缺少静载压桩试验条件时也可通过高应变法提供桩的轴向抗压承载力。

桩的承载能力检测按要求不同，又可区分为在桩基工程施工前为设计提供依据的试验检测和施工后的验收检测二种方式。水运工程大多在沿海和沿江地带，地质情况相对比较复杂，工程造价也高，工程设计人员很难正确评估桩的承载力，因此会在初步设计阶段根据工程的荷载条件和地质资料，先提出一个桩型尺寸，通过试验检测得出可靠的单桩极限承载力、桩侧摩阻力等相关资料，为设计人员进一步优化桩基设计提供依据，同时也是对桩的施工工艺进行验证。施工前试桩的桩型和施工工艺应与工程桩一致，试桩处的地质情况应具有代表性，且施工前的试验应进行到地基土破坏，否则会失去施工前试桩的意义。

工程桩施工前的承载力试验主要是为设计提供依据，但并不表示后面所有工程桩的承载力都能达到试桩水平。地质的变异、桩的施工质量都会影响到桩的承载能力，尤其是混凝土灌注桩的沉渣厚度、桩侧泥皮厚度、桩身夹泥、缩颈等，对承载力影响更大。而工程前期试桩数量一般都很少，代表性不够，为了确保工程质量，有必要对已经施工的工程桩进行承载力抽样检测，检测重点应是那些在施工过程中出现异常的桩，或者在桩身完整性检测中发现问题的桩；抽检数量应满足有关规定。如果采用静载试验方法进行抽检，则试验的最大加载量应满足规范要求或设计要求。

水运工程由于自身的特点，在工程桩全部施工完成后再进行承载力抽检会有一定的困难，尤其是水中的打入桩，一般都是采取边施工边用高应变检测的办法。但要注意的是，桩在初打时的承载力（即打桩临近结束时测出的承载力）不能代表土体恢复后的承载力，两者差别很大，即使是同一工程中相同型号规格的桩，由高应变测出桩的初打时承载力离散性也很大。正确的做法是通过初打时高应变检测了解桩打入时的土阻力和桩身应力等资料，用经一定间歇时间后的复打结果判定桩的承载力。

二、桩身完整性检测

工程中的基桩除了进行承载能力检测外，还必须进行桩身完整性（质量）检测，并将检测结果作为工程竣工验收的一部分。我国水运工程中常用的基桩完整性检测方法见表 2-1-2。

桩身完整性检测方法及检测目的　　表 2-1-2

检测方法	检测目的
低应变应力波反射法	检测混凝土预制桩和混凝土灌注桩的桩身缺陷及其位置；判断桩身完整性类别
高应变法	检测桩身缺陷及其位置，确定桩身完整性系数及类别 对低应变检测后难以定性的桩进行复测
超声透射法	检测混凝土灌注桩的桩身缺陷及其位置，判定桩身完整性
钻芯法	检测混凝土灌注桩的桩身缺陷性质及其位置，检测桩身混凝土强度、桩长、桩底成渣厚度，判别桩底岩土性状

以上四种检测方法各有所长:如低应变应力波反射法测试简便,价格便宜,适用于工程桩质量普测,但检测有效深度受到一定限制,也难以区别桩的缺陷类型;高应变法锤击能量大,可以测出长桩深部缺陷,并可定量分析桩身完整性,但试验设备笨重,需起重设备配合,在水上工程除依靠打桩设备进行检测外,其他的锤击设备很难进行;超声透射法检测有两种方式,或者在桩内预先埋超声管,或者通过在桩身预钻孔中检测,前者不适于工程桩的任意抽检,后者费用很高,尽管超声透射法检测可靠性好,但不适合普测,除非事先在所有灌注桩中都预埋管;钻芯法能准确的判别桩身缺陷的位置、性质,且能判别整个桩长的混凝土强度、桩长和桩底沉渣等信息,但钻芯时间长、费用高,且对中小直径长桩很难钻到桩底。实际工程中究竟采用哪种手段进行桩身完整性检测,要结合桩型、工程特点选用合适的检测方法,必须时可以采用多种不同的方法综合判别。

第二章　桩轴向抗压静载荷试验

第一节　概　　述

桩的轴向抗压静载荷试验是通过用接近于桩承受轴向抗压荷载时实际工作状态下的试验方法，是确定单桩轴向抗压承载力及其沉降特性的最直接、也是最为可靠的试验方法。我国《港口工程桩基规范》(JTJ 254—98)中明确规定了“单桩承载力应根据静载荷试验确定”;《建筑桩基技术规范》(JGJ 94—2008)也规定设计等级为甲级或乙级的建筑物桩基“应通过单桩静载荷试验确定”“桩的轴向极限承载力”。

确定桩轴向抗压承载力的方法有好几种，除了轴向抗压静载荷试验外，还有高应变动测法、静力触探试验、标准贯入试验、经验参数法等。其中静力触探试验、标准贯入试验两种方法属土的原位测试，是在土体基本不受扰动的情况下分别测出土的贯入阻力和标准贯入击数，然后通过经验公式推算出桩侧摩阻力和桩端阻力。原位测试结果因地域、土类、试验方法不同，带有一定的局限性，不同的操作方法对试验结果也会有很大影响，更何况桩的承载力除了与土性有关外，还与桩型尺寸、桩身材质、施工工艺、施工质量等多种因素有关，因此由土的原位测试结果推算出来的单桩承载能力往往与实际承载力有较大差别。

经验参数法是在收集以往试桩资料的基础上，经统计分析后得出桩在不同土层、不同入土深度范围内的侧阻力和端阻力，目前我国各桩基设计规范中均有相应的推荐值，设计人员也以此作为初步设计的依据。尽管桩侧摩阻力和桩端承力的经验参数来自大量试桩的统计结果，但仍不能考虑桩型尺寸、施工工艺、施工质量对承载力的影响。

高应变检测针对的是一根已施工完的桩，排除了施工工艺等诸多影响桩承载力的不定因素，但高应变在计算承载力的过程中涉及到参数的选择和计算人员的经验。

相比之下，由桩的轴向抗压静载试验得到的承载能力与上述其他几种方法的结果比较，具有数据可靠、精度高等特点。

根据试验反力装置不同，桩的轴向抗压静载试验可分为锚桩反力法、堆载反力法、锚桩堆载联合法、地锚反力法等，荷载的施加一般采用油压千斤顶。对一些因条件限制而无法采用上述反力装置的试桩，如超大吨位的混凝土灌注桩、缺乏锚桩或堆载条件的桥梁桩等工程，也有采用自平衡法进行试桩的，加载设备一般为荷载箱。

桩轴向抗压静载荷试验测试方法有慢速维持荷载法，快速维持荷载法，等贯入速率法(CRP法)，循环加、卸载法，以及恒载法等方法。

单桩轴向抗压静载试验目的是确定桩的轴向抗压承载能力和相应的桩顶沉降数据；通过在桩身设置传感器，可以得到与桩周土层相对应的桩侧摩阻力和端承力；通过循环加、卸载试验还可以得出桩在不同荷载下的弹性变形、塑性变形、桩的轴向压缩系数等数据。上述试验一般在工程桩正式施工前进行，试验成果可作为设计依据，使工程桩的设计既安全又经济合理。还有一种静载试验是为工程验收进行的，在工程桩施工结束或在施工过程中抽样进行，了解工程桩承载能力是否达到原设计要求，如试验中发现有不满足要求的，应根据具体情况，采取补强或者补桩措施。

第二节　试验设备及仪器

桩轴向抗压静载荷试验装置可分为反力系统、加载系统和观测系统三个部分。加载系统提供的荷载通过反力系统传到桩顶，再由观测系统取得所需的试验数据。

一、反力系统

桩轴向抗压静载荷试验采用的反力装置主要有锚桩横梁反力装置(图 2-2-1)、堆载平台反力装置(图 2-2-2)以及锚桩 + 堆载联合反力装置。在某些岩基层面埋深较浅的工程中，也可以在岩石中植入锚杆，即地锚反力装置(图 2-2-3)。

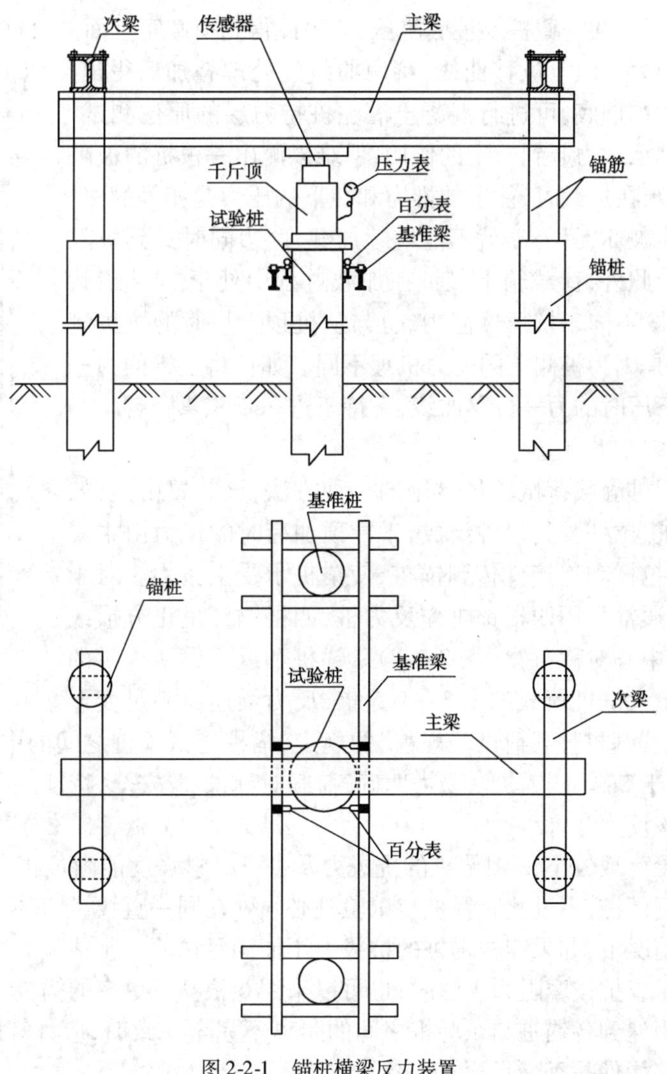

图 2-2-1　锚桩横梁反力装置

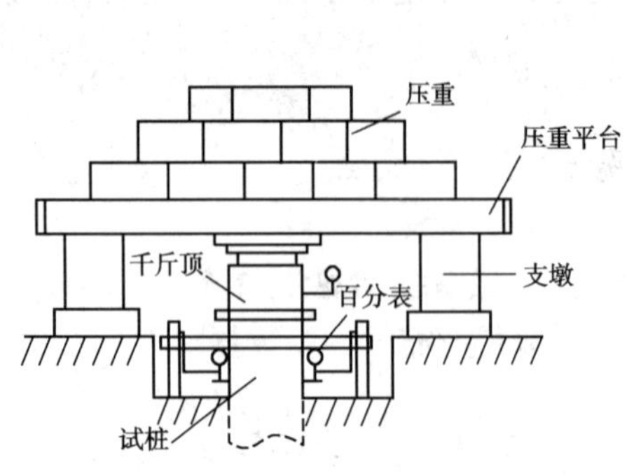

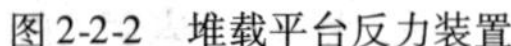

图 2-2-2　堆载平台反力装置

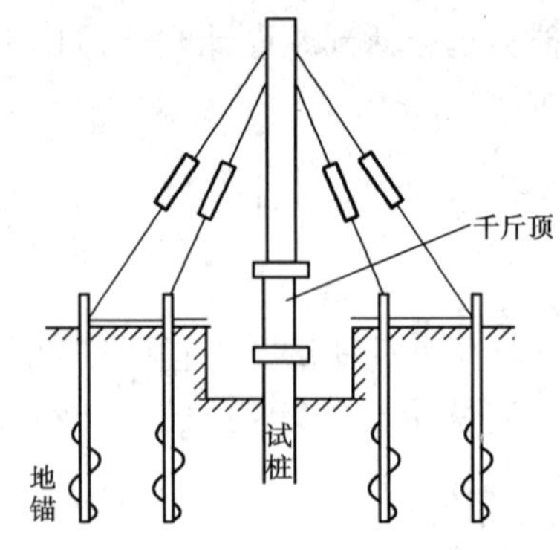

图 2-2-3　地锚反力装置

当试验桩的轴向抗压承载力很高(例如 40000kN 以上),上述反力装置难以满足试验要求,或者在不具备设置锚桩或堆载的场合,也有采用自平衡法进行试桩的(图 2-2-4)。该方法大致原理如下:首先将特制的荷载箱在制桩时安装在桩底或桩身某部位,荷载箱施加的力上顶桩身的同时,也对下面的一截桩及桩底施压,并由此得到荷载箱上面一段桩的力—向上位移曲线和下面一段桩的力—向下位移曲线,将两曲线经处理叠加后得出类似桩顶压桩时的 Q—S 曲线。若荷载箱放在桩底,可进行混凝土灌注桩持力层的原位测试。自平衡法对验证桩承载力起到一定的作用,但难以测出一根桩的极限承载力,因为荷载箱在加载时,往上的推力和往下的压力是相等的,只要有一端达到土体破坏,另一端就不能继续加载,两边同时达到极限的机会是很少的。此外,荷载箱上段桩在加载过程中处于“上推”状态,得出的侧阻力既不同于抗压摩阻力,也与从桩顶上拔时的抗拔侧摩阻力有区别,这是因为桩侧土的受力机理不同。如何将上推的力—位移曲线转化成下压时的力—位移曲线,有待于进一步积累资料。

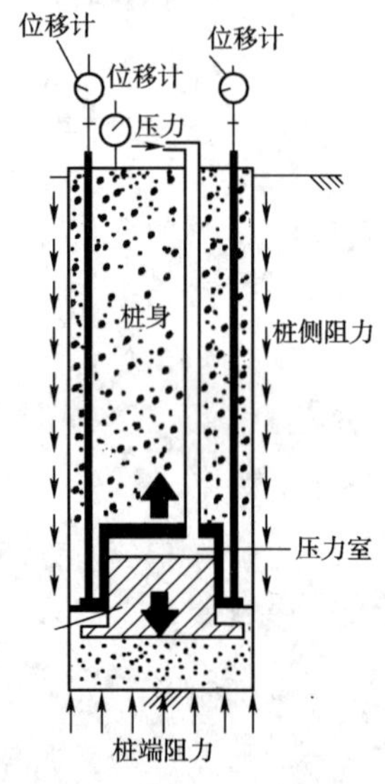

图 2-2-4　自平衡法示意图

1. 锚桩横梁反力法

这是港口工程桩静载荷试验最常用的一种方法,该装置由主梁、边梁、千斤顶、锚桩、拉杆及其附件组成,千斤顶加荷时的反力由主梁传到边梁,再通过拉杆和连接件传到锚桩,使锚桩承受上拔力。对于一般的摩擦型桩,通常采用四根锚桩作反力桩,四根锚杆呈正方形或矩形,以试验桩为中心对称布置(图 2-2-1)。锚桩和反力梁所提供的反力应大于预估最大试桩荷载的 1.3 ~ 1.5 倍,反力梁还应满足变形要求。按“港口工程基桩静载荷试验规程”的规定,锚桩与试验桩之间的中心距离不应小于 4 倍桩径,并不应小于 2m。四锚桩法受力明确,荷载对称,试验安全,特别适用于水上工程,有条件时应尽量采用该反力装置。

倘若桩的试验荷载较小,2 根锚桩的抗拔力及桩身材料强度能满足相应规范要求时,也可以用 2 根锚桩进行试桩,不过此时锚桩与试验桩必须处在同一直线,稍有偏心可能会造成试验不安全。在某些情况下,如果四根锚桩的抗拔力不能满足试验桩预估最大试验荷载要求,例如锚桩受拉钢筋不足或抗拔摩阻力不够时,也可以采用 6 根甚至更多的锚桩,但必须考虑各锚桩是否均匀受力。当遇到各锚桩与试验桩之间的距离不完全一致时,应计算距离最近一根锚桩的受力及相应连接构件是否满足要求。

如果用混凝土灌注桩作锚桩,钢筋笼宜通常配置;如果用分节预制的混凝土预制桩作锚桩,应对接头的抗拉强度进行验算,必要时应加强接头部位的抗拉强度。试桩过程中应对锚桩上拔量进行监测。

2. 堆载平台反力法

采用堆载平台作反力时,堆载物的重量应满足相应规范要求,堆载平台应事先进行强度和变形计算。如果堆载物的重量直接由地面支承,在堆载作业前应该对地基强度进行验算,当地基强度不满足堆载要求时,可以采取地基加固或扩大地基支承面的措施,直到地基强度满足堆载要求为止。有条件的时候,应尽量采用基础桩作为堆载平台的支点,各支承桩宜对称布置,且最终承受的压力不宜相差过大,防止因支承桩的不均匀沉降导致平台倾斜。

在平台上堆放重物的时候,应以试验桩为中心分层对称堆放,且宜在加载试验前一次将荷载堆足。不能一边试验一边在上面堆载,因为这样会造成桩顶荷载不稳定,影响到测试结果。平台上方的堆载不宜太高,以防发生危险,特别是水上平台堆载,还应该考虑风浪、水流等因素对平台的影响。在采用堆载平台试桩过程中,还应密切注视平台是否稳定。如发现因堆载不均等原因造成钢梁与支承点脱开时,应立即停止加载,待找出原因并处理后才能继续试验。

3. 锚桩堆载联合装置

试验人员在承接试桩时经常会遇到以下几种情况:对工程桩进行承载力抽样检验时,试桩周围有可以作为锚桩的工程桩,但主筋配置不能满足试桩承载力要求;遇到摩擦端承桩,锚桩的抗拔摩阻力不能满足试桩承载力要求;设计人员对试验桩承载力估计不足,原先设置的锚桩不能满足试桩进行到极限承载力的要求等。对于上面几种情况,若采用单一的堆载法有困难时,可以用锚桩+堆载联合反力方法:先按照锚桩法将反力装置安装好,再在反力梁上搭设堆载平台,然后将需要堆载的重量放到平台上,堆重方法及要求与前述堆载平台法相同,此时的堆载物重量与锚桩反力之和应不小于试桩最大加载量的1.3~1.5倍。

二、加载系统

静载试桩的加载系统由油压千斤顶、高压油泵、压力控制器(荷重传感器、压力表、油压传感器等)及相应的油路系统组成,无论是桩的轴向抗压试验、轴向抗拔试验还是水平荷载试验,它们的加载系统大致相同。

试桩的加载系统在试验过程中要承受数十兆帕的高压,为安全起见,相关的试桩规范对加载系统都会有一定限制,如《港口工程基桩静载荷试验规程》(JTJ 255—2002)规定千斤顶的额定加载能力应为预估最大试验荷载的1.3~1.5倍,《建筑桩基检测技术规范》(JGJ 106—2003)规定试验用压力表、油泵、油管在最大加载时压力不应超过规定工作压力的80%等等。

在用二台或二台以上千斤顶对同一根桩加载时,千斤顶的型号、规格应相同,且应并联同步工作。千斤顶的合力中心必须与试验桩的中轴线重合,避免偏心加载而引起桩身倾斜、失稳。千斤顶的配置应视试桩最大荷载而定,从大量千斤顶的率定曲线可以看出,在其量程的20%~80%范围内给出的曲线方程精度较高,而两端的离散性较大。

试验使用的压力控制设备必须按规定进行率定。采用压力表控制荷载时,压力表的精度不能低于0.4级,从目前使用情况看,量程40~60MPa、精度0.4级的压力表可以满足试桩要求。值得注意的是压力表(或油压传感器)应与配套使用的千斤顶进行系统率定,使用过程中不能随便调换,因为即使是同规格型号的千斤顶,由于新旧程度或保养条件不同,在相同压力时千斤顶的出力会有一定的误差。同样的道理,那种用油压千斤顶活塞面积计算加载量的方法也是不正确的。

三、观测系统

静载荷试桩的观测系统主要由基准桩、基准梁和位移测试仪表组成。

为了在静载试桩过程中能准确量测试验桩的桩顶或桩身位移,必须设置一个尽量不受外界因素干扰的基准点,通常做法是在土中设置桩或有一定刚度的杆件,即所谓“基准桩”。陆上试桩时常用打入土中的型钢或钢管作基准桩,但必须有一定的入土深度,避免因刮风下雨或其他因素引起基准桩不稳定。水上试桩工程中一般用打入桩作为基准,这是因为水上试桩条件恶劣,桩身刚度较大,能减少风浪和水流的影响。

基准桩应对称设置在试桩两侧,并与试验桩及锚桩保持一定距离;基准桩与试桩之间的中心距应不小于4倍桩径或桩宽,且不小于2m;基准桩与锚桩之间的中心距不应小于3倍桩径或桩宽。

基准梁安设在基准桩上时,应一端固定,另一端简支,这是为了避免因温度变化而使基准梁发生扭曲变形,影响位移测试精度。用工字钢或槽钢作基准梁比较合适,因为这两种型钢抗弯性能较好,安装磁性表座后不致弯曲变形,平整的表面也有利于磁性表座安装。绝对不允许将基准梁放置或搁置在地面上,更不允许用同一组试桩的锚桩替代基准桩。

桩顶位移量测主要靠百分表或位移传感器。同一根试验桩应设置4个沉降测点,沿桩周对称布置,沉降观测点平面应该选择在桩顶以下20~100cm处的桩身位置。沉降观测点不能放在桩顶的钢垫板或千斤顶上,否则会造成不可挽回的误差。

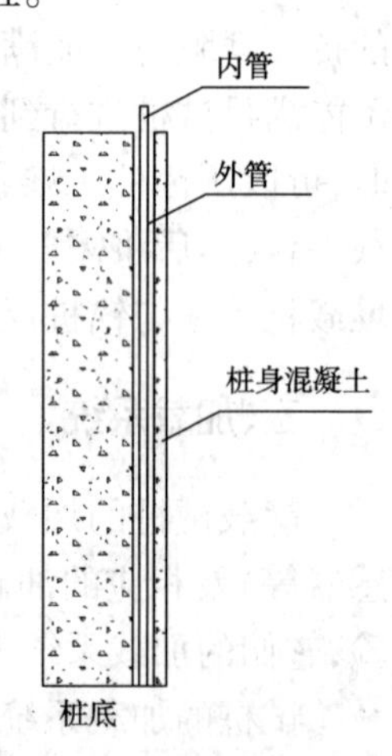

图2-2-5　桩身沉降杆设置示意图

沉降测量用的百分表或位移传感器应具有一定精度,分辨率不能低于0.01mm,量程不宜小于50mm。遇到泥面以上自由长度较大的水上试桩,可以增加二个水平方向测点,及时监测加载过程中桩顶水平位移动态,避免因桩顶水平位移过大而引起的失稳。

如果需要检测桩在轴向抗压(抗拔)试验时桩底或桩身位移,可以在桩身预先设置沉降杆(图2-2-5)。沉降杆一般采用内外套管形式,外管固定在桩身,主要起导向和隔离作用;内管置于外管内,下端固定在桩的被测截面位置,内外管之间留有一定间隙。在桩身受到轴向荷载时,外套管随桩身一起变形,而内套管只随管的下端位移,因此可测出内管下端桩截面处的位移随荷载变化情况。这一方法不但可以用在混凝土灌注桩上,也可以用到混凝土预制桩或钢桩中。

第三节　试验方法及承载力确定

一、加、卸载方法

桩轴向抗压静载荷试验的加、卸载方法主要有慢速维持荷载法、快速维持荷载法、循环加卸载法、恒载法和等贯入速率法等。

1. 慢速维持荷载法

慢速维持荷载法是我国目前桩基试验规范(或规程)中首推的一种确定单桩轴向抗压承载力的方法。按一定要求将荷载分级加到桩顶,每一级荷载在维持过程中保持不变,按照规定的时段检测桩顶沉降量和有关数据,直到桩顶沉降速率达到某一规定的"稳定标准"后,才可以施加下一级荷载。当试验达到相应的终止加载条件后,停止加载,并按规定再分级卸载至零。该方法对一根桩的试验周期大约2~5天。

2. 快速维持荷载法

快速维持荷载法与慢速维持荷载法主要区别在于:慢速维持荷载法试验时,每一级荷载都必须达到"稳定"后才能施加下一级荷载;快速维持荷载法在每一级荷载加载后不需要等待沉降的"稳定",而是以等时间间隔连续加载,定时观测桩顶沉降,每级荷载维持过程中保持不变,在满足规定的荷载维持时间或其他附加条件后,可以施加下一级荷载。我国《港口工程基桩静载荷试验规程》中规定快速维持荷载法每级荷载维持1h,未带其他附加条件。而在《建筑基桩检测技术规范》及部分地方性规程中,都对快速维持荷载法增加了"桩顶沉降收敛"的条件。试验人员在试验时应该按照引用的规范要求进行。

快速维持荷载法试验周期较短,一般每根桩试验时间仅需1天。港口工程系统的相关试桩单位在过去几十年中曾进行了大量的快、慢速试验对比,结果表明,同一根桩用两种方法试验得到的单桩轴向抗压极限承载力大致相同。表2-2-1为部分试验对比结果。

快、慢速试验结果对比　　表2-2-1

桩　型	持力层	初　压		复压(一)		复压(二)	
		极限承载力(kN)	沉降(mm)	极限承载力(kN)	沉降(mm)	极限承载力(kN)	沉降(mm)
混凝土桩	粉质粘土	2920(慢)	11.50	3050(快)	15.70	3050(慢)	19.00
混凝土桩	粘土	2260(慢)		2380(快)			
混凝土桩	粘土	1900(慢)		2000(快)			
混凝土桩	粉质粘土	4040(慢)	29.51	4400(快)	18.22		
混凝土桩	粉质粘土	5000(慢)	28.67	5500(快)	25.45		
混凝土桩	粉质粘土	6170(慢)	34.63	6750(快)	22.00		
混凝土桩	粉质粘土	9100(慢)	51.73	10500(快)	37.88		
混凝土桩	粉质粘土	4000(慢)	38.30	4290(快)	23.85		
混凝土桩	粉质粘土	6300(慢)	40.42	6800(快)	37.34		
混凝土桩	粉质粘土	4900(慢)	42.52	5000(快)	16.24	5500(快)	27.24
混凝土桩	粉质粘土	6000(快)	32.92	6500(快)	33.64		
混凝土桩	粉质粘土	4800(慢)	34.00	5200(快)	22.00		
混凝土桩	粉质粘土	6170(慢)	36.22	6170(快)	25.27		
混凝土桩	粉质粘土	6150(慢)	34.27	6150(快)	25.76		
混凝土桩	粉质粘土	3560(快)	20.73	3850(快)	16.47		
混凝土桩	粉质粘土	6248(快)	27.40	5396(快)	25.91		
混凝土桩	细砂	7810(快)	38.74	7100(快)	28.40		
混凝土桩	细砂	7100(快)	32.20	7100(快)	27.11		

续上表

桩　型	持力层	初　　压		复压（一）		复压（二）	
		极限承载力（kN）	沉降（mm）	极限承载力（kN）	沉降（mm）	极限承载力（kN）	沉降（mm）
混凝土桩	细砂	4691（慢）	29.91	4691（快）	16.95		
混凝土桩	粉砂	11460（慢）	44.61	12330（快）	41.53		
混凝土桩	粉砂	11480（慢）	53.98	12040（快）	50.08		
混凝土桩	粉砂	11750（快）	60.25	11750（快）	42.00		
钢管桩	中砂	4680（快）		4380（慢）	13.70	4800（快）	14.40
钢管桩	中砂	5580（快）	18.13	5400（慢）	17.80	5800（快）	17.60
钢管桩	细砂	9500（慢）		9450（快）			
钢管桩	细砂	9000（慢）		9500（快）			
钢管桩	细砂	13000（慢）	53.00	13000（快）	55.00	13000（慢）	40.00

注："初压"是指桩在满足规范规定的休止时间后首次试验；

"复压"是指桩在初压后休止3天以上的试验。

慢速维持荷载法长期以来是我国所有试桩规范推荐的惯用方法。快速法在国外早已应用，有规定每小时施加一级荷载的，也有45min一级甚至30min一级荷载。我国在通过几十年快慢速试验对比和经验积累后，也已被列入各种规范。表2-2-1的例子中有混凝土预制桩，也有钢管桩；桩端持力层有粘性土，也有砂土层。表中大部分实例显示出快速复压得出的单桩极限承载力略高于慢速初压结果，而相应的桩顶沉降量要小于慢速初压值，这里既包含了快速法与慢速法之间的差别，也包含了复压与初压的差别，且后者应占主要地位。一般情况下由快速法试验得出的承载力可以满足工程需要。港口和外海工程由于受到潮位、风浪等众多因素影响，试桩周期不宜过长，且量测的桩顶沉降量本身也会有一定误差。由于上述原因，在港口工程的一系列试桩规范中都将快速维持荷载法与慢速维持荷载法并列，且对外海中的静载试桩推荐使用快速法。具体工程的试验方法应按设计文件或委托书要求进行。

3. 多循环加卸载法

大多数桩的轴向抗压静载试验都只进行一个循环加卸载试验，除了得到桩的轴向抗压极限承载力和相应桩顶沉降外，通过桩顶的卸载回弹量检测还能求得桩的弹性压缩量（包括桩身和土）和残余沉降量，尽管受桩身残余应力影响，以此求出的桩弹性压缩量有一定误差，但对设计评估桩的变形和检测人员分析桩承载力仍有一定作用。

有时候为了知道桩在特定荷载时的弹性变形量和残余变形量，需要进行桩的多次循环加卸载试验，这一方法在欧美、日本等国家和地区应用较多，并有相应的试验标准。我国目前的规范中虽然未正式列入多循环试验方法，但在一些重要的陆上及海洋工程基桩试验中已多次应用。下面简单介绍几种试验方法。

（1）分级循环试验：在桩顶荷载加至预估设计荷载的0.5、1.0、1.5、2.0和2.5倍时分别卸载回零，每次观测残余沉降后再继续下一轮试验，最后一次在荷载达到桩周土体破坏时再卸载回零。荷载分级施加，每级加载量一般取预估设计荷载25%，卸载级差仍为加载级差的2倍。

不同设计人员对荷载的恒载时间有不同要求，这里介绍一种较常见的方法：凡试验中首次出现的荷载级，每级荷载应维持2h（也有的规定每级荷载维持时间不应少于2h且应满足

20min 桩顶沉降小于 0.1mm)；对加载过程中重复出现的荷载以及卸载，每级荷载维持 20min。

该试验可以得到桩在设计荷载的 0.5、1.0、1.5、2.0 以及 2.5 倍时桩顶弹性沉降量和残余沉降量，并可绘制出相应的桩顶荷载—弹性沉降曲线($Q \sim S_e$曲线)和荷载—残余沉降曲线($Q \sim S_p$曲线)。

(2)在港口工程中，经常会遇到需要测定桩的轴向反力系数(单位轴向力作用下的桩顶沉降量)，这时应在桩的永久荷载标准值与永久荷载和可变荷载标准值的组合值之间进行循环加卸载试验，至少要循环 3 次，直至相对稳定为止。

(3)某些工程中设计人员为了要了解桩在轴向往复荷载下的沉降变化情况，也需要进行桩的循环往复加卸载试验。一般做法是先对桩进行 1 次常规的轴向加载和卸载试验，然后再在零荷载至设计荷载的 1.5 倍(也有取 1.2 倍的)之间进行多次重复循环(一般在 10 次以上)，了解桩顶沉降变化规律。海洋桩基工程中有此类试验的内容。

4. 恒载法

这一方法主要用在桩的轴向抗压、轴向抗拔及地锚(锚杆)试验中，观测桩在特定的恒载时间内桩顶沉降(或上拔)位移稳定情况。恒载试验常穿插在静载试桩过程中进行，恒载的时间没有统一规定，少则数十小时，多则数月。恒载载荷大小由设计确定，常取单桩设计荷载的 1.0 ~ 1.5 倍。

恒载试验的关键是荷载恒定，应尽量减少恒载过程中的“补压”次数。这就要求试验加载设备可靠、无渗油等不良现象。

5. 等贯入速率法

前面讲到的几种检测方法都是要求每级荷载在维持过程中保持荷载不变。等贯入速率法是要求桩的贯入速率不变而桩顶荷载在变，试验过程中要定时测读桩顶荷载。粘性土中的贯入速率在 0.25 ~ 1.25mm/min，砂土中贯入速率为 0.75 ~ 2.5 mm/min，每隔 2min 测读一次桩顶荷载，在达到预定的总沉降量或最大试验荷载后停止加载。这一方法在我国的基桩承载力试验中很少应用，也无相应规范。

二、试验方法

本节主要介绍慢速维持荷载法和快速维持荷载法。

1. 荷载分级

桩静载荷试验应分级进行，按试桩预估最大承载力或设计规定的最大控制荷载进行分级，然后逐级等量加载。不同的试桩规范对荷载分级不完全一致，但大体上都在 10 ~ 15 级范围，其中《港口工程桩基规范》建议分成 10 ~ 12 级。如果希望试桩得出的承载力精度高一些，则加载级差应小一些。也可以将最后的几级荷载一分为二，每次加半级，这是静载试桩中最常见的方法。加载级差过大会影响试桩成果的精度。

卸载也要分级进行，每级卸载量可按 2 倍加载级差进行，逐级等量卸载，直至为 0。

在加载及卸载时应保持荷载的连续、无冲击和无超载，每级荷载的加、卸载时间不宜少于 1min。

2. 荷载稳定标准及桩顶沉降测读

慢速维持荷载法的特点是在每级荷载施加后，必须达到“稳定”才能加下一级荷载。不同国家和地区的荷载稳定标准也不完全相同。我国绝大多数试桩规范中的荷载稳定标准均为

0.1mm/60min，其中《港口工程桩基规范》规定1h内桩顶沉降量小于0.1mm时可定为该级荷载已达到稳定；《建筑基桩检测技术规范》及部分地方规程则规定1h内桩顶沉降量不超过0.1mm且应连续出现二次（由1.5h内连续三次观测值计算）。

慢速维持荷载法桩顶荷载测读时间依次为0、5、10、15、30、45、60min，其后每隔30min测读一次，直至施加下一级荷载。

慢速维持荷载法每级卸载应维持60min，沉降测读时间依次为0、5、10、15、30、60min；卸载至零后荷载维持至少3h，直至桩顶沉降位移相对稳定为止，测读时间为15、30min，以后每隔30min测读一次，直至结束。

快速维持荷载法采用的是等时间间隔加载，而不需要荷载稳定。我国的快速维持荷载法基本上是每1h加一级荷载，直至达到破坏标准或满足设计要求控制荷载为止。《建筑基桩检测技术规范》则提出了附加条件，即只有桩顶沉降在1h内达到收敛才能加下一级荷载，否则延长荷载时间。

快速法加载时桩顶沉降测读时间依次为第0、5、10、15、30、60min。

快速法卸载时每级荷载维持15min，桩顶沉降测读时间为第5、10、15min；卸载至零后维持30min，测读时间为0、30min。

在外海气象、水文条件十分恶劣且桩端已进入良好持力层的情况下，必要时也可以采用每30min加一级荷载和每15min卸一级荷载的方法。此方法只有在环境恶劣且设计人员同意的情况下才能使用。

3. 终止加载条件

不同试桩规范对试桩终止加载条件的描述不尽相同，但主要的判别标准还是基本一致的。《港口工程基桩静载荷试验规程》列举了5条标准：

（1）桩顶总沉降超过40mm，且在某级荷载作用下，桩顶沉降量为前一级荷载作用下的5倍或$Q—S$曲线出现可判定极限承载力的陡降段。

（2）采用慢速维持荷载法，在某级荷载作用下24h未达到稳定。

（3）检验性试验的加载量已达到设计要求。

（4）加载量已达到设备的承载能力。

（5）在加载过程中发现试验桩桩顶偏离桩轴线的位移过大，危及试验安全。

在正常情况下，如果试桩过程中出现某级荷载作用下的桩顶沉降达到前一级沉降的5倍时，可以认为已达到桩周土体破坏。但在遇到如桩身环向裂缝、灌注桩的桩底沉渣影响等情况，有可能在桩顶荷载较低时就会出现某级荷载下的桩顶沉降量大于前一级荷载时的5倍，若这时终止加载，未免有些遗憾，因为还未能得出有代表性的极限土阻力值，如果加载到桩身裂缝闭合或桩底与持力层接触后，桩顶沉降会明显趋缓并达到稳定，在继续加载后有可能会达到桩的极限土阻力，因此将桩顶总沉降量超过40mm作为“桩顶沉降量为前一级荷载作用下的5倍”的前提是有必要的。当然对在沉降较小时就出现后一级沉降超过前一级5倍的这一根试验桩要结合桩型，施工工艺及完整性检测结果综合分析与判别。

第（4）、（5）二条标准主要是从安全考虑而终止加载的，并不表示试验已经成功。设备承载能力不足只能说明试验人员事先没有认真对设备进行计算或对桩的承载能力估计过低，必要时应在采取措施后重新试验。试桩过程中桩顶偏位大的原因主要有：桩的垂直度不满足规范要求；加载时千斤顶合力中心偏离桩的中轴线，形成偏心加载；水上试桩时桩的自由长度大，在轴向荷载大时容易引起失稳；桩顶面不平等等。这些因素在试桩前都应该考虑周到。

除上述5条终止加载条件外，实际的试桩过程中还会遇到一些需要终止加载的情况，如锚桩已被拔起；用工程桩作锚桩时，锚桩上拔量已达到设计要求；对长径比大的超长钢管桩或大直径混凝土桩，$Q \sim S$曲线可能呈缓变形，这时宜采用桩顶总沉降量控制，控制量应根据规范并结合具体情况而定。

三、试验资料整理及单桩极限承载力确定

1. 试验资料的记录与整理

目前静载试桩的荷载控制及数据记录方式主要有以下三种：(1)由静载试桩仪器自动控制加卸载及自动采集并记录桩顶沉降数据；(2)由静载试桩仪自动加卸载、人工记录桩顶沉降数据；(3)由人工控制加卸载及人工记录桩顶沉降量。

自动控制试桩的荷载及桩顶沉降数据采集不仅能减轻检测人员的工作强度，还能提高数据采集的可靠度，但在试桩过程中试验人员必须时刻对压桩力及沉降记录进行检查和核对，发现异常情况应立即查找原因，确定记录的数据可靠、有效。

如果采用人工加载，则首先应按照千斤顶与油压表的系统率定曲线，将各级拟加的荷载值换算成油压值，列成表格，便于现场操作和以后检查。应按规范要求及时记录桩顶沉降量，遇到百分表因量程不够需要调表时，应注明调表前后的数值；发现同一时间内桩顶各测点沉降相差较大时，应及时查找原因，防止意外事故发生。

桩的现场静载试验可按表2-2-2记录，并汇总成表2-2-3形式。如果是复压试验，除记录沉桩日期外，还应记录前一次的静压试验最终日期。如果发现桩在试验过程中沉降速率加快，有破坏迹象时，也可适当缩小沉降记录的时间间隔，便于准确掌握桩的沉降规律。当桩顶荷载无法稳定、试桩达到“破坏”状态时，应记录最大油压及残余油压值。

桩轴向抗压静载荷试验记录

工程名称：________ 试验桩型规格：________ 试桩编号：________

沉桩日期：________ 入土深度(m)：________ 桩端标高：________

试桩日期：________ 预估最大试验荷载(kN)：________

表2-2-2

压力表读数(MPa)	桩顶荷载(kN)	测读时间(h:min)	时间间隔(min)	读表数					沉降(mm)		试桩偏位(cm)		锚桩上拔(mm)	备注
				表1	表2	表3	表4	平均	本次	累计	纵向	横向		

记录：　　　　校对：　　　　审核：

桩轴向抗压静载荷试验汇总表

工程名称：　　　　　　　　　　　　　试验桩型规格：　　　　　　　　　　　　试桩编号：

试桩日期：　　　　　　　　　　　　　　　　　　　　　　　　　　　　　　　　表 2-2-3

序　号	荷载(kN)	历 时 (min)		沉 降 (mm)		备　注
		本级	累计	本级	累计	

记录：　　　　　　　　　　　　　　　　　校核：　　　　　　　　　　　　　　　　审核：

如果试验过程中遇到意外事故，如千斤顶漏油、仪器设备故障等需要卸载时，应按原试验要求分级卸载回零，测读卸载过程中的桩顶位移及零荷载稳定时的残余沉降量，待故障排除后重新加载时仍应按原来计划分级加载，对出现故障前的重复加载级可以适当减短维持荷载时间，如每级荷载 10min 或 15min，但从发生故障的那一级荷载开始，应按正常的慢速法（或快速法）试验，直至结束。

2. 单桩轴向抗压极限承载力确定

确定单桩轴向抗压极限承载力时，应首先绘制桩的荷载—沉降（$Q\sim S$）曲线，沉降—时间对数（$S\sim \lg t$）曲线，必要时也可绘制 $\lg Q\sim \lg S$ 曲线、$S\sim \lg Q$ 曲线、$Q/Q_{max}\sim S/d$ 曲线等，供分析桩的极限承载力用。当进行桩身应力、应变测定时，应整理出相关数据记录表，并绘制桩身轴力分布图。

根据静载试桩结果确定单桩轴向抗压极限承载力的方法很多，这里介绍几种我国常用的方法。

（1）$Q\sim S$ 曲线法

这是国内所有试桩规范中首推的一种方法，以横坐标表示桩顶荷载 Q、纵坐标表示桩顶沉降量 S，绘制 $Q\sim S$ 曲线。当 $Q\sim S$ 曲线出现陡降段时（如 $S_{i+1}/S_i\geqslant 5$），取明显陡降的起始点所对应荷载为该桩轴向抗压极限承载力，见图 2-2-6。

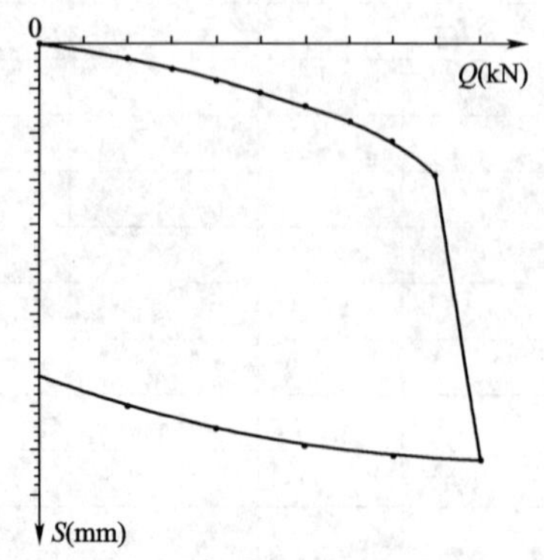

图 2-2-6　有陡降段的 $Q\sim S$ 曲线

容易出现陡降型 $Q\sim S$ 曲线的桩有摩擦型桩、孔底沉渣较厚的混凝土灌注桩或桩身破坏时，这类桩在破坏前沉降比较正常，但到某一级荷载时桩顶沉降速率加快或沉降量突然增大，$Q\sim S$ 曲线出现明显陡降点。

在某些时候 $Q\sim S$ 曲线虽呈陡降型，但陡降段不很直观（图 2-2-7），《港口工程桩基规范》给出了如下量化的判定方法。

①当 $S_{n+1}>40$mm 时，$\Delta S_n/\Delta Q_n\leqslant f(L)$ 且 $\Delta S_{n+1}/\Delta Q_{n+1}>f(L)$ 或 $(\Delta S_{n+1}/\Delta Q_{n+1})/(\Delta S_n/\Delta Q_n)>5$，则第 n 级对应

的荷载为该桩的极限承载力，其中 $f(L)=3.3/L-0.04$（mm/kN），L 为桩长（单位：m）。这一方法是在大量的混凝土预制桩试验基础上统计得到的，对钢管桩及超长混凝土桩应慎重使用。

②当 $Q/Q_{max}\sim S/d$ 曲线有明显陡降段，挤土桩的曲线斜率开始演变为大于 0.3 或非挤土桩（大直径开口钢管桩等）的曲线斜率大于 0.2 时的点所对应的荷载为桩极限承载力，其中 Q_{max} 是桩所施加的最大荷载（kN），d 为桩径或桩宽（m）。

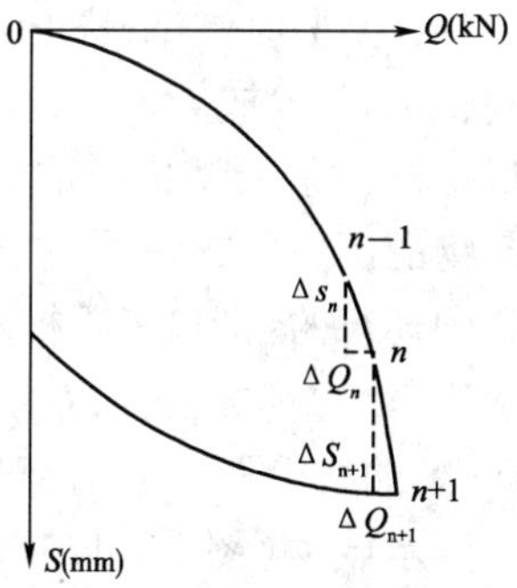

图 2-2-7　按 $\Delta S_n/\Delta Q_n$ 判定

（2）$S\sim\lg t$ 曲线法

与 $Q\sim S$ 曲线法一样，$S\sim\lg t$ 曲线法也是判别单桩极限承载力的一种常用方法。$S\sim\lg t$ 曲线能比较明显反映出每一级维持荷载下桩顶沉降量随时间的变化，可取曲线尾部明显向下弯曲的前一级荷载为桩的极限承载力（图 2-2-8），图中在荷载 11000kN 前的各级 $S\sim\lg t$ 曲线都比较平直，而在 11000kN 时曲线尾部明显向下弯曲，为此判定前一级荷载 10000kN 为该桩的极限承载力。

对部分超长钢管桩或钻孔灌注桩，由于桩自身变形或桩端沉渣等因素影响，尽管荷载增加到某一数值时桩顶沉降会突然增大，但该级荷载在维持过程中沉降增量不大，$S\sim\lg t$ 曲线尾部没有出现明显向下弯曲的现象，这时应综合考虑曲线间距变化及桩顶下沉量等条件，如图 2-2-9。尽管 $S\sim\lg t$ 曲线在 16500kN 时尾部没有明显向下弯曲，但该级桩顶沉降已超过前一级 5 倍，桩极限承载力应判为 15000kN。

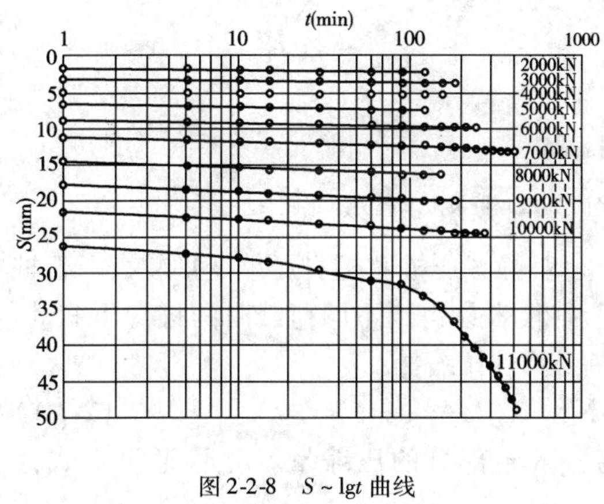

图 2-2-8　$S\sim\lg t$ 曲线

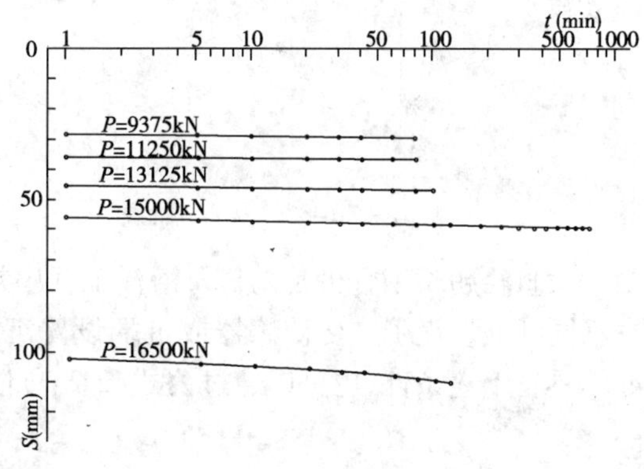

图 2-2-9　$S\sim\lg t$ 曲线

（3）$S\sim\lg Q$ 曲线法

当某些试验桩的 $Q\sim S$ 曲线无明显的陡降段时，采用 $S\sim\lg Q$ 曲线可使曲线后面的陡降变得明显（2-2-10），一般取曲线尾部陡降直线段起始点荷载作为桩的极限承载力。该方法不如 $Q\sim S$ 曲线和 $S\sim\lg t$ 曲线直观，陡降直线段较难判别，缺乏经验时往往会使判别的极限承载力偏低。

以上三种曲线在我国大多数的静载试桩仪中都有配置，在试桩结束后可自动显示并打印出来。

（4）$\lg Q\sim\lg S$ 曲线法

与前面的 $S\sim\lg Q$ 曲线一样，在某些情况下当 $Q\sim S$ 曲线的陡降段不明显时，通过双对数变换后,容易找出其拐折点,其中第一拐折点称为桩的屈服荷载,第二折点是桩的极限荷载(图 2-2-11)。

(5)桩顶总沉降控制法

在某些时候试桩的 $Q \sim S$ 曲线可能是缓变形,如超长钢管桩、嵌岩桩、大直径混凝土灌注桩等,此时可根据桩顶总沉降量确定桩的极限承载力。由于对建筑物的沉降要求不同,相应桩顶沉降要求也不相同,我国现行的《港口工程桩基规范》和《建筑基桩检测技术规范》等都规定,当 $Q \sim S$ 曲线无明显陡降段时,在 $Q \sim S$ 曲线上取桩顶总沉降量 $S = 40$mm 对应荷载为极限承载力(图 2-2-12)。对钢管桩和长度超过 50m 的混凝土桩,宜考虑桩身弹性压缩,适当放大桩顶沉降量控制值。此外,对大直径混凝土灌注桩、扩底灌注桩以及大直径闭口管桩,也应适当加大与极限承载力对应的桩顶沉降量。

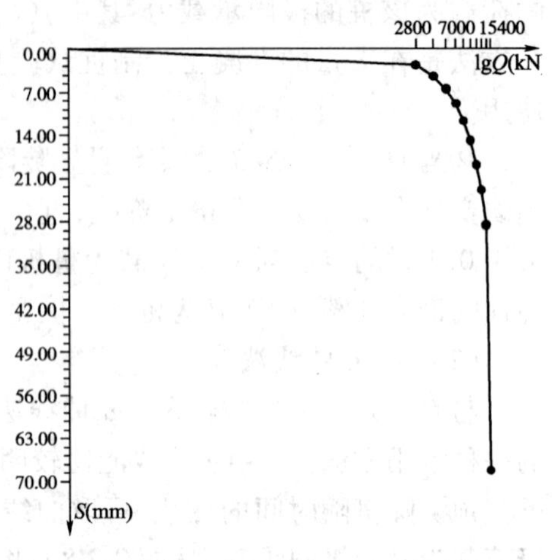

图 2-2-10　$S \sim \lg Q$ 曲线

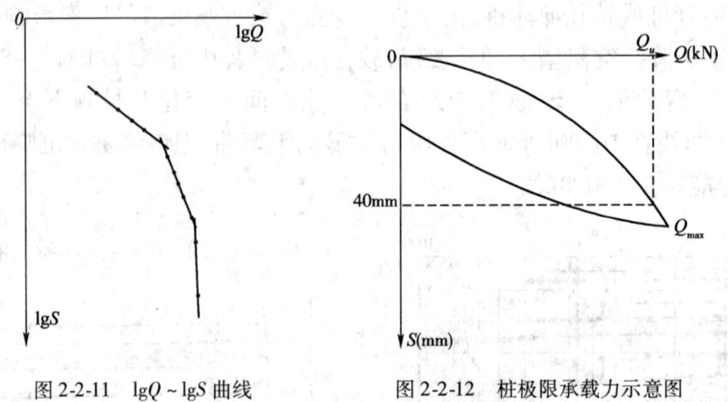

图 2-2-11　$\lg Q \sim \lg S$ 曲线　　　　图 2-2-12　桩极限承载力示意图

大直径超长钢管桩是港口及海洋工程中常见桩型,静载压桩时桩身压缩变形较大。若桩身不同断面埋设了应变传感器或桩端设置沉降杆,则很容易得到不同荷载时的桩身压缩量。如不具备上述条件,也可以通过公式(2-2-1)估算桩身弹性压缩量:

$$S_s = S_{su} + S_{sd} \tag{2-2-1}$$

式中,S_{su} 是泥面以上部分桩身弹性压缩量,S_{sd} 为桩入土部分的压缩量。S_{su} 可通过下式计算:

$$S_{su} = \frac{Q \cdot L_u}{E_p \cdot A_p} \tag{2-2-2}$$

式中,Q 为桩顶荷载,L_u 为泥面以上桩长,E_p 为桩身材料弹性模量,A_p 是桩身截面面积。

S_{sd} 可表达为:

$$S_{sd} = \Delta \cdot (Q \cdot L_d)/E_p \cdot A_p \tag{2-2-3}$$

式中,L_d 桩入土部分长度;Δ 表示为桩侧摩阻力系数,我国铁路桥涵规范中取 $\Delta = 2/3$。从试桩实测资料发现,Δ 与桩顶荷载大小及桩长有一定的关系,通过实测资料分析,笔者得出摩擦型钢管桩桩身压缩计算公式中的 Δ 取值范围。首先定义 ξ 为桩顶加载量与桩极限承载力之比,Δ 与 ξ 的关系见表 2-2-4。

表 2-2-4

桩　长	ξ　值	Δ　值
$L_d<60m$	0.2 ~ 0.3	0.4 ~ 0.5
	0.4 ~ 0.6	0.55 ~ 0.6
	0.7 ~ 1.0	0.65 ~ 0.7
$L_d \geqslant 60m$	0.2 ~ 0.3	0.4
	0.4 ~ 0.6	0.45 ~ 0.5
	0.7 ~ 1.0	0.55 ~ 0.62

四、工程实例

例 1　某码头工程对一根长 64m、直径 1700mm 的开口钢管桩进行轴向抗压静载荷试验，桩入土深度 44.3m，桩端持力层为粘土混砾石。试验采用快速维持荷载法，在 12000kN 荷载前每级加载量 1500kN，之后每级加载量改为 750kN，$Q\sim S$ 曲线和 $S\sim \lg t$ 曲线分别见图 2-2-13a）和图 2-2-13b）。荷载 16500kN 时对应桩顶沉降量 46.16mm，当加载至 17250kN 时桩顶沉降达到 76.50mm，已满足试验终止加载条件。卸载回零后桩顶残余沉降 40.37mm。

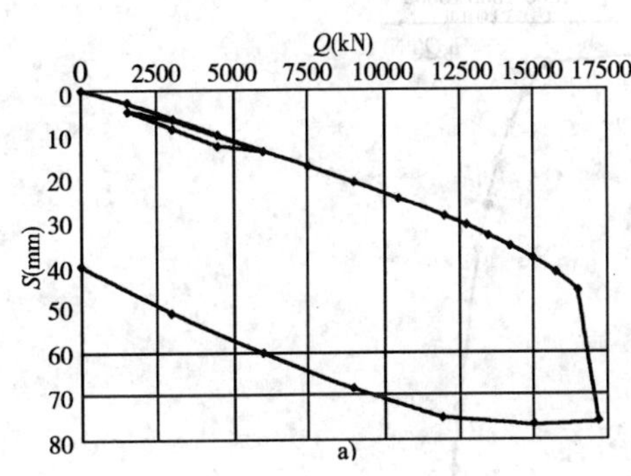

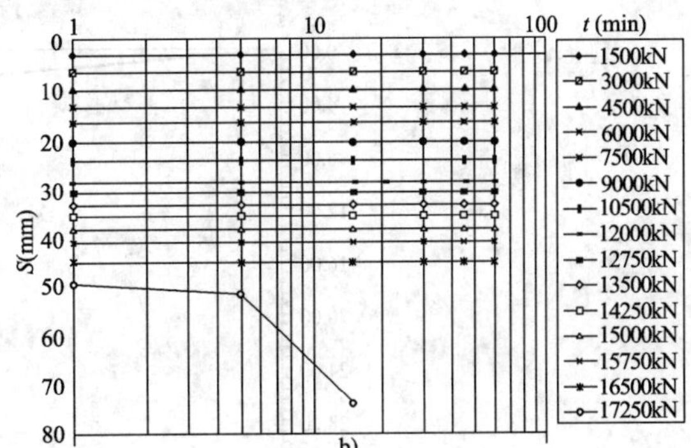

图 2-2-13　试桩初压曲线

a) $Q\sim S$ 曲线；b) $S\sim \lg t$ 曲线

从图中看到，在 17250kN 时 $Q\sim S$ 曲线已明显陡降，$S\sim \lg t$ 曲线尾部明显向下弯曲，按规范判定该桩的极限承载力为 16500kN。

首次静载试验结束并间歇三天后又进行了复压试验，相应 $Q\sim S$ 曲线见图 2-2-14，根据复压结果得到的极限承载力为 17250kN，较初压时稍有提高。按规定应将初压结果 16500KN 作为该桩的极限承载力。按前述公式（2-2-1）~（2-2-3）估算，该桩在 17250kN 荷载时的桩身弹性压缩变形量：

$$S_s = S_{su} + S_{sd} = 38.4\text{mm}$$

这一结果与试桩卸载后的回弹量 36.16mm 相接近。

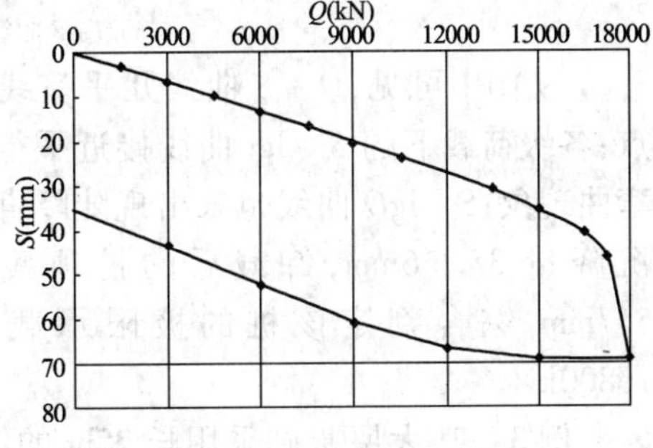

图 2-2-14　复压 $Q\sim S$ 曲线

例 2　一混凝土钻孔灌注桩长 59m，桩径 850mm，混凝土设计强度 C40，采用了桩端后注浆工艺，慢速维持荷载法试验，荷载级差为 1400kN，其中第一级加载 2800kN，受桩身材料强度限制，该桩的最大加载控制值为16800kN，$Q \sim S$ 曲线、$S \sim \lg t$ 曲线和 $S \sim \lg Q$ 曲线分别见图2-2-15。

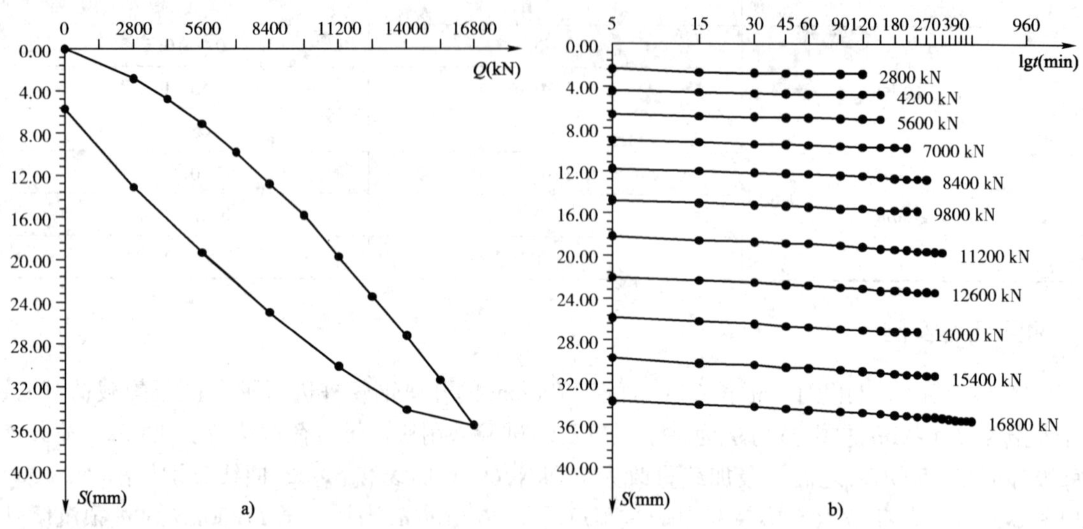

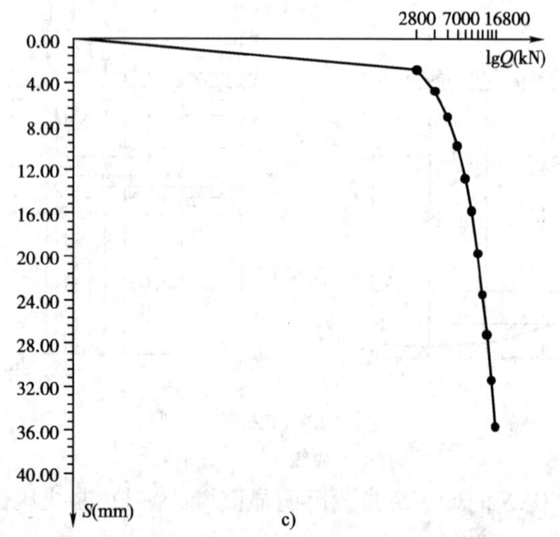

图2-2-15　试桩 $Q \sim S$ 曲线、$S \sim \lg t$ 曲线、$S \sim \lg Q$ 曲线

a) $Q \sim S$ 曲线；b) $S \sim \lg t$ 曲线 c) $S \sim \lg Q$ 曲线

从图中可见，$Q \sim S$ 曲线几乎呈线性，无明显拐点；各级荷载下的 $S \sim \lg t$ 曲线接近平行状态，无向下弯曲现象；$S \sim \lg Q$ 曲线也未出现陡降直线段；桩顶总沉降量35.66mm，卸载后的桩顶残余沉降只有5.7mm。综合判定该桩的极限承载力应不小于16800kN。

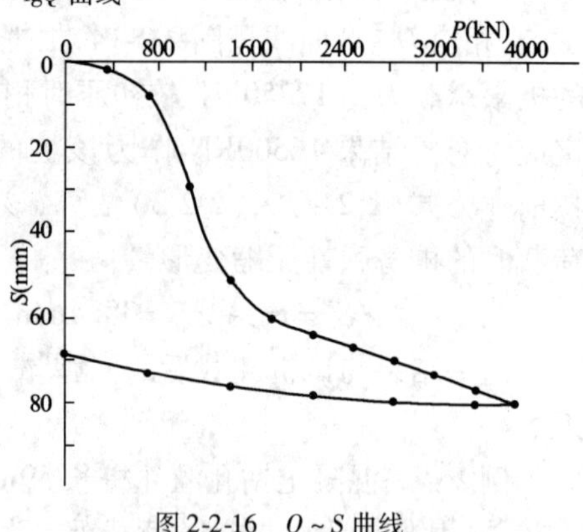

图2-2-16　$Q \sim S$ 曲线

例3　某大厦基础采用长25m的混凝土预制方桩，分二节预制，锤击法施工，电焊接桩。静载试验的 $Q \sim S$ 曲线见图2-2-16。从 $Q \sim S$ 曲线看出，在荷载1065kN时已发生陡降，但综合地质资料及桩型，该桩远

未达到预估的承载力，造成1065kN荷载陡降可能是桩接头出现了问题，因此按原计划继续加载。从1775kN起桩的沉降速率明显变缓，直到3905kN荷载级桩顶沉降都没有出现异常。结论是该桩为一根异常桩，应作处理，但同规格完整桩的极限承载力应不低于3905kN。

例4　某高层建筑用钢管桩作基础，桩长80m，桩直径914mm，管壁厚20mm。试桩采用多循环加载法，最终的 $Q \sim S$ 曲线见图2-2-17a)。由于该桩为超长钢管桩，桩自身弹性变形大，$Q \sim S$曲线的陡降段并不明显，为此又作了 $\lg Q \sim \lg S$ 曲线(图2-2-17b)以及按循环试验结果得出的荷载—弹性变形曲线($Q \sim S_e$)和荷载—塑性变形曲线($Q \sim S_p$)(图2-2-17c)，用综合分析判别该桩的极限承载力。

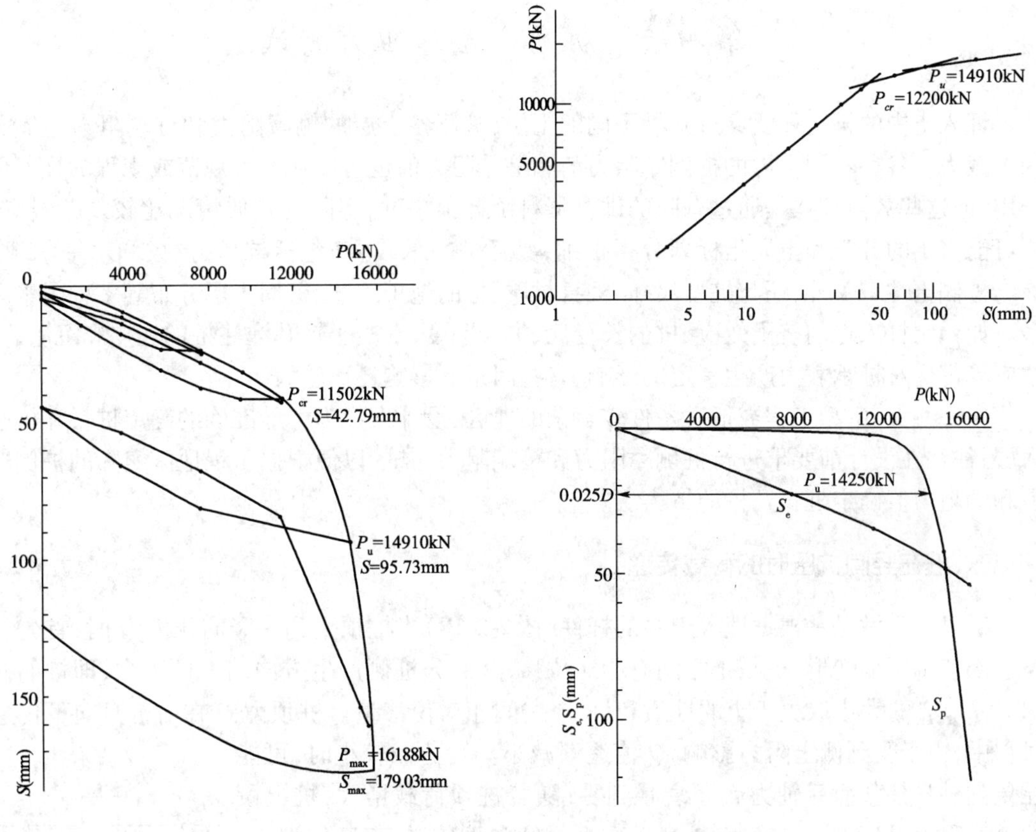

图　2-2-17

a) $Q \sim S$ 曲线；b) $\lg Q \sim \lg S$ 曲线；c) $Q \sim S_e$ 及 $Q \sim S_p$ 曲线

(1)根据 $Q \sim S$ 曲线，陡降段虽不太明显，但16188kN这一级的沉降量明显增大，接近14910kN级沉降量的3倍，暂定14910kN为该桩极限荷载力，相应桩顶沉降量95.73mm。

(2)按 $\lg Q \sim \lg S$ 曲线，其第二折点为14910kN，极限承载力的判断结果与 $Q \sim S$ 曲线判别相同。

(3)按沉降控制估算，桩在16188kN时桩顶沉降 $S = 179.03$mm，卸载回零后的残余沉降124.11mm，回弹量54.92mm；14910kN时桩顶沉降量95.73mm，扣除桩身弹性压缩后，实际沉降也只有40mm左右，因此按桩顶总沉降量判定，将14910kN作为该桩极限承载力是合适的。

(4)按 $Q \sim S_e$ 及 $Q \sim S_p$ 曲线判别,这一方法在德国 DIN 规范、美国 ASTM 规范及日本一些规范中均有推荐。在同一坐标系中先按循环试桩结果绘制 $Q \sim S_e$ 曲线及 $Q \sim S_p$ 曲线。其中 $Q \sim S_e$ 曲线基本呈线性,反映了在桩顶荷载作用下桩身弹性变形和桩端土的弹性变形;$Q \sim S_p$ 曲线在开始阶段接近线性,但当桩顶超过一定荷载以后曲线就开始向下弯曲,表明桩的摩阻力已得到充分发挥,按 DIN1054 标准,取 $S = 0.025D$(D 为桩端直径)对应的桩顶荷载为极限承载力(国内也有建议大直径桩取 $0.03D$),该桩直径 914mm,取 $0.025 \times 914\text{mm} = 22.85\text{mm}$ 对应的荷载 14250kN,这与前面几种方法判断结果也较接近。

综合以上 4 种方法判别结果,该桩极限承载力推荐值为 14910kN。

第四节　桩的分层摩阻力测试

埋入土中的桩往往要穿过几种不同的土层,桩侧各土层的侧摩阻力和桩端阻力组成了桩的承载力。各种不同土层的桩侧摩阻力值和桩端阻力值也可以从相关规范或规程的推荐值中选用,但这些数值往往是通过有限的试桩资料统计出来的,实际的土质情况比较复杂,规范中不可能将土的分类和土质指标划分得很细,况且桩的承载力(包括抗压、抗拔和水平承载力)除与桩侧土性有关外,还与桩型尺寸、桩身材质、桩的施工工艺、桩周土层分布等多种因素有联系。如预制打入桩的挤土效应、桩的长径比、桩身刚度,混凝土钻孔灌注桩的泥皮和沉渣、孔径效应等都会对桩承载力产生一定的影响,有些因素的影响还比较大。

在一些大、中型工程或地质条件较复杂的地区,设计人员为了能准确的确定桩长和桩端持力层,往往在设计前要求进行桩侧摩阻力和桩端阻力测试,以便根据工程地区实际的桩侧摩阻力和端阻力值确定桩长及桩的持力层。

一、桩在竖向抗压时的荷载传递

桩可以看做是一根据埋入土中的杆件(图 2-2-18)当桩顶受到一竖向压力 Q 时,首先在桩身上部产生压缩变形,桩与土之间有相对位移,这部分桩侧产生方向向上的阻力,即桩的侧摩阻力 q_f。q_f 的大小取决于土的性质和桩、土之间相对位移量。桩顶力 Q 在沿桩身向下传递的过程中,由于受到侧土阻力影响,Q 值逐渐减小。当荷载较小时,可能在传到桩身某截面后轴力就会衰减到零;随着桩顶荷载增大,桩上段的侧摩阻力得到进一步发挥,桩身轴向力继续向下传递,直至桩端,这时就会出现桩的端阻力 q_r。当荷载增大到桩侧摩阻力达到极限,之后再增加的荷载由桩端继续承担,直至达到桩周土体破坏。

在某级荷载下桩身 A 截面与 B 截面的轴力差 $Q_1 - Q_2$ 即该级荷载时 A、B 两截面之间的桩侧摩阻力和。因此,只要测出桩身相关截面的轴力,就可以求出相应土层的桩侧摩阻力。与单桩轴向抗压极限承载力对应的桩侧摩阻力就是该桩的极限抗压侧摩阻力。

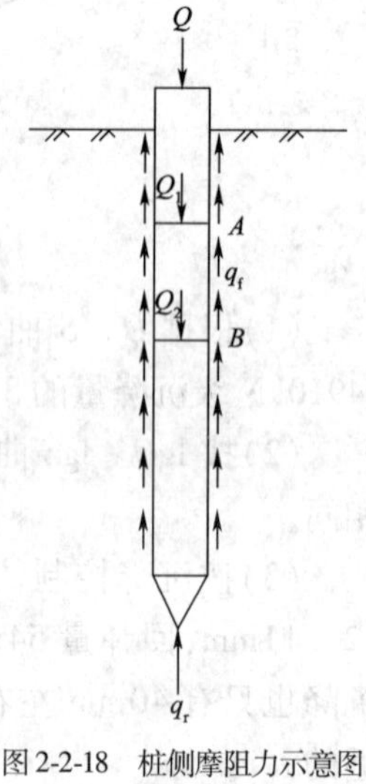

Q

Q_1　A　q_f

Q_2　B

q_r

图 2-2-18　桩侧摩阻力示意图

二、测试仪器

在桩的摩阻力测试中,埋设在桩身的传感器精度是关键,我国使用较普遍的传感器是电阻丝式(铂式)应变传感器和振弦式传感器,随着测试技术的发展，近几年也使用光纤式应变传感器和滑动测微计。

电阻丝式应变传感器具有灵敏度高、抗震性能好、可实现温度自补偿等优点，在过去桩的轴力测试中应用较多，该类型传感器的制作工艺和绝缘度要求高，传感器和导线的对地绝缘宜在500MΩ以上，连接后的系统绝缘不应低于200MΩ。电阻丝式应变传感器在制作时宜优先采用全桥方式，也可用半桥。在选择应变片和粘贴剂时应考虑温度环境和时间效应，对需要高温养护的混凝土桩应选择耐高温的应变片、粘贴剂和导线，对试验周期长的桩应选择稳定性好的应变片和粘贴剂。制作传感器时，同一根桩应采用相同规格和型号的应变片，同一测点的测量片和补偿片的电阻值之差不宜大于0.2Ω，应变片与导线连接后的系统误差不宜大于0.3Ω。对于钢桩，可直接将电阻应变片粘贴在桩身，并进行防水绝缘处理和导线保护措施。对混凝土桩，宜先将应变片粘贴在长50～80cm的钢筋上，经严格防水绝缘处理并标定后，再放置（焊接或绑接）到钢筋笼相应位置。

振弦式传感器是通过传感器中钢弦振动频率的变化推算钢筋或混凝土受力，这种传感器绝缘要求较低，长期观测过程中不易损坏，但测试灵敏度不如应变式传感器。

振弦式传感器如加工工艺不当，钢弦容易产生松弛和蠕变，严重影响测试结果；对打入式桩，还要考虑传感器的抗震性能。使用时应针对不同桩型选择不同类型的振弦式传感器：钢桩宜选择焊接型的，直接电焊固定在桩壁上；混凝土桩宜选择埋入式传感器，直接固定在桩的主筋上或埋入混凝土内，当主筋承受张拉时，还要考虑传感器量程适用范围。

滑动测微计可用于量测混凝土和岩石的应变与轴向位移，其结构示意图见图2-2-19，测试过程和原理大致如下：先在混凝土或岩石的预留孔（或钻孔）中设置PVC管或金属管，每节管长100cm，通过金属测标将管节相互连接起来，再在管的外侧注浆，将套管固定在被测物中。测试时通过导杆将测微计送入到被测位置，就可测出每一管节的应变量。该设备适用大直径混凝土灌注桩的桩身内力检测，也可用于某些钢管桩上，但价格较高。

随着测试技术的发展，国内外又推出了光纤式应变传感器，特点是测量精度高，可靠性好，抗外界干扰能力强。传感器可以焊接固定在钢桩的表面，也可埋入构件混凝土内。与振弦式传感器一样，当固定在预应力构件的张拉主筋上时，应考虑传感器的量程范围。

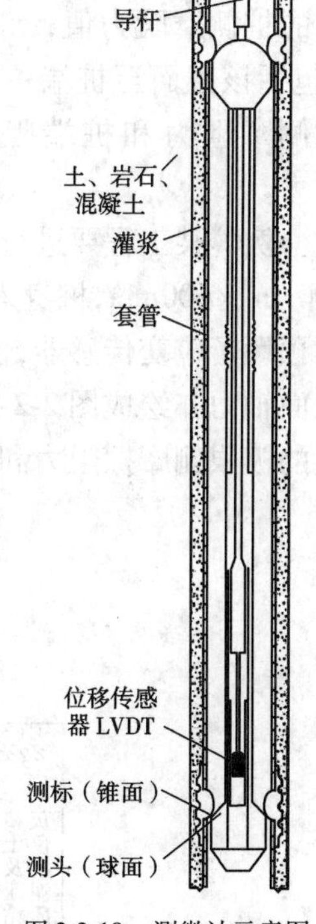

图2-2-19　测微计示意图

三、桩身测点布置

检测桩的分层摩阻力时，首先要掌握试桩处的土层分布情况和设计的桩底标高。按港口工程桩基规范要求，应在距试验桩3～10m范围内有可靠的地质钻孔资料，以此作为传感器埋设位置的依据。钻孔位置离桩太近，会影响试验结果；距离过远有可能造成钻孔处的土层分布与试桩处不一致。

检测分层摩阻力的传感器应埋设在各土层的交界处，当某一层土较厚时，也可在土层中间设测点，以区分同一土层不同深度处的摩阻力。另外在泥面以上部位设置一标定断面，在桩端以上1m左右处设置检测桩端阻力的断面(图2-2-20)。对于一般的桩,每个断面设2个测点,对称布置;当桩的直径较大时,每个断面可设置3个甚至4个测点。

四、测试与分析

在进行静载压桩试验前，应对桩身埋设的传感器进行逐点检查，对电阻式应变传感器要检测其绝缘度，不满足要求的测点不能使用。当全部测点接入二次仪表后，还要在没有外荷载影响的情况下观测一段时间，看测点有无零漂或不稳定现象。记下初始读数后再开始加载。每级试验荷载加载后要分时段测读各测点的应力（应变）值，然后分别将各级荷载下各检测断面的应力（应变）换算成桩身轴力，并绘制桩身轴力分布图。相邻两截面的轴向力之差除以相应桩周侧面积，得到对应土层中的桩侧摩阻力值，邻近桩端处的桩身轴力可作为桩的端承力(包括该截面至桩端一段侧摩力在内)。与极限承载力相对应的桩侧摩阻力和桩端阻力就是该桩的极限侧摩阻力和极限端阻力。

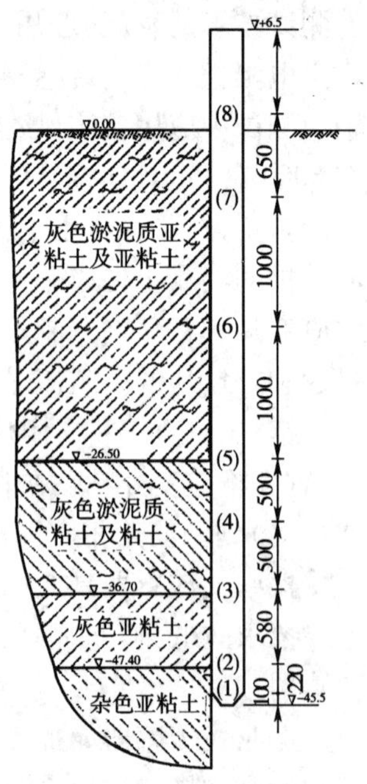

图2-2-20　传感器位置

例　某工程要进行一根钢筋混凝土桩的轴向抗压摩阻力检测,试验桩长52m,截面尺寸600mm×600mm,桩身入土深度44m。为了检测分层摩阻力和桩端阻力,制桩时在桩身相应截面预埋了应变传感器,位置及相应土层见图2-2-21。静载试验过程中每级荷载测试的桩身各截面轴力亦绘成图2-2-21形式。该桩极限承载力为6300kN,由对应轴力可以求出桩侧不同土层的极限侧摩擦阻力和桩端阻力,见表2-2-5。

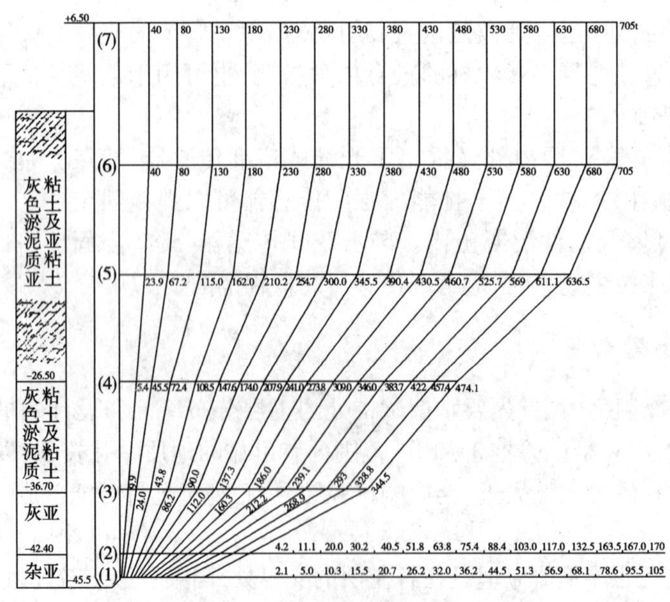

图2-2-21　应变计位置及桩身轴力图

桩侧极限摩阻力及桩端阻力　　表 2-2-5

土　层	顶标高(m)	底标高(m)	单位面积侧阻力(kPa)	桩端阻力(kN)
淤泥质粉质粘土	-1.5	-16.5	16.9	786
淤泥质粉质粘土	-16.5	-26.5	61.2	
淤泥质粘土	-26.5	-36.7	50.2	
灰粉质粘土	-36.7	-42.4	109.2	
杂色粉质粘土	-42.4	-44.5	140.6	

第五节　桩轴向反力系数测试

桩的轴向反力系数(又称压缩系数)是指桩在单位轴向力作用下的桩顶沉降量(m/kN),它由两部分组成:一是桩自身的弹性压缩,另一部分是地基土的压缩变形。桩轴向反力系数的大小对上部承台内力影响较大,一般都是通过桩的轴向静载荷试验得到,这种试验可以穿插在桩的轴向静载试验过程中,也可单独进行。具体做法是:在桩的永久荷载标准值到永久荷载与可变荷载标准值的组合值之间至少循环加卸载 3 次,直到趋于稳定,取最后一次循环的首、尾点进行计算。桩的永久荷载与可变荷载一般由设计提供。

例　某工程采用 ϕ1200mm 钢管桩,桩长 62m,壁厚 20mm,桩的永久荷载标准值 1000kN,永久荷载与可变荷载标准值的组合值 5000kN。桩的轴向反力系列数测试穿插在静载压桩试验过程中:当试桩荷载加到 1000kN 后,按分级加载方式在 1000 ~ 5000kN 之间进行 3 次加卸载循环,循环阶段的 $Q \sim S$ 曲线见图 2-2-22,其中末次循环中 1000kN 和 5000kN 荷载对应桩顶沉降分别为 5.57mm 和 15.38mm,该桩轴向反力系数实测值为:

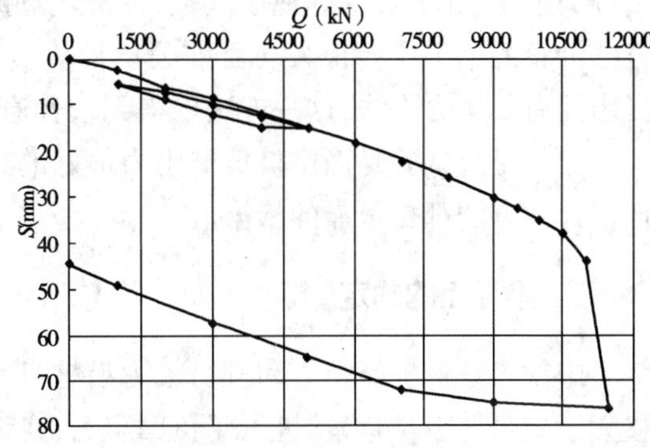

图 2-2-22　循环荷载阶段 $Q \sim S$ 曲线

$$K = (15.38 - 5.57)/(5000 - 1000) = 2.45 \times 10^{-3}(\mathrm{mm/kN}) = 2.45 \times 10^{-6}(\mathrm{m/kN})$$

K 值表示在桩顶荷载 1000 ~ 5000kN 区间,每千牛的桩顶力要产生 2.45×10^{-6}m 桩顶沉降。它与桩身材质、桩型尺寸、泥面以上桩长、桩周土质及上部荷载等多种因素有关。

第六节　桩的负摩阻力

一、负摩阻力的产生

对一根埋入土中的桩,当桩顶受到一向下的轴向荷载后,桩侧土对桩产生一方向向上的侧摩阻力和桩端阻力,这种侧摩阻力称为正摩阻力(图 2-2-23a)另一种情况是,在某种情况下,桩侧有一定范围的土体沉降量大于相应的桩身沉降,这部分的桩侧土对桩会产生一个方向向下的摩阻力,称为负摩阻力(图2-2-23b)。负摩阻力的产生是由于桩侧土的沉降大于相应的桩身沉降,在桩的侧面形成一下拉荷载。

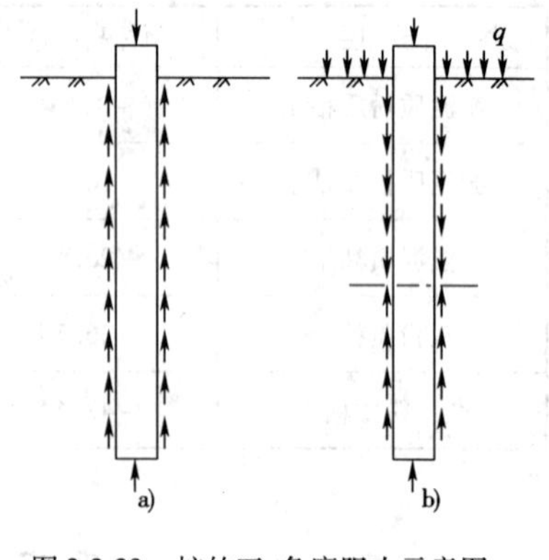

图2-2-23　桩的正、负摩阻力示意图

下列几种情况容易产生桩的负摩阻力:

(1)桩周附近地面有大面积填土或堆载,引起土的压缩沉降,产生负摩阻力。

(2)桩穿过新近填筑、且未固结稳定的土层,土的后期固结沉降会对桩产生下拉作用。

(3)由于人工降水等原因引起地下水位下降,桩周土中有效应力增大,使土产生压缩沉降。

(4)群桩在打桩(或压桩)施工过程中有时会出现土体隆起,施工完成后的土体沉降也会使桩产生负摩阻力。

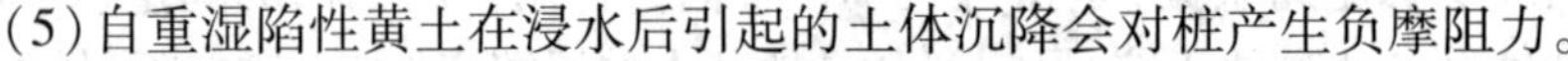
(5)自重湿陷性黄土在浸水后引起的土体沉降会对桩产生负摩阻力。

桩负摩阻力大小与桩周土的特性、持力层变形特性、桩周土的沉降速率、荷载条件、桩型等许多因素有关。负摩阻力对桩身内力和桩的沉降影响较大,因桩的负摩阻力而引起的建筑物事故已有不少,如建筑物沉降、开裂甚至破坏。

估算桩的负摩阻力可以利用土的无侧限抗压强度、三轴试验等室内土工实验指标,也可通过静力触探、标准贯入等现场试验,再按规范提供的经验值计算,但这些计算都是粗略的,不同方法计算的结果相差很大。目前公认计算负摩擦力较好的方法是 BJerrum 与 Johennessen 等提出的有效应力方法,这一方法已得到较普遍的应用。

原位足尺试验是确定桩负摩阻力最好的方法,尽管试验费用大,时间长,但能获得比上述任何计算方法都更可靠的依据。

二、中性点的确定

中性点是桩侧摩阻力和桩身轴力沿桩身变化的特征断面:在该断面以上,桩周土的向下位移大于桩身向下位移量,桩承受负摩阻力;在该断面以下,桩周土沉降量小于桩身下沉量,桩承受正摩阻力;在该断面处,土与桩的相对位移为零,这一位置称为中性点。如图(2-2-23b)所示。

负摩阻力对桩施加下拉荷载,在中性点以上区域,桩身轴力随入土深度的增加而增大,到中性点位置处桩身轴向压力达到最大值;再往下随着正摩阻力的出现,桩身轴力又逐渐变小。

桩身中性点位置随着外界条件的改变而上、下变化,如桩顶轴向荷载大小,桩周土层沉降特性和固结速率等。当桩顶荷载基本稳定、土的固结基本完成后,中性点位置才能稳定下来。

表2-2-6是《建筑桩基技术规范》(JGJ 94—2008)根据土层特性提出的中性点位置建议值。

中性点深度 L_n　　表2-2-6

持力层性质	粘性土、粉土	中密以上砂	砾石、卵石	基　岩
中性点深度比 L_n/L_0	0.5~0.6	0.7~0.8	0.9	1.0

注:L_n、L_0 分别为自桩顶算起的中性点深度和桩周软弱土层下限深度。

三、负摩阻力及中性点的原位测试

确定中性点位置和桩周单位面积的负摩阻力，是考虑桩负摩擦设计时的两个重要数据。下面介绍一个工程的基桩负摩阻力检测实例。

例 某大型深水港码头采用钢管桩作基础，桩长60余米，要穿过约15m厚的软土层，持力层为粘土混砾砂。接岸结构部分在打桩结束后要抛填块石，上面再填土，总抛填高度达20余米。为监测接岸结构桩在施工期的负摩阻力，在接岸结构部分选择7根桩进行试验观测，其中承台下方6根工程桩，承台内侧1根供试验用的自由桩，桩位平面布置见图2-2-24，试桩处的钻孔柱状图见图2-2-25。

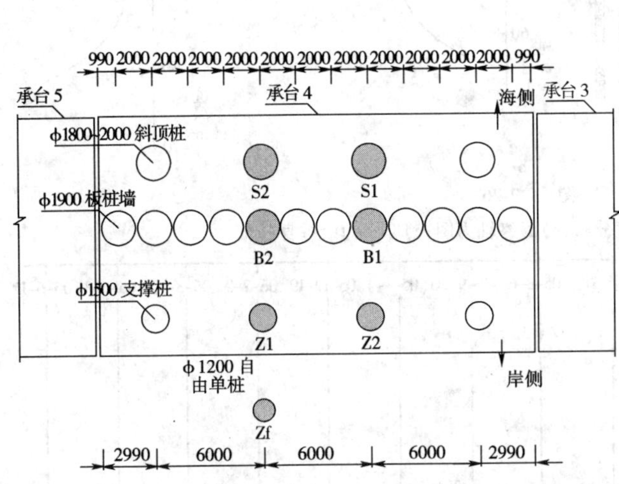

图2-2-24 试验桩平面布置图

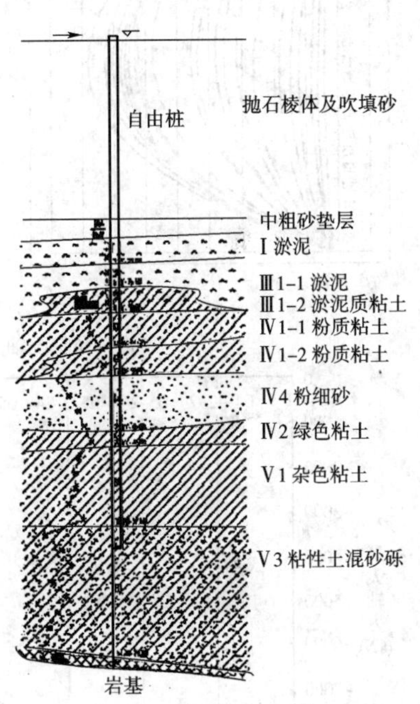

图2-2-25 试桩区钻孔柱状图

考虑到海洋中环境条件恶劣，且要长期观测，在试验桩的桩身预先埋设了能长期监测的微型弦式传感器，并作了可靠的防水绝缘保护。

为了得到可靠数据，自打桩结束后分阶段对桩身内力进行了测试。这里以一根桩顶自由的桩 Z_f（直径1200mm）为例子，该桩长为66m，检测历时620天。图2-2-26a）是 Z_f 桩在不同抛填厚度阶段的桩身轴力沿深度分布，从中可以看出，在回填初期桩身轴力很小，无明显中性点，随着回填厚度增加，中性点位置逐渐明显，且稳定地趋向一个断面。图2-2-26b）是 Z_f 桩最终轴力分布图，图2-2-26c）是 Z_f 桩摩阻力沿桩身分布图，可以看出该桩在抛填结束时的中性点位置在距桩顶41m处，与 Z_f 桩总长（66m）之比约0.62。

图2-2-27与图2-2-28是 Z_f 桩在施工过程中最大轴力与最大轴力点随时间变化图。可以看出该桩最大轴力点位置由最初距桩顶23m到最后的44m，即桩的中性点位置随上部荷载增长而下移；桩身最大轴力也由最初的800kN增加到9000kN。

通过桩身实测轴力并计算得知，Z_f 桩身的下拉荷载值达到8435kN，在上部结构施工结束时已渐趋稳定。

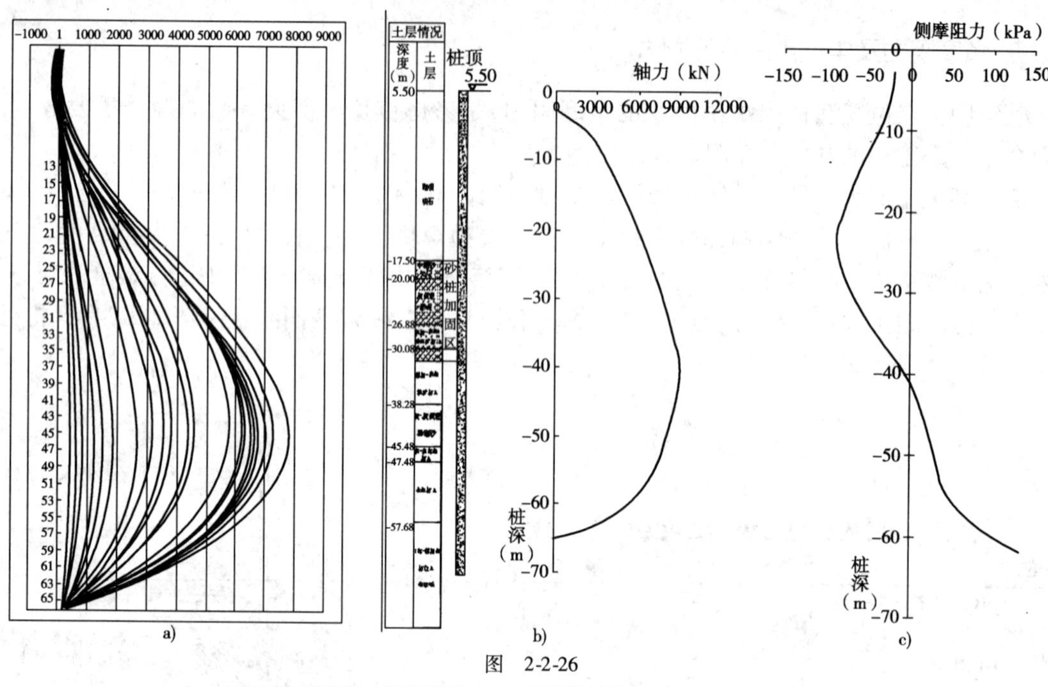

图　2-2-26

a)不同阶段轴力沿深度分布；b)最终轴力图；c)摩阻力沿桩身分布

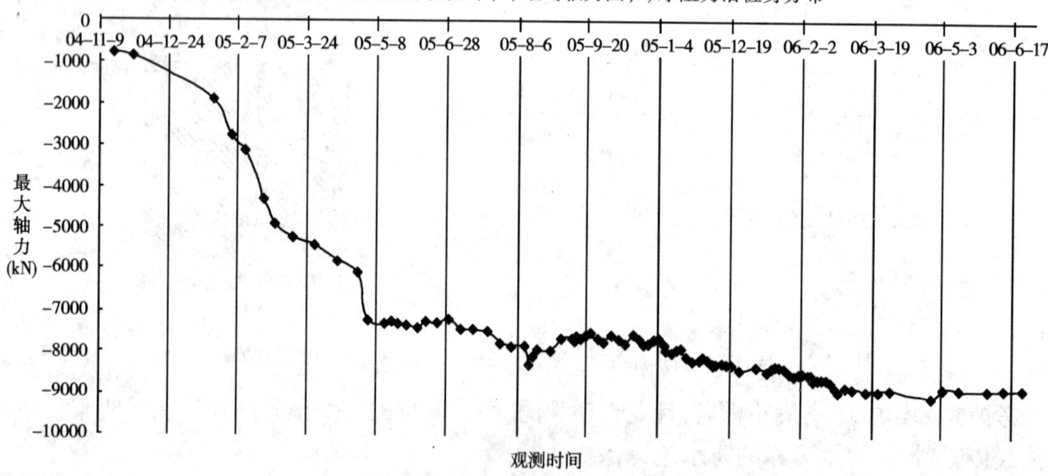

图 2-2-27　桩身最大轴力与时间的关系

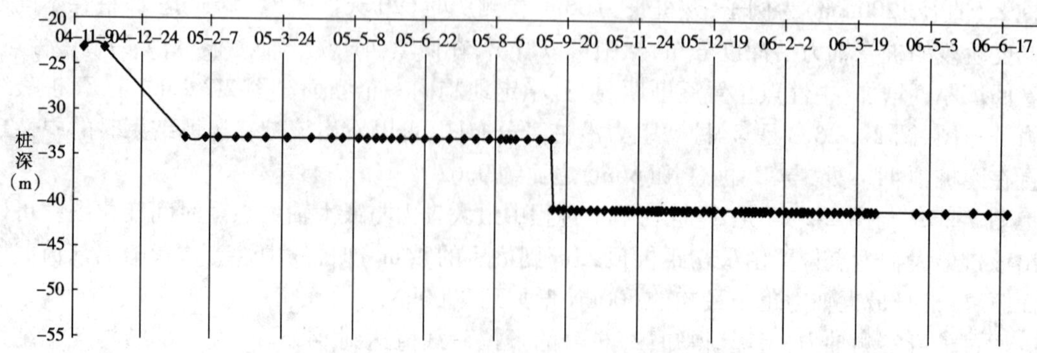

图 2-2-28　最大轴力点位置与时间的关系

第七节 不同桩型及施工工艺对承载力的影响

工程中使用的桩型及施工工艺种类繁多，不同的桩型和不同的施工工艺都会影响到桩的承载能力。这里只介绍几种水运工程中常遇到的情况。

一、桩承载力时间效应

1. 打入(压入)式桩的时间效应

几乎所有的桩基试验规范中都对桩从施工结束到承载力试验之间的休止期作出了规定。《港口工程桩基规范》(JTJ 254—98)中规定打入粘性土中桩的休止期不应少于14d，淤泥质土中不得少于25d，砂土不少于3d，水冲沉桩不少于28d；“建筑基桩检测技术规范”(JGJ 106—2003)规定的休止期还要长，如饱和粘土中不得少于25d，砂土不少于7d等等。上述规定的时间都是最少的休止期，有条件时还应适当延长，此外还要根据具体土质情况和当地的经验而定。

桩在打入(压入)土中时，桩周土体受到扰动和侧向挤压，土的颗粒结构发生变化，孔隙水压力增大，土的有效应力降低，引起桩的侧壁摩阻力下降，这在饱和粘土中尤为明显。随着沉桩结束后的休止，桩周土中的超孔隙水压力逐渐消散，土强度得到恢复，桩的承载力也随之增大，总的规律是在休止的最初一段时间内承载力增长速度较快，随后逐渐变缓，到一定的时间后趋于相对稳定状态。承载力恢复的速度、时间及增长幅度与桩周土的性质、桩型尺寸、施工过程中土的扰动程度及沉桩后的休止时间等因素有关，难以用简单公式表达清楚。已有的试验成果和研究资料表明，粘性土中桩承载力的恢复增长速度与土中孔隙水压力的消散过程关系密切(图2-2-29)，增长幅度可以达到桩打入时的一倍甚至数倍，且群桩中的单桩承载力增长幅度最终会大于独立的单桩，尽管独立单桩的承载力在休止的早期增长较快，但后期一般会慢于群桩。

图2-2-30是饱和粘土中打入法施工的混凝土预制桩承载力随时间变化曲线，图中桩的截面尺寸为250mm×250mm～350mm×350 mm，桩长5～9m。其中1为5m单桩、2为7m单桩、3为9m单桩，其余为与对应单桩相同长度的群桩。从图中可以看出以下几点：

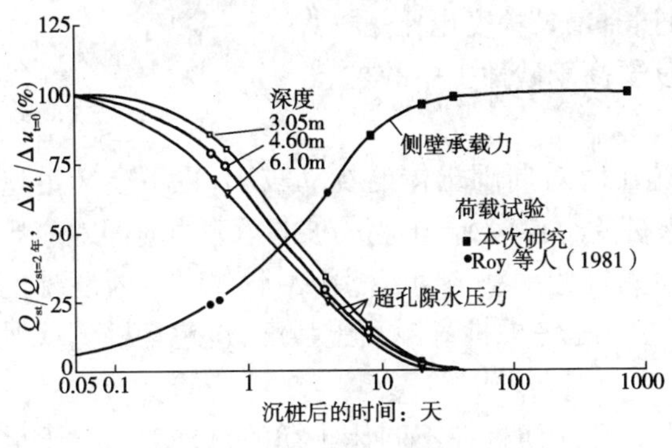

图2-2-29 桩侧阻力随时间的增长

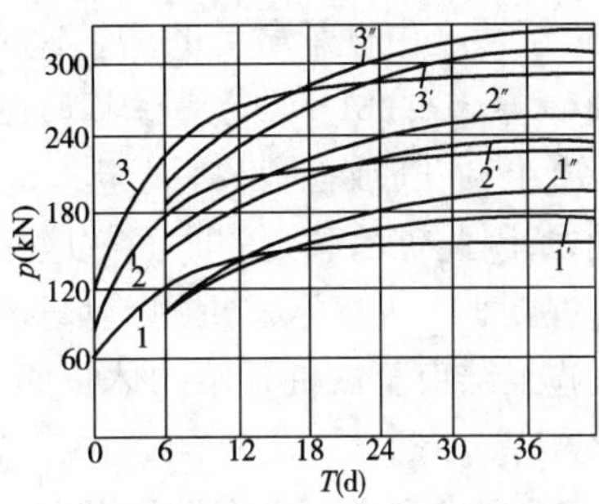

图2-2-30 单桩和群桩承载力随时间变化

(1)独立单桩的承载力在休止的前段时间增长速度较快，但后期的增长速度不如群桩中的单桩；桩群中桩数越多，时效引起的承载力增幅越大。

(2)无论单桩还是群桩,都是休止前期的承载力增长速度快,后期渐趋缓慢。

(3)在其他条件不变的情况下,桩愈长,承载力恢复所需时间也延长,且增长幅度也大。

表 2-2-7 是某工程中的试桩结果,试验桩直径为 900mm、长 58 ~ 72m 的钢管桩,地面以下 33m 为粘性土,再往下是砂性土。

钢管桩在不同休止期承载力检测结果　　表 2-2-7

桩号	桩长(m)	初压		复压 1		复压 2	
		休止天数	承载力(kN)	休止天数	承载力(kN)	休止天数	承载力(kN)
1	58	19d	10800	34d	11400	205d	14400
2	58	21d	10200	200d	13200	/	/
3	72	16d	12000	134d	16200	/	/
4	72	15d	12000	135d	16200	/	/

表中的承载力为极限承载力,所有试验都进行到地基土破坏。从表中数据可以看出,对锤击打入施工的长桩,即使桩身大部分处在砂土层中,桩承载力还是有明显的时间效应,沉桩后休止 134 ~205d 的单桩极限承载力比休止 15 ~ 20d 时要增大 33% ~35% ,尽管 15 ~ 20d 的休止时间已满足规范要求。

图 2-2-8 是一根长 45m、直径 600mmPHC 桩的试验结果,该桩全处在饱和粘土层中,休止 112d 测得的单桩极限承载力达到 14d 时的 1.5 倍。

同一根桩不同休止期的承载力比较　　表 2-2-8

休止天数	14	28	56	112	224
极限承载力(kN)	2400	3200	3500	3600	3600

通过上面的几个不同例子可以得出:

(1)打入(压入)土中桩的极限承载力与施工后的休止期长短有密切关系,粘性土中尤为明显。规范所规定的休止期只是个下限,有条件时宜延长休止期,发挥极限承载力的潜力。

(2)长桩承载力增长所需的休止期比短桩长,增长幅度也比短桩大。

(3)粘性土中桩承载力的增长速率及幅度要高于砂性土中的桩。

2. 混凝土钻孔(挖孔)灌注桩的时间效应

混凝土钻孔(或挖孔)桩属于非挤土桩,施工时对周围土体的扰动较小,也不会产生超孔隙水压力,因此桩承载力的时间效应相对打入桩要小得多,干作业成桩的承载力时间效应比泥浆护壁桩更小。大多数试桩规范都规定,在检测桩的承载力时,采用钻孔(挖孔)的混凝土灌注桩从施工结束至试桩开始的休止期为 28d,主要是考虑桩身混凝土强度,也包括桩侧壁泥皮的硬化过程。

表 2-2-9 中列举了上海地区部分泥浆护壁钻孔灌注桩在不同休止期的单桩轴向抗压承载力实测结果,除工程①是在同一根桩上多次反复试验外,工程②和③均是在不同桩上的试验结果,表中的实测数据表明,对采用泥浆护壁的混凝土钻孔灌注桩,成桩休止期一个月以后的承载力增长幅度很小。

钻孔灌注桩不同休止期承载力实测值(kN)　　表 2-2-9

工　程	桩 型 尺 寸	休止期(d)					
		30～39	56	108	156	165	171
1	ϕ600mm L=40m	3750	3900	4200			4200
2	ϕ700mm L=59m	7000			7000	7000	
2	ϕ850mm L=59m	8100(36d)	7700(63d)		8100(159d)		
3	ϕ600mm L=26m	1200(34d)					1420(1900d)
3	ϕ600mm L=26m	1500(39d)					1420(1900d)

二、混凝土灌注桩承载力尺寸效应

前面已经讲过,钻孔灌注桩(包括挖孔桩和冲孔桩)在成孔过程中会引起孔壁土的应力释放,出现孔壁土的松弛效应,导致桩的侧摩阻力降低,降低的幅度与桩周土的类别和孔径大小有密切关系,一般认为砂土和碎石类土的降低幅度要大于粘性土,且孔径愈大降低的幅度愈大。桩端承载力也有同样的规律。桩的这种承载力随孔径增大而减小的幅度称为承载力的尺寸效应系数。图 2-2-31 为 H. Brandl 给出的砂土及碎石土中桩极限侧阻力与桩径的关系,随着桩径增大,极限侧阻力呈双曲线型减小。图 2-2-32 是桩端直径与桩端阻力尺寸效应系数的关系,其中虚线为不同土质的实测结果。

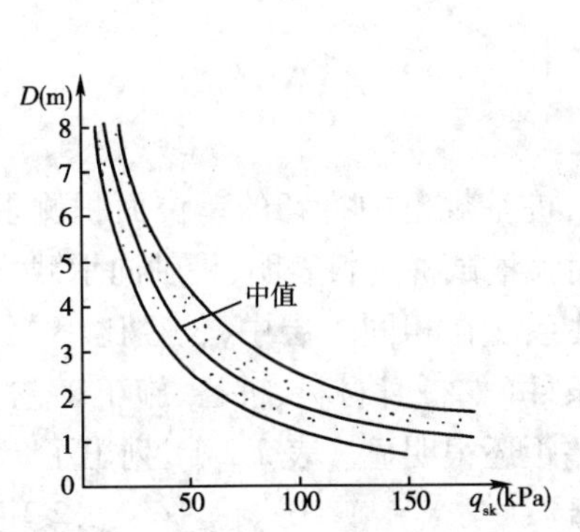

图 2-2-31　砂、砾土中极限侧阻力随桩径的变化

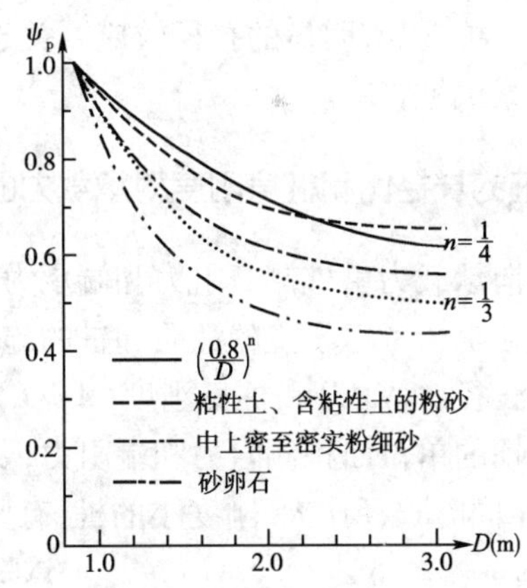

图 2-2-32　大直径桩端阻尺寸效应系数 ψ_p 随桩径 D 的变化

为了使设计人员在使用大直径混凝土灌注桩时能考虑孔径效应对承载力的影响,"建筑桩基技术规范"(JGJ 94—2008)给出了不同桩径、不同土类中承载力的尺寸效应系数计算方法:

$$桩侧:\psi_{si}=(0.8/d)^n \tag{2-2-4}$$

$$桩端:\psi_p=(0.8/D)^n \tag{2-2-5}$$

式中:ψ_{si} 和 ψ_p 分别为灌注桩的侧阻力尺寸效应系数和端阻力尺寸效应系数;

d 和 D 分别表示灌注桩的桩身直径和桩底直径(m);

n 为系数,对粘性土和粉性土,桩侧 $n=1/5$,桩端 $n=1/4$;对砂土和碎石类土,桩侧和桩端

均取 $n=1/3$。

现行规范中只考虑直径大于800mm灌注桩承载力尺寸效应，而事实上对直径小于800mm的桩同样有此影响，某工程静载试桩的对比试验证明了这一点，该工程进行4根 ϕ600mm、3根 ϕ700mm 和2根 ϕ850mm 泥浆护壁钻孔灌注桩的轴向抗压承载力和分层摩阻力测试，这批桩的地质条件相同，施工工艺相同，分层摩阻力测试使用的传感器及埋设位置也相同。不同土层的分层摩阻力测试结果见表2-2-10。

相同土层中不同桩径分层摩阻力　　表2-2-10

土层标高(m)	土层名称	ϕ600mm 桩(kPa)	ϕ700mm 桩(kPa)	ϕ850mm 桩(kPa)
-1.8 ~ -13.0	粉质粘土	22.5	19.3	17.9
-13.0 ~ -19.0	淤泥质粘土	43.4	35.0	36.0
-19.0 ~ -30.5	粉质粘土	59.2	47.1	42.7
-30.5 ~ -36.0	粉质粘土	59.6	53.8	51.5
-36.0 ~ -39.6	粉质粘土	67.8	61.3	57.1
-39.6 ~ -48.0	粉砂	78.9	66.9	64.3
-48.0 ~ -59.0	粉细砂	87.2	70.6	69.7

注：①表中的摩阻力值为同一直径桩的平均值；

②ϕ600mm 桩进入粉细砂层2m，ϕ700mm 及 ϕ850mm 桩进粉细砂11m。

表中的分层摩阻力测试结果表明，无论是在粘性土还是砂土，对直径小于850mm的混凝土钻孔灌注桩，仍有明显的孔径效应。关于中、小直径钻孔桩的承载力孔径效应规律，还有待于继续积累试桩资料。

三、桩的长径比和桩身刚度对承载力的影响

桩轴向承载力由桩侧摩阻力和端承力两部分组成，桩基规范中推荐的单位面积侧阻力和单位面积端阻力考虑了土的性质和桩的施工工艺，然而大量试桩资料表明，桩轴向承载力的发挥与桩的长径比(L/d)和桩身刚度(AE/L)也有密切关系。在相同土层中，长径比小、刚度大的桩所发挥的单位面积侧阻力和端阻力，要高于其他条件(如桩身材料、桩径、施工工艺、间歇时间等)相同时长径比大、刚度小的桩，有些时候这种差距还很明显。表2-2-11列出了7根钢

试验桩的相关数据　　表2-2-11

桩号	桩长(m)	桩径(mm)	壁厚(mm)	截面积(cm^2)	刚度AE/L(MN/m)	周长(cm)	极限承载力(kN)	相应桩顶沉降(mm)
1	46.5	609	14	262	112.7	191	≥7000	42.64
2	46.5	609	14	322	138.5	221	≥8400	38.71
3	48.0	700	14	362	150.8	250	≥8200	35.21
4	60.0	700	19	466	155.3	250	9600	59.21
5	79.0	700	19	466	118.0	250	11000	85.97
6	80.0	914	20	652	163.0	317	14910	91.16
7	80.0	914	20	652	163.0	317	16000	88.64

注：①截面积及周长包括了导线保护装置；

②6号桩试验时的间歇期只有14d。

管桩的尺寸和各自的单桩极限承载力。7 根桩均为摩擦型桩，地质条件基本相同，沉桩工艺相同，试桩方法相同，从打桩结束到试桩的休止期除 6#桩 14d 外，其余都在 20 ~ 30d。1# ~ 4#桩端处在同一粉细砂层，5# ~ 7#桩端穿透粉细砂层进入到同一细砂夹中粗沙层中。表 2-2-12 是 7 根桩的分析结果，表 2-2-13 列出了其中 5 根桩的侧摩阻力实测值。

不同长径比和不同刚度桩比较　　表 2-2-12

桩　号	长度比	刚度比	长径比之比	侧面积比	极限承载力比	单位侧阻力比
桩 2/桩 1	$L2/L1=1.0$	$K2/K1=1.23$	$n2/n1=1.0$	$S2/S1=1.16$	$Q2/Q1=1.20$	$f2/f1=1.03$
桩 4/桩 3	$L4/L3=1.25$	$K4/K3=1.03$	$n4/n3=1.25$	$S4/S3=1.25$	$Q4/Q3=1.17$	$f4/f3=0.94$
桩 5/桩 4	$L5L4=1.32$	$K5/K4=0.76$	$n5/n4=1.32$	$S5/S4=1.32$	$Q5/Q4=1.15$	$f5/f4=0.87$
桩 5/桩 3	$L5/L3=1.65$	$K5/K3=0.78$	$n5/n3=1.65$	$S5/S3=1.65$	$Q5/Q3=1.34$	$f5/f3=0.82$
桩 7/桩 3	$L7/L3=1.67$	$K7/K3=1.08$	$n7/n3=1.28$	$S7/S3=2.11$	$Q7/Q3=1.95$	$f7/f3=0.92$
桩 7/桩 4	$L7/L4=1.33$	$K7/K4=1.05$	$n7/n4=1.02$	$S7/S4=1.69$	$Q7/Q4=1.67$	$f7/f4=0.98$
桩 7/桩 5	$L7/L5=1.01$	$K7/K5=1.38$	$n7/n5=0.78$	$S7/S5=1.28$	$Q7/Q5=1.45$	$f7/f5=1.13$
桩 6/桩 5	$L6/L5=1.01$	$K6/K5=1.38$	$n6/n5=0.78$	$S6/S5=1.28$	$Q6/Q5=1.35$	$f6/f5=1.06$

桩的极限侧摩阻力　　表 2-2-13

土层名称	极限侧摩阻力(kPa)				
	桩 2	桩 3	桩 4	桩 5	桩 7
粘性土、粉土	82.0	71.4	62.4	42.0	48.0
粉细砂	105.0	100.0	87.0	60.0	64.0
细砂夹中粗砂	/	/	/	61.0	106.0

从表中数据可以看出以下几点：

(1)桩的长径比(L/d)对极限承载力的发挥影响较大，长径比大的摩擦型桩所发挥单位极限侧阻力要明显低于同一土层中长径比小的桩，如桩 3 和桩 4 的桩端在同一土层中，桩 3 长径比 68.6，桩 4 为 85.7，桩 4 的单位面积侧摩阻力明显低于桩 3；又如桩 5 和桩 7，长度基本相同，桩径不同，桩 5 单位面积的侧摩阻力明显低于桩 7。

(2)当桩长超过一定范围后，即使长径比相同，长桩所发挥的单位侧阻力明显低于短桩，如桩 4 和桩 7，长径比很接近，可桩 7 在各土层中的侧摩阻力明显低于桩 4。

(3)桩身刚度对承载力也有影响，桩愈长，刚度影响愈明显。如桩 5 和桩 7(桩 6)长度只相差 1m，且持力层也相同。而桩 5 刚度只有桩 7(桩 6)的 0.72，从表 2-2-11 和表 2-2-12 看出，桩 5 的总侧摩阻力以及各土层的分层摩阻力都明显低于桩 7 及桩 6。

由以上可以看出，影响桩承载力的因素很多，而桩的真实极限承载力又是设计的重要依据，为此我国几乎所有桩基规范都要求进行桩的静载荷试验，作为桩的设计依据或工程验收依据。

第三章　桩轴向抗拔静载荷试验

第一节　概　　述

在基础工程中，经常会遇到因水浮力、波浪力、风力等荷载作用，导致基础承受上浮力，如船坞、地下室等深基坑工程以及码头、海洋石油平台、高塔基础等。抵抗上拔荷载最好的方法是设置基础桩，因为大多存在上拔荷载的建筑物同时也存在着向下的压荷载，而埋入土中的桩既能承受抗压、又能承受抗拔。

工程中常采用的抗拔桩有混凝土预制桩、钢管桩、混凝土灌注桩等，前两种桩基本上是等截面桩型，即桩身自上而下形状和截面相同；混凝土灌注桩除了等截面桩型以外，有时也浇灌成扩底形式，提高桩的抗拔承载力。

桩抗拔承载力由桩侧摩阻力、桩身自重（浮容重）和桩底吸力三个部分组成。多数研究者认为桩在受拔时桩底吸力很小，长桩的桩底吸力占总抗拔承载力的比例更小，因此桩底吸力可以忽略不计，于是桩的抗拔承载力一般只考虑桩侧摩阻力和桩重两个部分：

$$Q_K = q_{sk} + W \tag{2-3-1}$$

式中：Q_K——桩抗拔极限承载力；

q_{sk}——桩抗拔极限侧阻力；

W——桩重（浮容重）。

大多数情况下，同一根桩的抗拔侧摩阻力和抗压侧摩阻力是不相同的，一般是抗拔时的侧阻力小于抗压侧阻力，这是因为桩抗拔与抗压时的受力情况不同。在压缩荷载下，桩侧邻近土体内的竖向应力（约束应力）由于桩侧摩阻力的传入而提高；在拉拔荷载作用下正好相反，桩侧土的受力方向及位移向上，此时土体内的竖向应力减小，土有松弛现象，这就是桩抗拔侧摩阻力在一般情况下小于抗压侧摩阻力的缘故。

试验统计数据表明，相同边界条件下桩的抗拔侧摩阻力大约是抗压侧摩阻力的0.5~0.9左右，这一比值除与桩周土性有关外，还与桩的入土深度、桩长径比、桩型、桩身材料等许多因素有关。也就是说，凡是引起桩周土内应力变化的，都会对桩的抗拔摩阻力产生影响，且这些参数的影响程度与对桩抗压摩阻力的影响程度不完全相同，如粘性土中这一比值要高于砂性土，长桩要高于同类土中的短桩。在软粘土中，桩的抗拔侧摩阻力有时会达到抗压侧摩阻力的0.9以上，甚至接近1，这是因为粘性土中桩的侧阻力主要依赖于土的粘聚力：

$$q_k = \alpha \cdot C_u \tag{2-3-2}$$

式中：α——桩周土的粘着力系数；

C_u——土的不排水抗剪强度。

砂质土中桩的侧壁摩阻力主要依赖桩与桩周土之间的摩擦角和侧压力系数：

$$q_k = K \cdot \tan\delta \cdot \sigma'_v \tag{2-3-3}$$

式中：K——桩、土之间的侧压力系数；

δ——桩土间的摩擦角；

σ'_v——土的有效上覆压力。

由上面两个公式可以看出，压、拔试桩时由于加载方向不同，对砂土中桩的侧阻力影响较大，而对粘性土中的桩相对要小一些。

图 2-3-1 反映了上述这些区别，图 2-3-1a）是一根长 68m、直径 800mm 钢管桩的压、拔 Q-S 曲线，该桩基本处在粉质粘土层中，两曲线对比看出：在荷载 6500kN 以前，相同荷载下桩顶的抗压和抗拔位移量几乎相等；在荷载 6500kN 以后，两曲线稍有区别，相同荷载时压桩桩顶沉降量小于拔桩时的上拔量。在扣除压桩时的端阻力和拔桩时的桩身自重后，该桩拔、压侧摩阻力比达到 0.92。

图 2-3-1b）是一根截面 500mm × 500mm、长 20.5m、入土深度 13m 的混凝土预制桩压、拔对比曲线，该桩大部分处在中粗砂层中，压、拔的 Q-S 曲线形态完全不同，同一荷载下的拔桩位移量远大于压桩位移量，桩的拔、压侧摩阻力比约为 0.5。

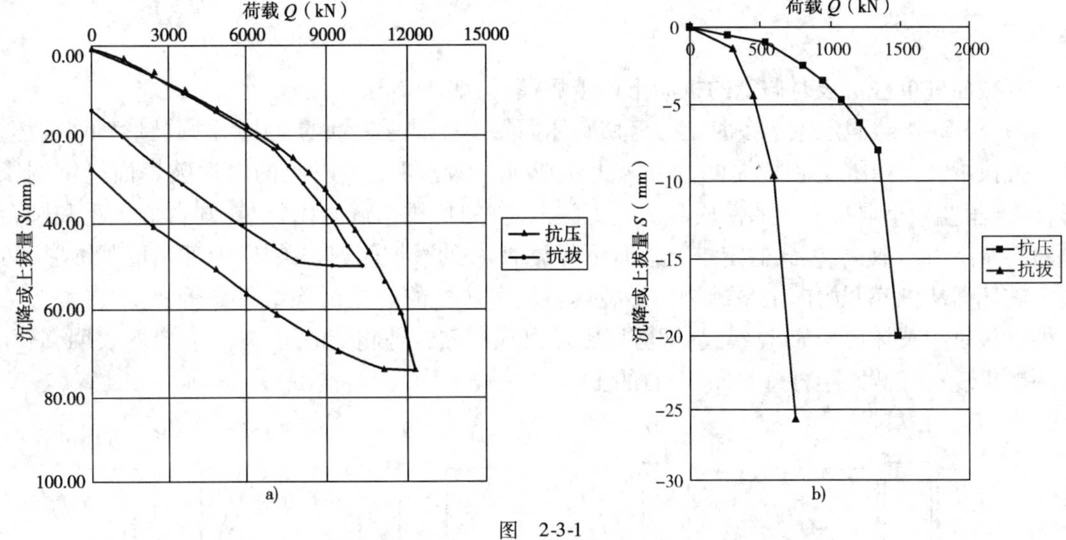

图　2-3-1

a）长钢管桩压、拔 $Q \sim S$ 曲线；b）短混凝土方桩压、拔 $Q \sim S$ 曲线

确定单桩轴向抗拔极限承载力的方法主要有以下几种：

（1）单桩轴向抗拔静载荷试验。与单桩轴向抗压静载试验一样，单桩轴向抗拔静载试验也是确定桩抗拔极限承载力的传统方法，国内外的桩基规范、标准也都推荐这一方法。桩的轴向静载抗拔试验不仅模拟了受拔桩的实际工作状态，还能真实反映桩的施工工艺和施工质量对抗拔承载力的影响，使得出的抗拔极限承载力符合工程实际情况。

（2）根据单桩轴向抗压极限承载力推算。即通过相同边界条件下桩的轴向抗压静载试验，得出桩的轴向抗压极限承载力，扣除桩端阻力后得到桩的抗压极限侧摩阻力 q_{si}，将 q_{si} 乘以相应的折减系数（即抗拔摩阻力系数）ξ_i 后得到相应土层的抗拔极限侧摩阻力：

$$q_{ski}' = q_{si} \cdot \xi_i \tag{2-3-4}$$

ξ_i 是桩拔、压对比试验结果的统计值，不同规范中推荐的 ξ_i 值也不一样，以砂性土为例，港口工程桩基规范推荐的 ξ_i 为 0.5 ~ 0.6，建筑桩基技术规范为 0.5 ~ 0.7，上海地基基础设计规范为0.6～0.7,采用不同标准会得出不同的抗拔承载力结果。经验还告诉我们,采用这一方法推算的抗拔承载力值对砂土中的短桩常常会偏高,而对粘土中的长桩又可能会偏低。

(3)按相关规范中推荐的桩侧轴向抗压摩阻力,乘以相应的折减系数 ξ_i 后得出各土层的抗拔摩阻力值。这一方法常在工程初步设计阶段采用,其误差较第(2)种方法更大,因为规范中推荐的抗压侧摩阻力与实际也会有一定的误差,乘上一个通用系数后误差会更大。

(4)采用静力学公式或者经验、半经验公式计算桩的抗拔承载力。前面已经提到影响桩抗拔承载力的因素很多,想用简单的静力学公式或经验公式去估算是有困难的,在实际的工程中很少用这种方法。

第二节 桩抗拔时的土体破坏模式

研究桩的抗拔承载力首先要研究桩在抗拔时的土体破坏模式,关于这一点,不同的资料中有着多种不同的土体破坏模式假定,这里列举常见的几种。

一、等截面桩

等截面桩单桩抗拔时假定的桩周土体破坏模式,如图2-3-2所示。

图2-3-2中a)假定桩上拔时土的剪切破坏面发生在靠近桩壁的土中,呈圆柱形剪切破坏,桩的抗拔承载力由桩重和桩周侧壁摩阻力组成;b)假定桩上拔时土的剪切破坏面呈倒圆锥形,圆锥角度大小取决于土的性质和上覆土压力,桩的抗拔承载力由桩重、圆台形土重和圆台侧面的摩阻力组成;c)模式假定桩上拔时下部类似a)的沿桩侧剪切破坏,上部呈倒圆锥形;d)假定破坏面从桩底开始向上呈抛物面形破坏。从实体桩的抗拔试验结果分析,绝大多数等截面桩上拔时的破坏属于a)类模式,即剪切破坏出现在靠近桩侧壁的土体中,有资料表明,破坏面一般出现在桩侧面距桩壁5mm左右的土体中。

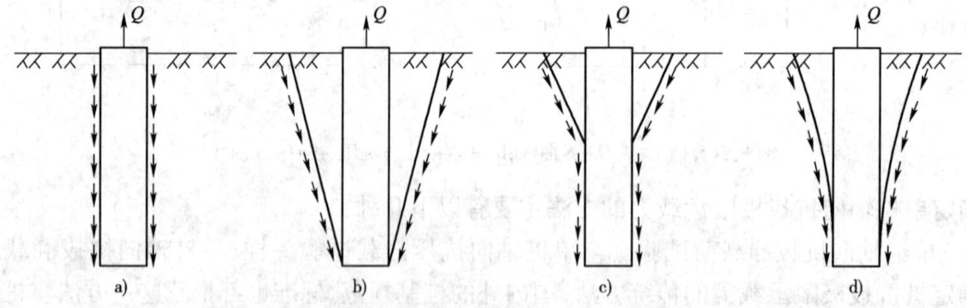

图2-3-2 等截面桩单桩抗拔时假定的土体破坏模式

二、扩底桩

扩底抗拔桩单桩上拔时的土体破坏模式有如下几种假定(图2-3-3)。

图2-3-3中,模式a)假定扩底桩上拔时,桩底会形成一个与扩底直径大致相同的圆形孔,桩侧土的剪切破坏面出现在距桩中心轴 $D/2$ 处(D 为桩扩底直径),桩的抗拔承载力由桩重、桩周围圆柱形土重及土柱四周的摩阻力组成;b)假定扩底桩上拔时土的破坏面呈倒圆台形,圆台的下底直径为桩的扩底直径,上底直径与桩周土性和桩长有关;c)假定扩底桩上拔时下

段破坏面类似 a)模式,上段破坏面类似 b)模式;d)假定破坏面在扩底端上部呈梨形状的二次曲面,随着位置上移,破坏面逐渐向桩侧靠近;e)模式是 d)模式的简化,假定桩下段一定范围内(h_1)土的剪切破坏面出现在距桩中心轴 1/2 扩底直径处,而桩上段的剪切破坏面出现在沿桩壁的土中(h_2),我国建筑桩基技术规范(JGJ 94—2008)及新的上海地基基础设计规范都采用了这一简化计算模式。

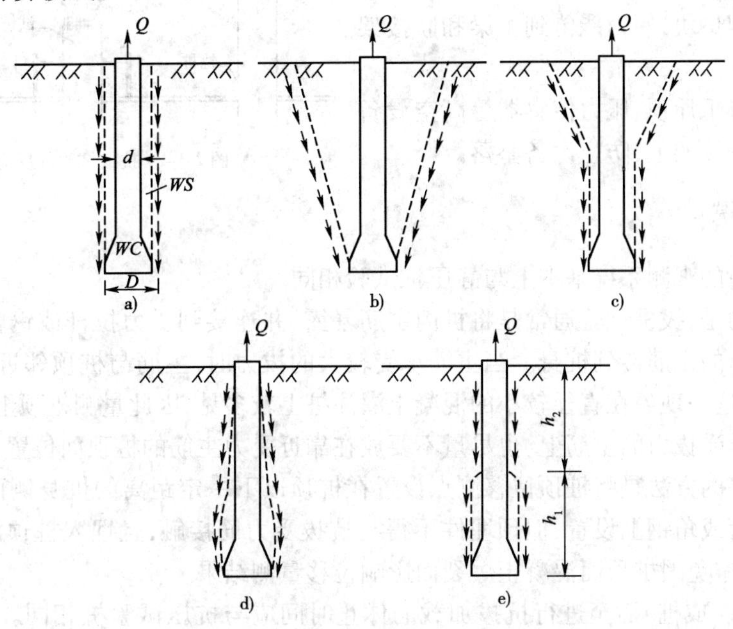

图 2-3-3 扩底抗拔桩的土体破坏模式

第三节 试验设备及仪器

桩轴向抗拔静载荷试验装置与轴向抗压试桩类似,也是由反力系统、加载系统和观测系统三部分组成。

一、反力系统

桩轴向抗拔试验的反力系统主要由钢梁、反力支承桩(或支墩)、传力架等装置组成(图 2-3-4)。当桩的抗拔承载力较大时,宜用支承桩承担反力,既安全又方便安装;若试验桩的抗拔承载力较小,也可利用天然地基或经过加固的地基承担反力。反力装置及安装要求与轴向抗压试验的锚桩反力法相同。

当采用天然地基或加固过的地基承担反力时,两边支墩处的地基强度应接近,支墩与地面接触面积也应相近,地基最终承受的压应力不宜超过地基承载力特征值的 1.5 倍,避免两边支墩处产生不均匀沉降。

二、加载系统

轴向抗拔试验的加载系统由油压千斤顶、高压油泵、压力控制器及相应油路系统组成,设备要求和压力控制标准与轴向抗压试验相同。

应尽量采用将千斤顶安装在抗拔试验桩的上方、主钢梁的上面(图2-3-4),并使千斤顶的受力重心与试验桩轴线重合。若试验时采用2台以上(包括2台)千斤顶时,千斤顶应同规格型号,且应并联连接;千斤顶的上、下方应分别设置有一定厚度的钢垫块,使力能传到主梁和联接架的受力肋板上。

试验前应将千斤顶、压力传感器等高空设备固定在钢梁或联接架上,防止设备坠落。

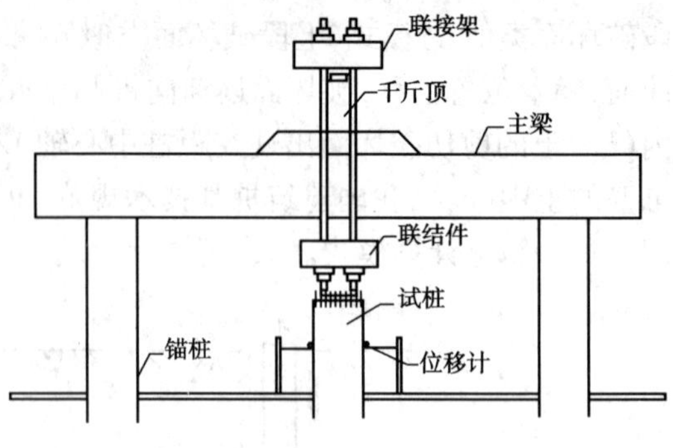

图2-3-4　抗拔试验的反力装置

三、观测系统

桩抗拔试验的观测系统基本上与静压桩试验相同。

值得注意的是,拔桩试验通常是将桩内主筋暴露,并连接到受力拉杆或钢帽上,施加的拔桩力通常由露出的主筋传到桩身。当主筋承受较大的拔力时,主筋与桩顶邻近的混凝土常常会开裂或爆裂,这一现象在直径较小的混凝土灌注桩上较多见,因此量测桩顶上拔位移的测点既不能设置在承受拔力的主筋上,也尽量不要放在靠近受力主筋的桩顶面位置,避免上拔量观测值失真。较好的方法是将桩顶位移测点设置在桩顶以下一定距离的桩身侧面,也可通过预埋在桩顶的钢管或角钢上设置,但预埋件不得与抗拔受力筋接触,且埋入桩顶深度宜在20cm以上,这样可以避免因桩顶面混凝土爆裂而影响位移量测结果。

试验桩沉桩(成桩)后至进行抗拔加载的休止时间应与抗压试验桩相同。如果同一根桩的抗拔试验在抗压试验后进行,则压桩结束至拔桩开始之间的休止时间不应少于3d。

第四节　试验方法及单桩抗拔承载力确定

一、试验方法

单桩轴向抗拔静载荷试验宜采用慢速维持荷载法,在需要的时候,也可以采用多循环加卸载方法或长时间恒载法等。

1. 荷载分级

与静载压桩试验一样,抗拔试验时也应分级加载和卸载,每级荷载宜为预估最大上拔试验荷载的1/10~1/12,其中第一级加载量可按2倍的分级荷载施加。每级荷载在达到稳定标准后才可加下一级荷载。达到终止加载条件后再分级卸载,每级卸载量取加载级的2倍。荷载稳定标准同轴向抗压试验的慢速维持荷载法,即桩顶上拔位移量每小时不超过0.1mm,可施加下一级荷载。

与压桩试验一样,若希望试验得出的抗拔承载力精度高一些,也可以将后面的几级荷载一分为二,每次加半级荷载。

2. 桩顶上拔量测读

加载时,每次荷载施加后的位移测读时间为0、5、10、15、30、60min,之后每隔30min测读一次,直至稳定。

卸载时每级荷载维持 1h，桩顶位移测读时间为 0、15、30min，以后每隔 30min 测读一次，直至桩顶位移相对稳定为止。

3. 终止荷载条件

桩轴向抗拔试验若出现下列情况之一，可终止加载：

(1)在某级荷载作用下，受拉钢筋的拉应力达到钢筋抗拉强度设计值（或抗拉强度标准值的 0.9 倍）。

(2)在某级荷载作用下，桩顶上拔量大于前一级荷载上拔量的 5 倍。

(3)按累计桩顶上拔量控制，当累计上拔量超过 100mm。

(4)对于检验性试验，加载量已达到设计要求的最大上拔荷载。

单桩轴向抗拔试验应注意以下几点：

(1)抗拔试验过程中，如果某级荷载时桩顶上拔位移突然增大，而荷载还未达到预估值时，应观察并分析桩顶荷载变化情况，若桩顶位移迅速增加而上拔荷载突然下跌，此时不排除桩身断裂的可能，在 PHC 桩及有接头的混凝土方桩抗拔试验时，多次出现过此类现象。

(2)因混凝土材料的抗拉强度相对较低，当上拔荷载超过混凝土抗拉强度后，混凝土桩身会出现多条余环向裂缝，桩顶位移会有一定突变，而此时桩的抗拔侧阻力并非到达极限，应将试验继续进行。对重要工程，可在抗拔试验桩内设置沉降杆，观测桩端位移，这对判别抗拔桩的承载力有帮助。

(3)若抗拔试验桩仍将作为工程桩使用，试验时的加载量应按设计要求的抗裂或裂缝宽度进行控制。

二、试验资料整理及单桩抗拔极限承载力确定

桩抗拔试验资料记录要求与前面第二章中桩的轴向抗压试验要求类同。根据实测位移及荷载数据绘制上拔荷载 U 和桩顶上拔量 δ 之间的关系曲线（$U \sim \delta$ 曲线），桩顶上拔量 δ 与时间对数 $\lg t$ 关系曲线（$\delta \sim \lg t$ 曲线），以及 $\delta \sim \lg U$ 曲线、$\lg U \sim \lg\delta$ 曲线等，供判别桩的轴向抗拔极限承载力用。

如果桩底设有沉降杆，应同时绘制与桩底上拔量 δ' 有关的 $U \sim \delta'$ 曲线、$\delta' \sim \lg t$ 曲线等。

若桩身埋设了检测分层抗拔侧摩阻力的应变计，应并整理和绘制相应的荷载-轴力曲线和分层摩阻力表。

单桩轴向抗拔极限承载力应按下列方法确定：

(1)对陡升型 $U \sim \delta$ 曲线，取陡升起始点对应荷载为单桩轴向抗拔极限承载力（图 2-3-5）。一般地讲，抗拔试验 $U \sim \delta$ 曲线的陡升段比较明显。图 2-3-5 中曲线加载段大致可分为 3 个区段：0 ~ 1260kN 为线性段，这是桩身出现裂缝前的弹性变形阶段；1260 ~ 4200kN 阶段是混凝土桩身出现环向裂缝后的荷载与桩顶位移；当桩顶荷载大于 4200kN 后，桩顶位移迅速增大，土体破坏。应取曲线陡升起始点对应的 4200kN 荷载为该桩抗拔极限承载力。

(2)取 $\delta \sim \lg t$ 曲线尾部明显向上弯曲的前一级荷载为抗拔极限承载力（图 2-3-6）。图中 4200kN 为该桩抗拔极限承载力。

(3)抗拔试验过程中因主筋强度不足导致抗拔钢筋断裂，或因桩的接头强度不够而断桩时，应取前一级荷载作为该桩的抗拔极限承载力。该承载力是桩自身强度控制，不代表地基土的强度。

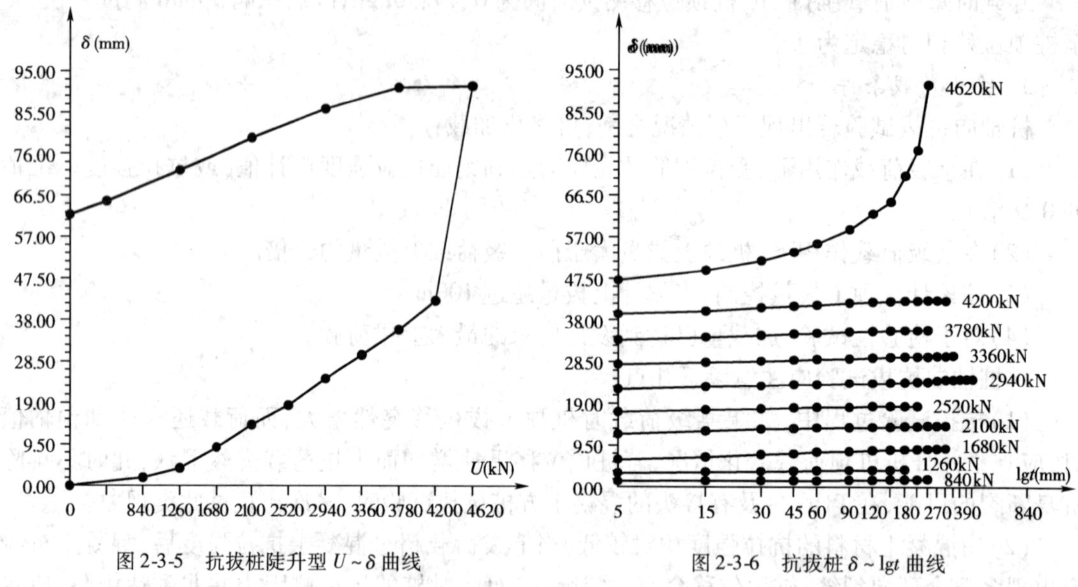

图 2-3-5 抗拔桩陡升型 $U \sim \delta$ 曲线

图 2-3-6 抗拔桩 $\delta \sim \lg t$ 曲线

三、工程实例

例 1 某工程采用钻孔灌注桩,设计桩径 600mm,桩长 51.2m,桩身混凝土强度 C40。设计要求检测该桩的抗拔极限承载力及分层摩阻力。桩周土质及桩身传感器埋设位置见图 2-3-7。

试验采用慢速维持荷载法,由两侧工程桩提供反力,两只 5000kN 油压千斤顶并联加载,荷载控制及桩顶位移检测由桩基静载荷测试仪完成,桩身应变量测采用静态应变仪。

按实测数据绘制的 $U \sim \delta$ 曲线、$\delta \sim \lg t$ 曲线及 $\delta \sim \lg U$ 曲线分别见图 2-3-8a) ~ 图 2-3-8c)。从 $U \sim \delta$ 曲线看到明显陡升段,起始点荷载 5040kN;$\delta \sim \lg t$ 曲线及 $\delta \sim \lg U$ 曲线判别的极限承载力也是 5040kN,三曲线判别结果完全一致。与极限承载力相对应的桩顶上拔量为 48.73mm。

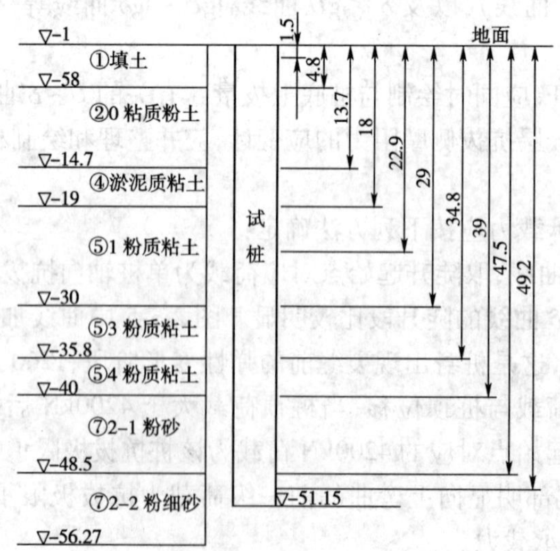

图 2-3-7 桩身传感器位置

各级荷载时的桩身轴力分布见图 2-3-9,与抗拔极限承载力相对应的桩侧抗拔摩阻力见表 2-3-1,表中抗拔侧摩阻力值已经扣除桩重。

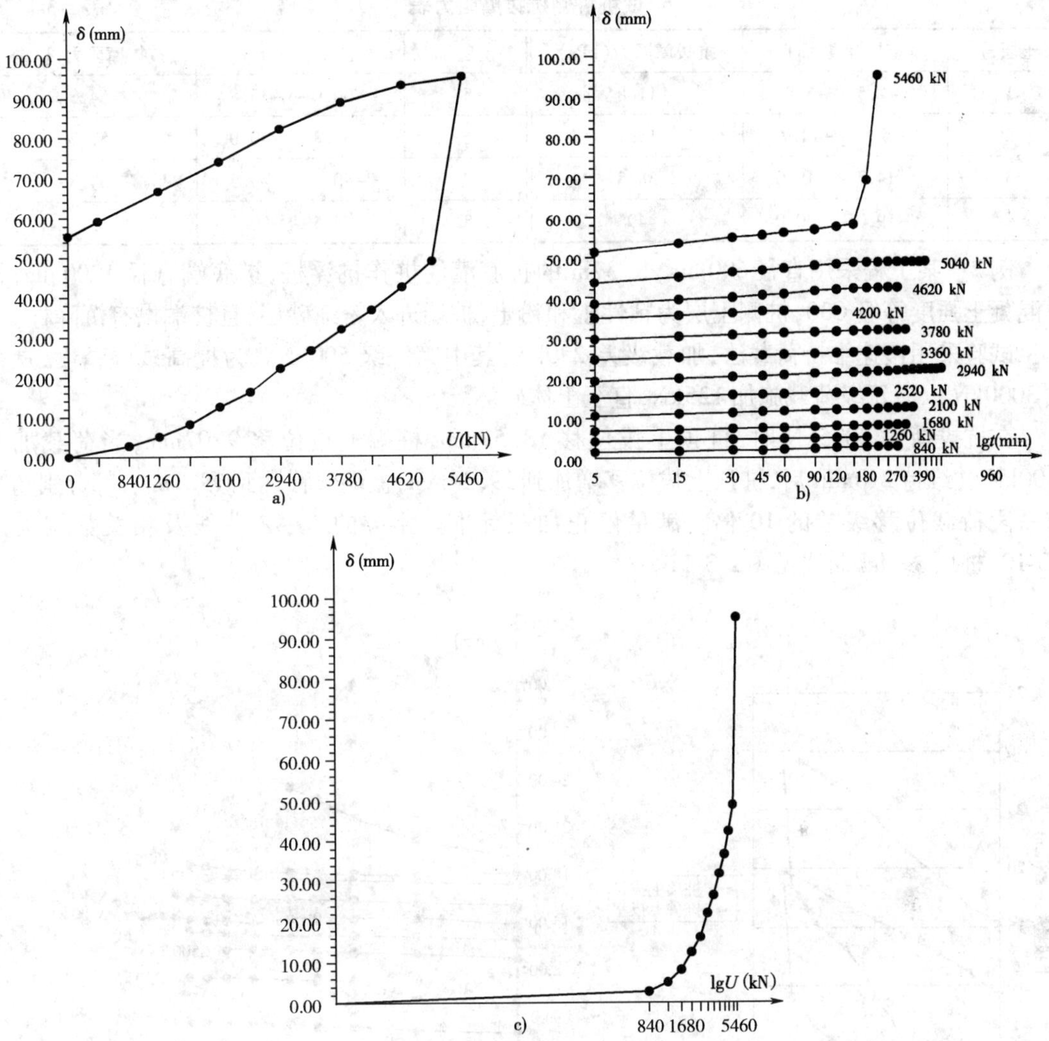

a)　b)

c)

图　2-3-8

a) 试桩 $U \sim \delta$ 曲线；b) 试桩 $\delta \sim \lg t$ 曲线；c) 试桩 $\delta \sim \lg U$ 曲线

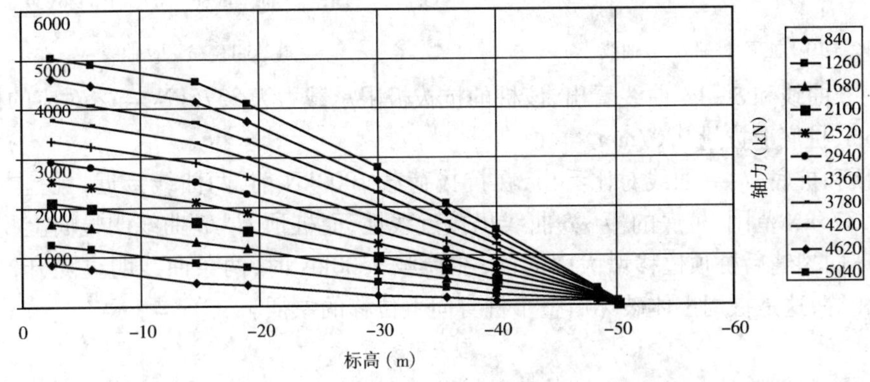

图 2-3-9　试桩在不同荷载时的轴力图

试桩桩侧抗拔摩阻力表　　表 2-3-1

土层号	土层标高(m)	抗拔摩阻力(kPa)	土层号	土层标高(m)	抗拔摩阻力(kPa)
1	-2.5 ~ -5.8	11.8	5	-30.0 ~ -35.8	54.3
2	-5.8 ~ -14.7	15.1	6	-35.8 ~ -40.0	57.7
3	-14.7 ~ -19.0	38.8	7	-40.0 ~ -48.5	64.8
4	-19.0 ~ -30.0	49	8	-48.5 ~ -50.2	71

例 2　某工程采用直径 600mm,长 37m 的扩底灌注桩作抗浮桩,扩底端直径 1200mm,桩身混凝土强度等级 C30,桩侧土层为粘性土和粉土,桩端进入粉细砂层,且桩端设有沉降杆。

试验采用慢速维持荷载法,加载级差 250kN,其中第一级 500kN。为提高试验精度,从荷载 3000kN 以后每级荷载施加 125kN,直至土体破坏。

在抗拔荷载 3375kN 时,桩顶上拔位移 18.57mm,桩端上拔位移 9.07mm;当荷载加至 3500kN 并维持 210min 后,桩顶上拔位移增加到 29.34mm,桩端位移达到 19.7mm,都分别超过前一段荷载位移级差的 10 倍。满足停止加载标准。相应的 $U \sim \delta$ 曲线及相关数据见图 2-3-10,桩顶 $\delta \sim \lg t$ 曲线见图 2-3-11。

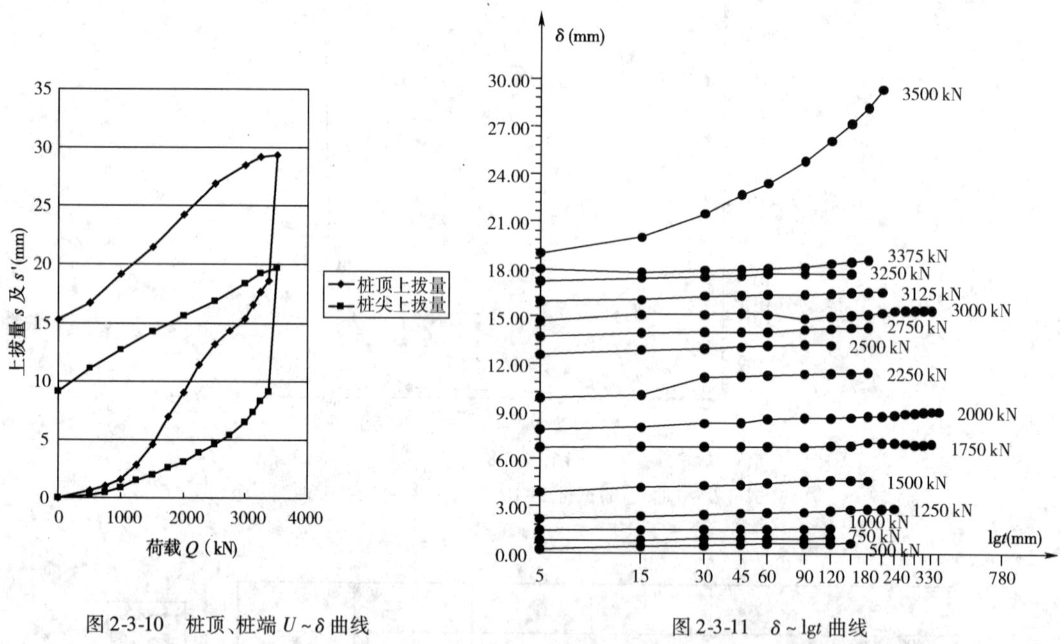

图 2-3-10　桩顶、桩端 $U \sim \delta$ 曲线　　图 2-3-11　$\delta \sim \lg t$ 曲线

从 $U \sim \delta$ 曲线和 $\delta \sim \lg t$ 曲线看出,该桩的抗拔极限承载力为 3375kN,与之对应的桩顶上拔量 18.57mm,桩底上拔量 9.07mm。

由桩顶和桩底 $U \sim \delta$ 曲线对比看出,在抗拔荷载 1000kN 前,两曲线接近,且基本呈绒性;在 1000 ~ 3375kN 范围,桩底的 $U \sim \delta$ 曲线仍接近线性,而桩顶 $U \sim \delta$ 曲线明显向上拐折,这是桩身出现环向裂缝后桩顶位移增大引起的;在荷载 3500kN 时,两条曲线明显陡升,且上升的速率几乎相等,这是桩周土体破坏后整个桩身向上位移的象征。

第四章　单桩水平静载荷试验

第一节　概　　述

桩所受的水平荷载有多种形式，如风力、地震力、船舶撞击力及波浪力等，有时桩所承受的水平荷载成为建筑物设计中的主要控制因素。水平承载桩的工作性能主要体现在桩与土的相互作用上，即利用桩周土的抗力来承担水平荷载。按桩土相对刚度的不同，水平荷载作用下的桩—土体系有二类工作状态和破坏机理。一类是刚性短桩，因转动或平移而破坏；一类是弹性长桩，桩身产生挠度变形，桩下段嵌固于土中不能转动，工程中常见的都属于弹性长桩。

单桩水平承载力试验采用接近于水平受荷桩实际工作条件的试验方法，确定单桩水平临界荷载和极限荷载，或对工程桩的水平承载力进行检验和评价。当桩身埋设有应变测量传感器时，可测量相应水平荷载作用下的桩身应力，并由此计算得出桩身弯矩分布情况，可为检验桩身强度和推求不同深度弹性地基系数提供依据。

试验条件应与桩的实际工作条件接近，试验结果才能真实反映工程桩的实际工作过程，但在通常情况下，试验条件很难做到和工程桩的情况完全一致。此时应通过试验桩测得桩周土的地基反力特性，即地基土的水平抗力系数，它反映了桩在不同深度处桩侧土抗力和水平位移关系，可视为土的固有特性，然后根据实际工程桩的情况，用它确定土抗力大小，进而计算单桩的水平承载力和弯矩。

水平加载试验一般按设计要求的水平位移允许值控制加载，为设计提供依据的试验桩宜加载至桩顶出现较大的水平位移或桩身结构破坏。试验场地的选择必须具有代表性，尤其是试桩区域浅层地基必须能代表实际工程的情况。

第二节　试验设备及量测内容

试验装置应遵从合理、安全、简便等原则根据现场的具体条件灵活选用，主要包括加载装置、反力装置和基准装置 3 个部分，如图 2-4-1 所示。

一、加载装置

试桩时一般都采用卧式千斤顶加载，对往复循环试验可采用双向复式油压千斤顶，用测力环或测力传感器间接测定所施加荷载值。水平荷载试验时桩的水平位移一般比较大，特别是悬臂较长的试桩，作用点位移较大，所以要求千斤顶有较大的行程，试验设备的加载能力应取预计最大试验荷载的 1.3 ~ 1.5 倍。在试桩时，为防止力作用点处产生局部挤压破坏，须用钢垫块进行局部补强。

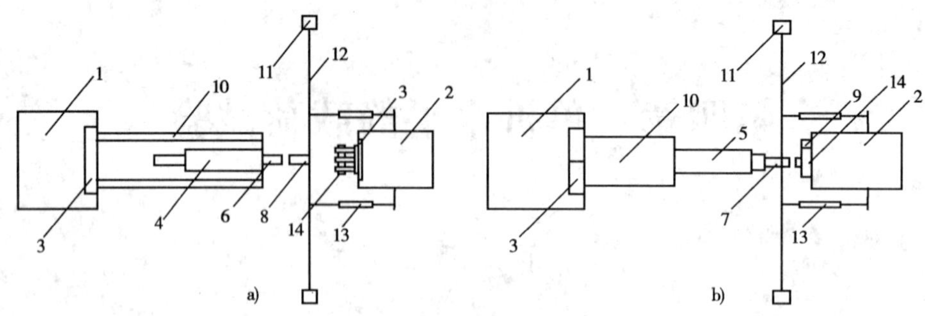

图 2-4-1　试验装置图

a）双向往复荷载；b）单向荷载

1-反力墩；2-试桩；3-预埋钢板；4-往复式千斤顶；5-卧式千斤顶；6-拉力传感器；7-压力传感器；8-铰支插销；9-铰支球座；10-反力架；11-基准点；12-基准架；13-位移传感器；14-局部加强钢板

二、反力装置

反力装置的选用应充分利用试桩周围的现有条件，但必须满足其承载能力不大于最大预估荷载的 1.2 ~ 1.5 倍，作用力方向上刚度不应小于试桩本身的刚度。

最常用的方法是利用试桩周围的工程桩或垂直承载力试验用的锚桩作为反力支座，根据需要把 2 根甚至 4 根桩连成一整体，有条件时也可以利用周围现有结构物作反力支座，必要时可浇筑专门的支墩来作反力座。

三、基准桩的设置

设置基准桩是为了量测桩在作用点处的断面位移和转角，陆上试桩时可用入土 1.5m 以上的钢钎或型钢作为基准桩。在水上设置基准桩时，因为水深较大，可采用专门设置的试桩作为基准桩。同时试桩的基准桩一般不少于 2 根。搁置在基准桩上的基准梁要有一定的刚度，以减少晃动。整个基准装置系统应保持相对独立。为减少温度对量测的影响，基准梁应采取简支形式，顶上有篷布遮阳。无论基准装置还是反力装置应设置在试桩的影响范围外，具体范围见图 2-4-2 所示。

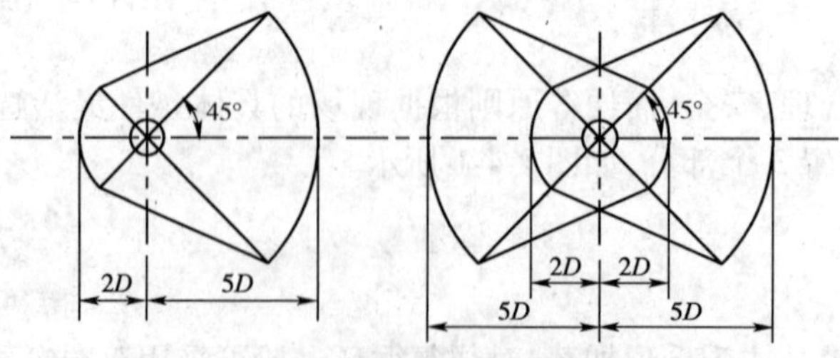

图 2-4-2　试桩影响区（D 为桩径或桩宽）

目前国内外试桩大多采用桩顶自由的形式。为了模拟实际工程桩的受力状态，也有采用桩顶固结的形式，但这种方法安装复杂，且受到其他各方面条件限制，难使试验条件和实际情况完全保持一致。因此采用桩顶自由的形式是比较现实和合理的方法。对不同的约束形式，可由桩顶自由状态下试桩得到的地基反力系数推算求得。

四、量测内容及量测仪器

1. 水平位移和转角的量测

桩的水平位移宜采用大量程百分表测量，每一试桩在力作用点处的断面及其上 50cm 左右安装 1～2 只百分表，下表测量在地面处的桩的水平位移，根据上下表位移差与表面距离的比值，可求得地面以上桩的转角。

2. 桩身截面弯矩的量测

桩身弯矩一般通过量测桩身应变间接推算求得，桩身应变的量测一般采用电阻应变计、弦式钢筋计或差动式钢筋计，钢桩可直接在桩身表面粘贴电阻应变片，但应采取严格的防潮措施，应变的量测可用静态应变测试仪器。

3. 桩身挠曲变形量测

桩身挠曲变形可采取在桩内预埋测斜管，用测斜仪量测不同深度处的桩截面倾角，然后利用桩顶实测水平位移值推算在各级水平荷载作用下的挠曲变形；也可利用应变片测得的弯曲应变直接推算桩轴线的挠曲变形，这样得到的桩挠曲变形精度较高。

4. 桩侧土抗力的量测

桩侧土抗力的量测最直接的方法是在桩侧壁埋设土压力盒，也可以通过实际量测的桩身弯矩两次微分来推求桩侧的土抗力。

第三节　试验方法及成果整理

一、加载方法

实践证明：荷载稳定时间、循环形式、周期和加载速率等因素直接影响到桩的承载力，加载方法有多种，总的分为单循环连续加载法或慢速维持加载法和多循环加载法。中华人民共和国行业标准《港口工程桩基规范》(JTJ 254—98)规定水平荷载试验采用单循环维持荷载法，规定每级荷载加载量为预估最大荷载的 1/10，每级卸载量为加载量的 2 倍；加载每级维持 20min，卸载每级维持 10min，都是间隔 5min 测读一次，卸载到零荷载时维持 30min，间隔 10min 测读一次。

中华人民共和国行业标准《建筑基桩检测技术规范》(JGJ 106—2003)还推荐了一种单向多循环加载方法，规定每级荷载加载量为预估最大荷载的 1/10，每级荷载施加后，恒载 4min 后测读，再卸载到零，停 2min 后测读，此为一循环，每级荷载循环 5 次便完成一级荷载的试验观测，进入下一级荷载，一直施加到桩发生破坏或达到预定荷载为止。

《港口工程桩基规范》规定的试验终止加载条件为：在某级荷载下，横向变形急剧增加、变形速率明显加快、地基土出现明显的斜裂缝、达到试验要求的最大荷载或最大位移。《建筑桩基检测技术规范》规定的试验终止加载条件为：当桩身折断或最大桩身水平位移超过 30～40mm(软土取 40mm)或水平位移达到设计要求的水平位移允许值。

二、试验成果整理

1. 绘制水平荷载与力作用点位移关系曲线

试验结束后绘制水平荷载与力作用点位移($H \sim Y$)关系曲线，有时间影响的需要绘制荷载、时间与变形($H \sim t \sim Y$)关系曲线,通过该曲线即可判断该试桩的承载力。

(1)单桩水平临界荷载

对于混凝土桩,单桩水平临界荷载(即桩身受拉区混凝土明显退出工作前的最大荷载)按下列方法综合确定:

①取单向多循环加载法式的 $H_0 \sim t \sim Y_0$ 曲线或慢速维持荷载法时的 $H \sim Y_0$ 曲线出现拐点的前一级水平荷载值;

②取 $H_0 \sim \Delta Y_0/\Delta H_0$ 曲线或 $\lg H_0 \sim \lg Y_0$ 曲线上第一拐点对应的水平荷载值;

③取 $H_0 \sim \sigma_g$ 曲线第一拐点对应的水平荷载值。

(2)单桩水平极限荷载

可根据下列方法综合确定:

①取单向多循环加载法时的 $H_0 \sim t \sim Y_0$ 曲线或慢速维持荷载法时的 $H_0 \sim Y_0$ 曲线产生明显陡降的起始点对应的水平荷载值;

②取慢速维持荷载法时的 $Y_0 \sim \lg t$ 曲线尾部出现明显弯曲的前一级水平荷载值;

③取 $H \sim \Delta Y_0/\Delta H$ 曲线或 $\lg H_0 \sim \lg Y_0$ 曲线上第二拐点对应的水平荷载值;

④取桩身折断或受拉钢筋屈服时的前一级水平荷载值。

2. 绘制各级荷载作用下的桩身弯矩图和桩身挠度曲线

对于埋设量测装置的试桩应绘制桩身弯矩分布曲线,计算并绘制桩身挠曲曲线。桩身弯矩一般通过量测桩身应变来推算得到,从实测应变推求桩身弯矩的方法有以下几种:

(1)整桩率定法:通过试桩入土前的整桩率定,建立各测试断面的仪器测定值和弯矩之间的关系,然后根据实际测定值求得各测试断面的弯矩值,并推求出各对应断面的抗弯刚度值。

(2)标定断面法:就是在试桩时利用接近泥面的测试断面建立该断面的实测弯曲应变和理论弯矩的关系。对事先无法进行整桩率定的桩,可近似把标定断面的关系看做其他所有测试断面的率定曲线,以确定试桩时泥面下桩身各断面的弯矩。采用此法要求有一定的自由长度(力作用点离标定断面之间间距一般不小于 2 倍桩径)。

桩的挠度曲线图可由测斜仪量测得到,也可直接由测试得到的各断面弯曲应变推算而得,两者相比,后者系统误差小,所得挠曲线精度也高。求出土抗力和剪力后,也可由参数法求出各断面的位移和转角。

3. 绘制各级荷载作用下的土抗力和水平位移的关系曲线

要得到实测土抗力和水平位移关系曲线($q \sim y$)的关键是求得桩在各级荷载作用下所受到的土抗力 q 的分布图,有了各级荷载作用下各断面土抗力和挠度,就可绘制出泥面下不同深度处单位面积上土抗力和水平位移的关系曲线。这些曲线基本上反映了地基固有力学性质,据此可用有限元法或有限差分法确定实际工程桩在水平荷载作用下的受力特性。

第四节　理论计算方法介绍

桩在水平荷载作用下的计算分为线弹性地基反力法和非线性弹性地基反力法两大类。线弹性地基反力法包括张氏法、C 值法、m 法和 k 法等,非线性弹性地基反力法包括港研法、$p - y$ 曲线法和 NL 法等。尽管非线性弹性地基反力法近年取得了不少进步,但由于计算过程相对复杂,而国内的工程设计人员已在长期使用线弹性地基反力法的过程中积累了丰富的经验,因此线弹性地基反力法仍然是国内目前应用最普遍的计算方法。

线弹性地基反力法的土抗力分布假设如图2-4-3所示。

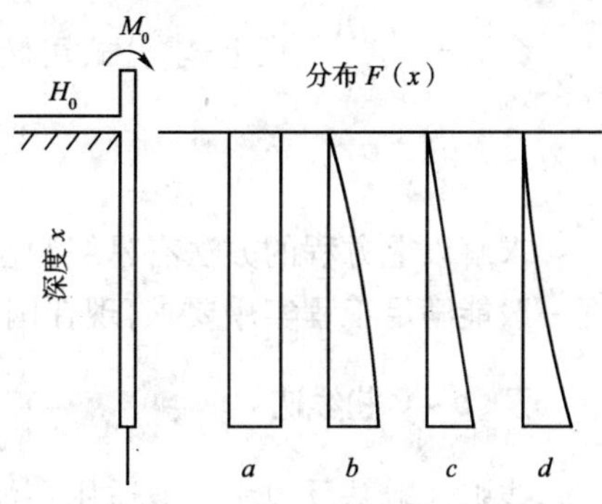

图2-4-3 地基系数分布图

a-张氏法;b-C 值法;c-m 法;d-k 法

(1)张氏法,即“张有龄法”:假定地基系数 C 沿深度为均匀分布,不随深度而变化。

(2)C 值法:假定地基系数 K_x 随着深度成抛物线规律增加,即 $K_x = cZ^{0.5}$,c 为地基土比例系数。

(3)m 法:假定地基系数 K_x 随深度成正比例地增长,即 $K_x = mZ$,m 称为地基土比例系数。

(4)k 法:假定地基系数 K_x 随深度呈折线变化即在桩身挠曲曲线第一零点 B,深度 t 处以上地基系数 K_x 随深度增加呈凹形抛物线变化;在第一挠曲零点以下,地基系数 $K_x = K$,不再随深度变化而为常数。

土抗力可表达为以下的函数:

$$q = k_N z^m y^n \tag{2-4-1}$$

式中:k_N、m、n——根据不同的土抗力分布假定取不同的数值(表2-4-1)。

本文主要介绍几种常用的理论计算方法。

一、m 法

m 法基本假设是:将土体作为弹性变形介质,具有沿深度成正比增加的地基系数,能更好地反映地基系数沿深度分布的情况。此时桩的微分方程式为:

$$EI\frac{d^4y}{dz^4} + Bkxy = 0 \tag{2-4-2}$$

线弹性地基系数法系数取值表 表2-4-1

方法类型	方法名称	计算公式	m	n
线弹性地基反力法	张氏法	$q = cy$	0	1
	C 值法	$q = cz^{0.5}y$	0.5	1
	m 法	$q = mzy$	1	1
	k 法	$q = kz^2y$	2	1
非线性弹性地基反力法	港研法 C 型地基	$q = ky^{0.5}$	0	0.5
	港研法 S 型地基	$q = kzy^{0.5}$	1	0.5
	$p \sim y$ 曲线法	$q = kzy^{1/3}$	1	1/3
	NL 法	$q = k_N z^{2/3} y^{1/3}$	2/3	1/3

令 $\alpha=\sqrt[5]{\frac{mB}{EI}}$代入上式，公式可转换为：

$$EI\frac{d^4y}{dz^4}+\alpha^5xy=0 \tag{2-4-3}$$

求解以上方程的方法有幂级数法、差分近似法、反力积分法和量纲分析法。这些方法的精度一般能满足工程实用要求，现在国内外已把解答结果编制成表格，便于工程应用。

二、$p \sim y$ 曲线法

线弹性地基反力法一般适用在泥面处的水平位移不太大（在 1cm 左右）的情况，这是因为桩身任一点的桩侧土反力与该点处桩身挠度之间的关系可以近似看成是线性的。已有试桩表明，桩在水平力作用下，桩身任一点处的桩侧土压力与该点处桩身挠度之间的关系，实际上是非线性的，特别是桩身侧向位移大于 1cm 时，更为显著，它综合反应了桩周土的非线性、桩的刚度和外荷作用性质的特点。

$p \sim y$ 曲线法最早由 Matlock 等人提出，并被列入美国 API 规范，我国现行规范中横向荷载桩的 $p \sim y$ 曲线法基本上是借用美国 API 规范的内容。根据规范可由当地的地质情况计算出地基不同深度处，在不同横向位移时所对应的土抗力，即 $p \sim y$ 曲线。长桩桩顶受到水平力后，桩附近的土从地表面开始屈服，塑性区逐渐向下扩展，$p \sim y$ 曲线法对大变形和小变形桩均适用。

三、NL 法

NL 法是一种新的水平力非线性计算方法。NL 法提出的土抗力计算公式是通过大量的现场试验实测桩身承受的土抗力，采用数理统计的方法得到的，具有使用方便、可靠、有效的特点，NL 法认为土抗力 q 和泥面下深度(x)及该处的水平位移(y)满足下列关系：

$$q=k_{N}x^{\frac{2}{3}}y^{\frac{1}{3}} \tag{2-4-4}$$

水平地基反力系数 k_N 可由土的压缩系数 α 来推算，公式为：

$$k_{N}=\frac{\xi\times110}{(\alpha-0.2)^{0.5}} \tag{2-4-5}$$

式中：k_N——水平地基反力系数(kN/m^3)；

α——地基土的压缩系数(1/MPa)；

ξ——桩宽修正系数。

当 $B\geqslant0.4m,\xi=1$；当 $B<0.4m,\xi=0.7+0.06/B^2$。

第五节　试桩实例

例 1　某工程采用单向多循环方法进行水平试桩试验，得到 $H_0 \sim t \sim Y_0$ 曲线，如图 2-4-4。水平临界荷载为 $H_0 \sim t \sim Y_0$ 曲线出现拐点的前一级水平荷载值，见图中的 H_{cr}；水平极限荷载为 $H_0 \sim t \sim Y_0$ 曲线产生明显陡降的起始点对应的水平荷载值，见图中的 H_u。

例 2　某工程对预制钢筋混凝土方桩进行水平荷载试验，桩截面为 400mm×400mm 和 450mm×450mm 两种，桩长约 20m，桩尖持力层为粘土(Ⅱ)，桩身混凝土强度等级为 C30 和

C40,打桩设备为6t的柴油打桩机。试桩位置平面图见图2-4-5。

试验按照《建筑基桩检测技术规范》有关规定进行。第一、二组试验是在两根试桩之间安装液压千斤顶相互顶推,第三组试桩则利用第二组的两根试桩作为水平推力的反力。施力作用点与地面重合,在试桩地面处和地面以上50cm处安装大量程百分表,测量各试桩在水平推力作用下地面处桩的水平位移和转角。

采用慢速维持荷载法,每级荷载维持时间为1h,第一、三组荷载增量为5kN,第二组荷载增量为8kN。

试桩在水平推力下的水平位移梯度曲线见图2-4-6。

由图2-4-6可以得到水平试桩的水平临界荷载 H_{cr} 为30kN,水平极限荷载 H_u 为67kN。

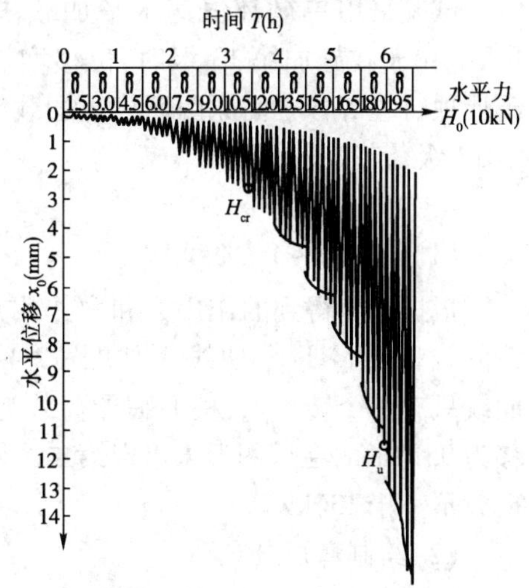

图2-4-4　$H_0 \sim \Delta X_0/\Delta H_0$ 曲线

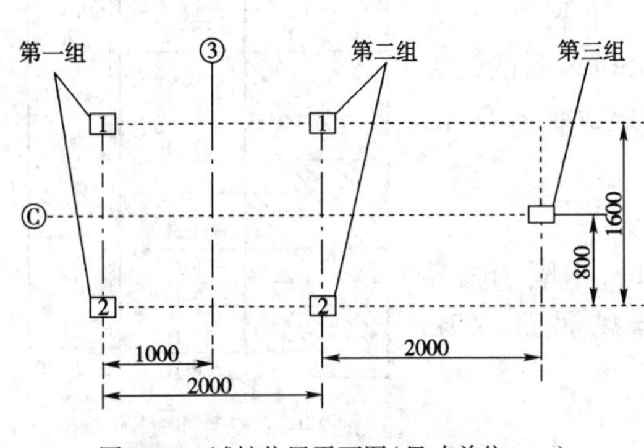

图2-4-5　试桩位置平面图(尺寸单位:mm)

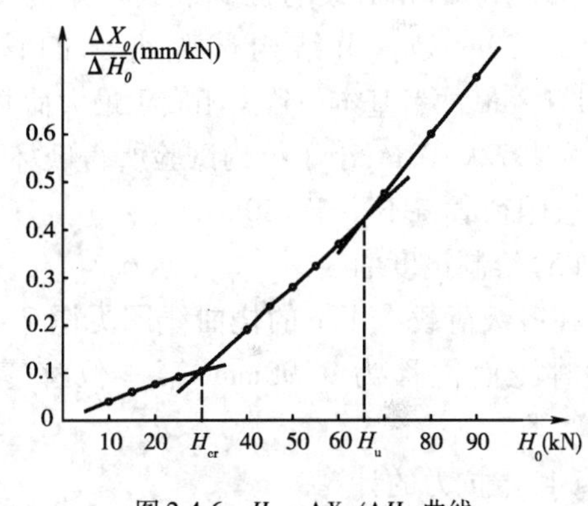

图2-4-6　$H_0 \sim \Delta X_0/\Delta H_0$ 曲线

例3　某码头桩的水平荷载试验

1. 试验目的

通过对预应力混凝土大直径管桩的水平荷载试验,求得该地区的侧向地基系数,以确定实际工程桩在水平荷载作用下的受力特性。

2. 测点布置

试桩有9节4m长、直径1.2m、壁厚为13cm的管节,用高强钢绞线按后张法拼接成36m长桩。桩身预压应力约为6MPa,混凝土等级为C60。

在整根试桩中布置了22个测试断面,每个断面对称埋设了2个应变计。接近泥面的13个测试断面间距为1m,见图2-4-7。

力作用点高程为7.84m,位移测量安排了2个测试断面,高程分别为+7.84m和+8.84m,泥面高程为-6.10m,采用40cm量程的位移计测量。

3. 试验装置及测试

试验是在海上平台进行,其反力装置是专门浇筑在一对叉桩上的一个钢筋混凝土墩,基准点由专门设置的2根60cm×60cm方桩承担。用300kN卧式油压千斤顶加载,250kN压力传感器控制施加荷载。

试验采用单循环恒速水平加载法，每级荷载加载量为10kN，由于在施加第13级时，位移增加较快，考虑位移计和千斤顶行程等各方面原因而终止加载，最终整个试验共施加了13级荷载。

4. 资料分析

(1)绘制 $H \sim Y_H$ 曲线

根据量测得到的作用力和力作用点位移绘制 $H \sim Y_H$ 关系曲线和 $\lg H \sim \lg Y_H$ 曲线分别见图2-4-8和图2-4-9。双对数曲线只有一个转折点，桩的临界荷载为90kN，对应作用点位移为95.8mm，在该图上未出现第二个转折点，所以该桩极限荷载不小于130kN。

(2)绘制弯矩分布图

由测试应变经过计算得到的桩身弯矩分布图如图2-4-10所示，相应于临界荷载的桩身最大弯矩为1338kN·m，在泥面下2.70m处。由结构试验得到的该桩开裂弯矩为1310kN·m，两者基本一致。相应于最大荷载130kN时的最大弯矩为1972kN·m，小于结构试验所得破坏弯矩2080kN·m，故此极限荷载将不小于130kN。

(3)绘制挠度曲线图

在各级荷载作用下的挠曲线图见图2-4-11，相应于临界荷载时泥面位移为9.98mm，第一位移零点离泥面约7m左右。

(4)土抗力的计算

图2-4-7　贴片布置图(单位:m)

由内插后的弯矩值求得泥面下各断面在各级荷载作用下的单位长度的土抗力 p，其分布见图2-4-12。

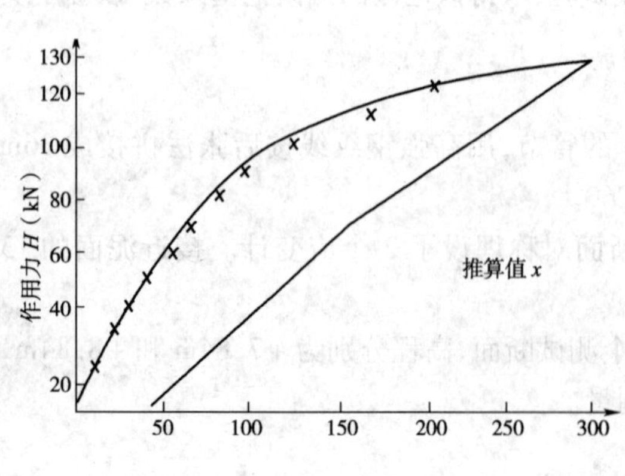

H(kN)	(1)(mm)	(2)(mm)
10	6.5	4.4
20	14.5	12.7
30	24.0	22.8
40	32.7	31.3
50	43.6	42.0
60	51.3	54.3
70	64.6	66.2
80	78.9	80.1
90	96.8	94.5
100	119.5	126.4
110	155.4	164.0
120	208.5	201.0
130	295.0	—

图2-4-8　$H \sim Y_H$ 关系曲线

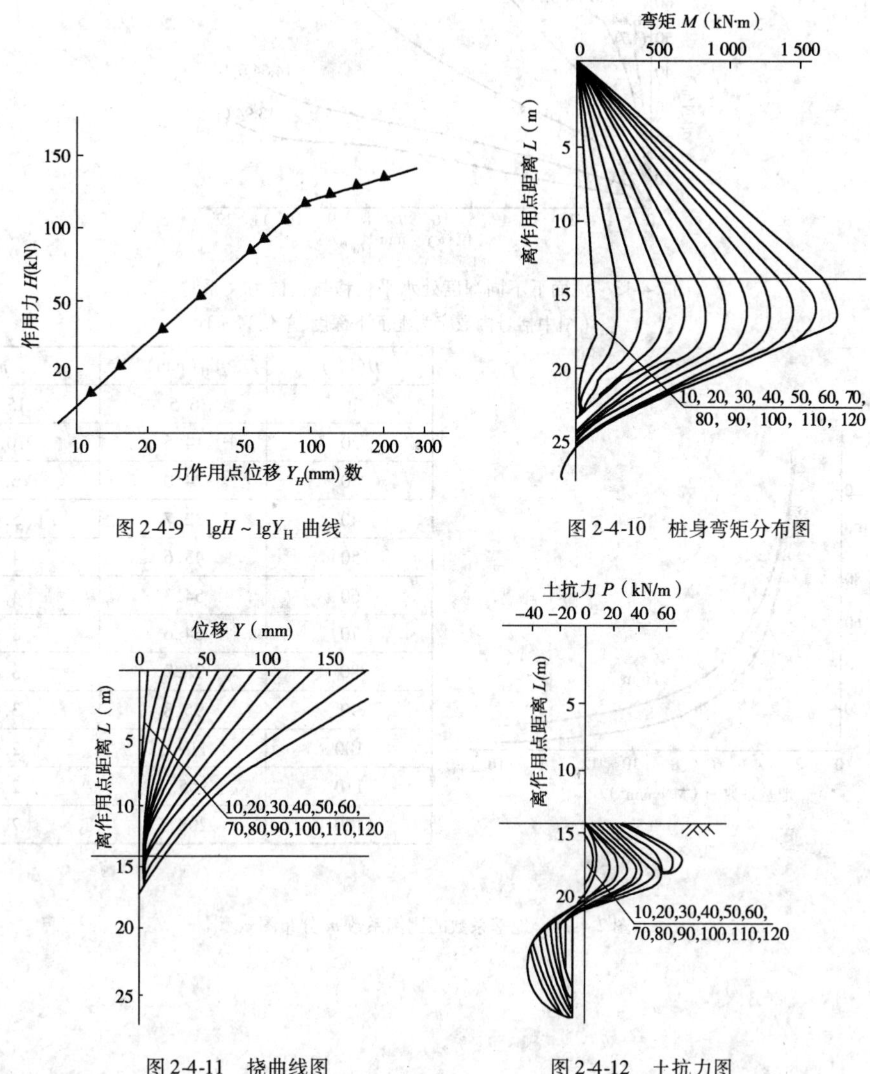

图 2-4-9　$\lg H \sim \lg Y_H$ 曲线

图 2-4-10　桩身弯矩分布图

图 2-4-11　挠曲线图

图 2-4-12　土抗力图

(5) q-y 曲线的建立

把计算得到的土抗力 p 除以桩宽得到单位面积上的土抗力 q，由挠曲线图中查得相应水平位移 y，即得到不同深度处单位面积上的土抗力和水平位移的关系曲线，即 $q \sim y$ 曲线，见图 2-4-13，该曲线簇可近似作为该表层土固有的力学性质，用它即可确定实际工程桩的受力特性。

(6) 弹性地基系数的比例系数 m 值的确定

设计要求提供弹性地基系数的比例系数 m，由实测作用点力及作用点水平位移，可得到不同荷载作用下的 m 值，m 值可根据实验结果按式(2-4-6)确定，本次实验得到的 m 值见图 2-4-14，相应于临界荷载的 m 值为 3000kN/m^4。

$$m = \frac{\left(\dfrac{H_{cr}}{x_{cr}}\right)^{5/3}}{b_0(EI)^{2/3}} \tag{2-4-6}$$

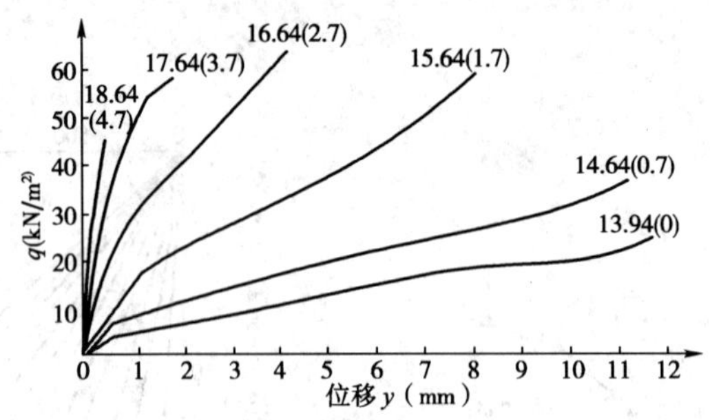

图 2-4-13　泥面下不同深度处水平位移与土抗力关系
（图中括号内数字为泥面下深度，单位为 m）

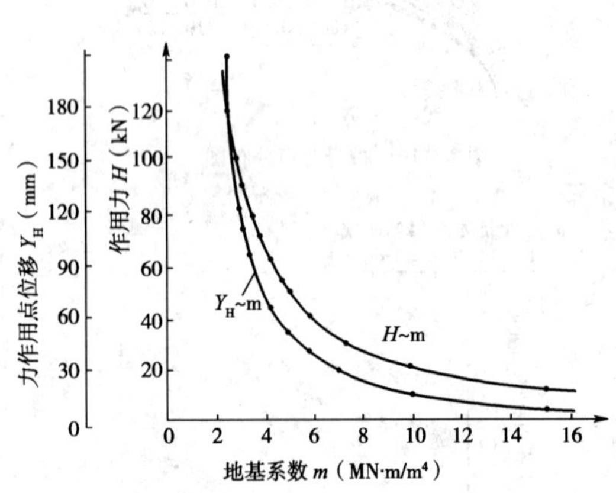

H(kN)	Y_H(mm)	m
10	6.5	15.00
20	14.5	10.00
30	24.0	6.65
40	32.7	5.60
50	43.6	4.90
60	54.3	4.15
70	64.6	3.80
80	78.9	3.45
90	95.8	3.00
100	119.5	2.68
110	155.4	2.42
120	208.5	2.34

图 2-4-14　地基系数的比例系数 m 分布图

第五章　基桩高应变检测

第一节　概　　述

高应变动测方法是20世纪60年代后发展起来的基桩试验检测方法。与传统的静载压桩试验相比,高应变测桩具有试验简便、周期短、费用相对低廉等优点,除了能检测桩的轴向抗压承载能力外,还可以检测桩身质量,进行打入桩的沉桩能力分析、打桩锤性能研究以及检测打桩过程中的桩身锤击应力等多方面内容。

高应变检测技术是从早期打桩动力公式基础上发展起来的,世界各地的打桩动力公式不下几百种,但这类公式大多是建立在牛顿质点碰撞定律的基础上,也就是假定打桩时锤击能量会立刻在撞击瞬间传到桩底。实践证明各打桩动力公式均存在很大的局限性,计算结果很不稳定,精度变化大,根本原因是打桩过程不是能用牛顿质点碰撞定律直接求解的简单撞击问题,锤击能量是以纵波形式在桩内传递的,从而建立了桩基应力波理论。

20世纪60年代,美国的A. L. Smith首先提出了锤—桩—土系统的离散单元模型及相应的波动方程数值解,这是应力波理论在桩基工程中应用最早的一种解析方法。该模型将锤、桩帽和桩离散成若干单元,单元之间用假想的弹簧连接,单元块体代表单元重量,弹簧代表单元刚度;土阻力被分配到相应的桩单元上,并用带摩擦键的弹簧和阻尼器表示(图2-5-1)。

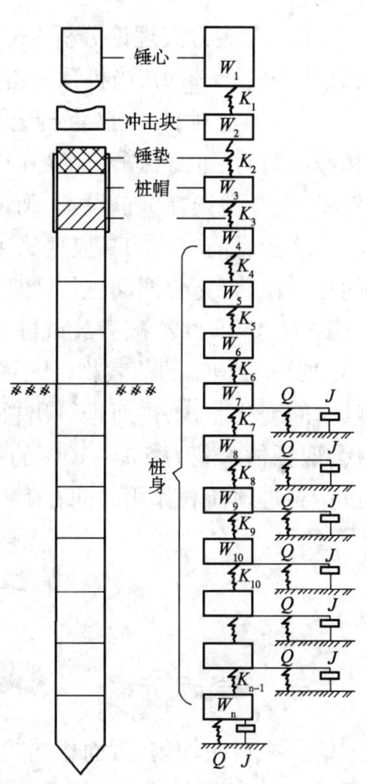

图2-5-1　Smith离散单元模型

Smith波动方程的大致计算步骤如下:首先根据打桩时锤的落高和效率计算锤的冲击能量,再由垫层、桩、土等一系列参数计算出桩身各截面的应力、速度、位移及桩打入时的静土阻力等数据,从而评价特定条件下桩的承载能力、桩身应力和沉桩可能性。在Smith波动方程的基础上,世界上许多国家都开展了应力波理论在桩基工程中的应用研究,并编制了相应的波动方程计算程序,如早期美国的TTI程序、WEAP程序等。我国从20世纪70年代起也开展了此项研究,由南京工学院和渤海石油设计院共同编制的BF81程序、三航局科研所的SKBF程序等都在桩基工程中发挥了一定作用。

美国Goble等人在波动方程的基础上首先研制出了便于现场检测的打桩分析仪及相应计算分析软件,这是通过实测桩顶应变和加速度时域波形,对桩的承载力、桩身质量、传至桩身的锤击能量等作实时分析。在此基础上Goble等人又将桩模型由早期离散单元模型改进为连续模型，采用波动方程程序（即 CAPWAPC 拟合程序）对桩的承载力、桩周土阻力、桩身缺陷等进行拟合分析。由于打桩分析仪检测的是桩顶附近的锤击力和速度信号，避免了早期 Smith 波动方程分析中对锤和垫层模拟带来的误差，从而提高了桩的承载力计算结果的精度，这一方法受到世界各国欢迎，使打桩分析仪测试及分析技术在短时间内得到了迅猛发展。

我国的首台打桩分析仪是由甘肃省建筑科学研究所与上海铁道大学联合研制成功的，随着建筑工程发展的需要，我国在 20 世纪 80 年代中期到 90 年代的十多年时间，无论是桩基动测理论研究、检测仪器的研制以及在工程应用方面都取得了很大进步，我国的桩基动测已居世界前列。为规范桩基动测技术，我国在建筑、水运、公路、铁路等行业都制定了相应的桩基动测规范或规程。

高应变桩基检测具有以下一些功能：

（1）从实测波形分析中可以得到桩身结构完整性资料，判别桩身缺陷性质、类别并确定缺损位置。

（2）在应力波理论分析的基础上，可以得到桩的轴向抗压承载力（地基土对桩的支承力）和桩侧分层摩阻力，当桩顶冲击力足够大时，可以得到桩的轴向抗压极限承载力。

（3）通过对打入桩（混凝土预制桩、钢桩等）打桩过程监测，可以得出桩打入时的动土阻力和静土阻力、桩身锤击应力（压应力和拉应力）、传到桩身的锤击能量，进而可以分析打桩锤的效率，为合理选择沉桩设备、确定桩型和持力层提供依据。

我国目前应用的高应变法主要指波动方程法，通过重锤冲击桩顶，使桩、土之间产生足够的相对位移，充分调动桩周土阻力。国外在波动方程的基础上又开发了一种称作“动静法”（STATNAMIC）或“准静载试桩法”的方法，是在试验桩的桩顶堆载相当于预估单桩极限承载力的 5% ~10% 的荷载物，然后引爆置于桩顶和重物之间的爆炸装置，同时检测桩顶力和位移随时间变化曲线，进而推算出桩顶力—位移曲线，得到桩的承载力。该方法也可以用重锤替代，取预估承载力 5% ~10% 的重锤直接冲击桩顶，在重锤低击和垫层的共同作用下，同样可以达到桩顶荷载作用时间在 100 ~200ms 左右的目的。

第二节　应力波在桩身的传递

一、一维波动方程

一根材质均匀、截面相同的弹性杆，长度为 L、截面积为 A、弹性模量 E、质量密度为 ρ，在距杆端 x 处有一长度 $\mathrm{d}x$ 的单元（图 2-5-2）。在轴向力 F 作用下，将沿杆的轴向产生位移 $u(x,t)$、质点运动速度 $V\left(V=V\frac{\partial u}{\partial t}\right)$ 和应变 $\varepsilon\left(\varepsilon=\frac{\partial u}{\partial x}\right)$，$x+\mathrm{d}x$ 处的位移为 $u+\frac{\partial u}{\partial x}\mathrm{d}x$。

根据虎克定律：

$$\sigma = E \cdot \varepsilon = E \cdot \frac{\partial u}{\partial x} \tag{2-5-1}$$

由（2-5-1）式可得：

$$\frac{\partial u}{\partial x} = \frac{\sigma}{E} = \frac{F}{A \cdot E} \tag{2-5-2}$$

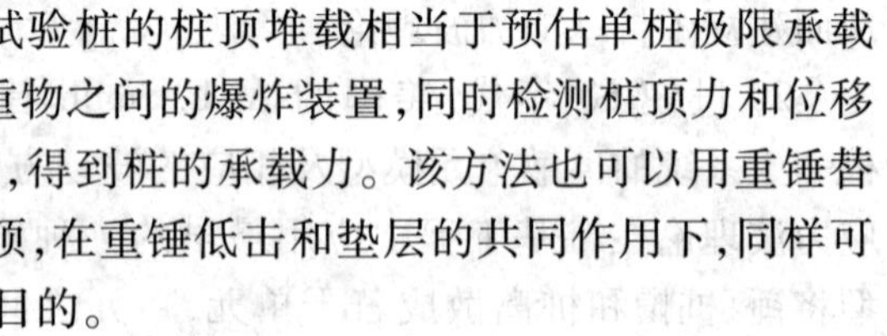

图 2-5-2　杆件单元轴向位移

式中 σ 为杆件截面应力，ε 为应变。对(2-5-2)式两边微分后得到：

$$AE \cdot \frac{\partial^2 u}{\partial x^2} = \frac{\partial F}{\partial x} \tag{2-5-3}$$

利用牛顿定律，列出单元惯性力方程

$$\frac{\partial F}{\partial x}\mathrm{d}x = \rho \cdot A\mathrm{d}x \frac{\partial^2 u}{\partial t^2} \tag{2-5-4}$$

由式(2-5-3)、(2-5-4)得到：

$$\frac{\partial^2 u}{\partial t^2} = \frac{E}{\rho} \cdot \frac{\partial^2 u}{\partial x^2} \tag{2-5-5}$$

设 $c = \sqrt{\frac{E}{\rho}}$，则得到下列方程：

$$\frac{\partial^2 u}{\partial x^2} = \frac{1}{c^2}\frac{\partial^2 u}{\partial t^2} \tag{2-5-6}$$

方程(2-5-6)即一维波动方程，c 是纵向波在杆内的传递速度。

二、应力波在桩身的传播

桩顶受到一次锤击时，首先在桩顶产生一压缩应力波，并以波速 c 按纵波形式沿桩身向下传播，在传播过程中受桩侧土阻力和桩身阻尼的影响，应力波逐渐衰减，如果桩周的土阻力大，往下传播的压应力波衰减也大。当应力波传到桩底后，又会产生往回传的反射波，反射波性质由桩底土的性质决定：若桩底为固端，则传到桩底的压应力波将全部以压力波形式往回反射；若桩底为自由端，即桩端阻力为零时，传到桩底的压力波全部以拉力波的形式往回反射(图 2-5-3)。一般的桩基工程中很少遇到上面两种极端情况，大部分打入桩的桩端是处在粘土、砂土或强风化岩中，传到桩端压应力波在抵消桩端阻力后，剩余部分以拉力波形式反射回去。桩的端阻力愈小，往回反射的拉应力就愈大。

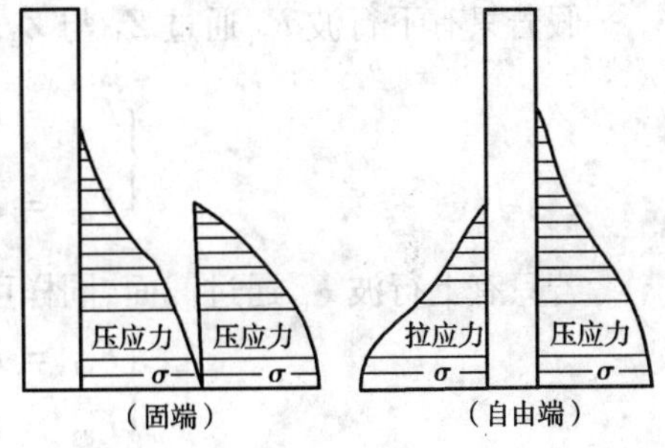

图 2-5-3　不同桩底土层反射波

图 2-5-4 是一根长 45m、截面尺寸 450mm × 450mm 的预制混凝土方桩打桩时实测的锤击应力波在桩身传递过程，这是通过在桩身不同截面埋设的电阻应变计测得的结果。图中曲线编号代表波形出现的先后次序。由图可见，在锤刚接触桩顶时，桩顶附近产生的锤击压应力峰值最大(波形①)；随着时间推移，应力波沿着桩身往下传递，至波形⑤时，锤击压应力波的峰值已接近桩端，之后部分以拉力波形式往回反射。图中波形①至波形⑤两峰值之间的距离约 40m，传递时间 10.5ms，由此可以推算出锤击应力波在该桩的传递速度约 3800m/s。

当桩身的截面面积或材质在某位置发生变化时，传到该截面处的应力波也会发生反射和透射。设 Z 为桩的声阻抗，且 $Z = A \cdot E/C$，A 代表桩身截面积，E 是桩身弹性模量，C 是应力波在桩身的传递速度，Z 是 A、E 和 C 的函数。图 2-5-5 表示由阻抗 Z_1 变化到阻抗 Z_2 时波的反射情况，图中的 F_{d1} 和 V_{d1} 分别表示由阻抗 Z_1 的桩段传下来的入射力波和速度波；F_{u1} 和 V_{u1} 分别表示 Z_1 与 Z_2 突变处产生的反射力波和速度波；F_{d2} 和 V_{d2} 表示透射波。由平衡条件可以得到：

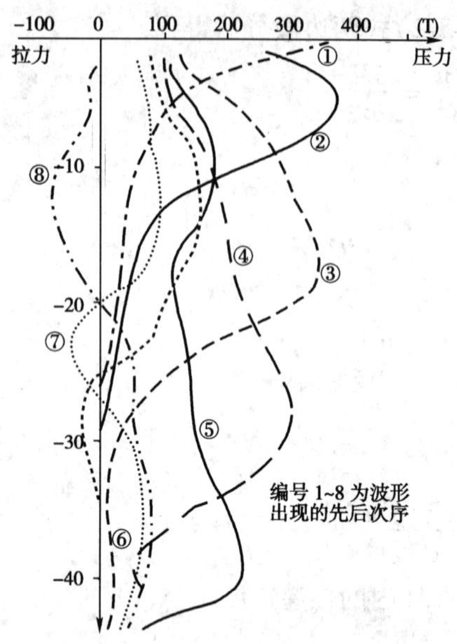

图 2-5-4　锤击应力波沿桩身的传递

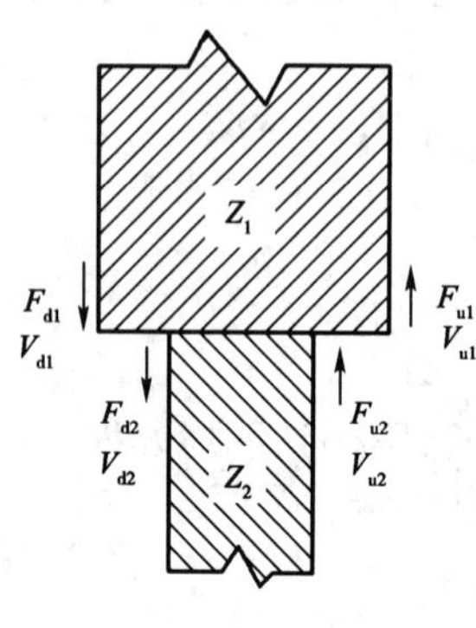

图 2-5-5　阻抗变化处的波形发射

$$\begin{cases} F_{d1} + F_{u1} = F_{d2} + F_{u2} \\ V_{d1} + V_{u1} = V_{d2} + V_{u2} \end{cases} \tag{2-5-7}$$

假若只有下行波 F_{d1} 通过 Z_1 与 Z_2 的交界面，由式(2-5-7)可得：

$$\begin{cases} F_{u1} = F_{d1}(Z_2 - Z_1)/(Z_2 + Z_1) \\ F_{d2} = F_{d1}[2Z_2/(Z_2 + Z_1)] \end{cases} \tag{2-5-8}$$

若只有上行波 F_{u2} 通过截面，同样可得到：

$$\begin{cases} F_{u1} = F_{u2}[2Z_2/(Z_2 + Z_1)] \\ F_{d2} = F_{u2}(Z_1 - Z_2)/(Z_2 + Z_1) \end{cases} \tag{2-5-9}$$

式(2-5-8)与式(2-5-9)表示，当下行波与上行波通过阻抗变化的截面时，都会分解成反射波和透射波两部分，透射波的性质（压力波或者拉力波）与入射波相同，幅值为原入射波的 $2Z_2/(Z_2+Z_1)$ 倍；反射波的符号由 Z_2-Z_1 决定，幅值为原入射波的 $|(Z_2-Z_1)/Z_2+Z_1|$ 倍。若入射波由大阻抗进入小阻抗（如桩的缩颈等），反射法的符号与入射波相反，如果入射波为下行压力波，则反射波是上行拉力波；透射波的幅值比原入射波要小。当入射波由小阻抗进入大阻抗时（如桩的扩径），反射波与入射波符号相同，若入射波为下行压力波，则反射波为上行压力波；透射波的幅值比原入射波要大。

第三节　高应变检测仪器设备

高应变试验设备主要包括锤击设备、传感器和接收仪器 3 个部分。

一、锤击设备

冲击锤选择是否合适，直接影响到高应变的测试结果。高应变检测用的冲击锤大致有两种:一是借用打桩工程中的柴油锤、液压锤或蒸汽锤,另一种是检测专用的自由落锤,前一种锤有良好的导向装置和垫层,锤击时不易出现大的偏心,测出的波形较好。常遇到的问题是桩在打入土中休止一段时间后,由于土阻力恢复,承载能力增大,原施工用的锤不足以使桩达到高应变检测所需的贯入度,得不出桩的极限承载力,解决办法是增大落锤高度或调换更大的锤。

另一种冲击锤是自由落锤。目前检测单位使用的自落锤形式很多,有整体铸造的,有铸成2~3块拼装起来的,也有用2~3cm厚钢板分片串装组成的。整体铸造的锤只要锤底平整、形状对称、有一定的重量和高宽比(高宽比不得小于1),一般能得出理想的波形。如果用2~3块铸钢块组合,要求各块形状及截面大小一致,接触面平整,组装连接紧凑,也能达到整体锤的效果。

用钢板分片串装的锤,在使用几次后钢板会变形,串装后钢板与钢板之间会有一定的间歇,由这类锤得出的波形信息很差,对分析计算桩的承载力不利。

锤重的选取对于高应变检测至关重要。国内各规范对自由落锤的重量要求讲法不一。如"港口工程桩基动力检测规程"(JTJ 249—2001)要求自落锤重量不小于预估单桩承载力的1%,"建筑基桩检测技术规范"(JGJ 106—2003)则要求锤重大于预估单桩极限承载力的1%~1.5%,并规定桩长大于30m或桩径大于60cm时取高值。总的来说,若是检测单桩极限承载力,选用的锤必须将桩"打动",使得桩侧和桩端的土阻力得以充分发挥。各规范中所规定的锤重都是下限值,对长桩和大直径桩应加大锤重,重锤低击一般能得到较理想的结果。

高应变检测的落锤高度也不宜太高,因为过大的落锤高度会使桩产生脉冲窄且峰值高的锤击应力波,容易导致混凝土桩损坏。一般认为自由落锤的高度不宜大于2.5m。

自由落锤应设置自动脱勾装置和导向装置,试验时锤的纵轴线应与桩的纵轴线一致,锤应平稳下落,避免出现过大的偏心锤击。

二、传感器选择

传感器的优劣是高应变检测中重要一环,应慎重选择。目前高应变检测中采用的传感器大多为工具式环形应变传感器和压电晶体式(或压阻式)加速度传感器。

工具式环形应变传感器如图2-5-6,由铝合金材料制成,中间的环形框架内壁贴有四片电阻应变片,连成一个桥路。此应变计抗干扰能力强,频响特性较好,易于安装,已被广泛应用于高应变检测。但环式传感器自身很脆弱,稍不注意,就会绝缘降低或变形,在保存和使用过程中应特别当心。

高应变检测中使用的加速度传感器大多为压电晶体式或压阻式,传感器供应商已将传感器头子预先安装在一个刚性较大、绝缘较好、且有安装螺栓孔的保护盒内。检测人员应根据不同的桩型选择不同规格的加速度传感器:混凝土桩宜选择1000~2000g范围的传感器,钢桩宜选择3000~5000g的传感器。加速度传感器安装后,在2~3000Hz范围内灵敏度降低值不应大于5%,冲击加速度在1000g范围内的幅值非线性允许误差应为5%。

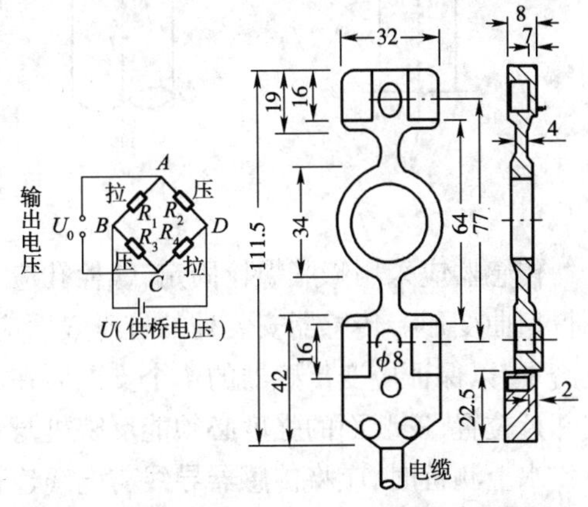

图2-5-6　工具式应变传感器

三、检测仪器

我国在用的打桩分析仪品种很多，进口仪器以美国的 PDA 型、PAK 型打桩分析仪和荷兰的 TNO 基桩测试仪为代表；国产仪器主要有 RS 系列、FEI 系列、RSM 系列等基桩动测仪。上述仪器各有特点，但基本原理和主要功能大致相同，都具有 CASE 法实时分析功能和曲线拟合软件。部分高应变检测仪器已具有无线传输功能，可在距现场一定范围内接收检测信号。

四、传感器安装

传感器安装好坏直接影响到测试的精度甚至关系到试验的成败。按目前规定，高应变是要检测锤击时桩顶处的锤击力和质点运动速度，锤击力是有由桩身实测应变换算得出的，质点运动速度是通过实测加速度积分得出。（目前在我国也有通过实测锤体加速度转换成桩顶冲击力，但必须使用整体铸造的且具有一定高径比的锤，才能视锤为一刚体。

为减少偏心锤击对实测数据的影响，传感器应成对且对称于桩轴线安装，每根桩各安装 2 只应变传感器和 2 只加速度传感器，4 只传感器应处在同一截面，且与桩顶相距不小于 2 倍桩径或边长，大直径桩可适当少些，但不得小于一倍桩径。不同桩型的传感器安装见图 2-5-7。

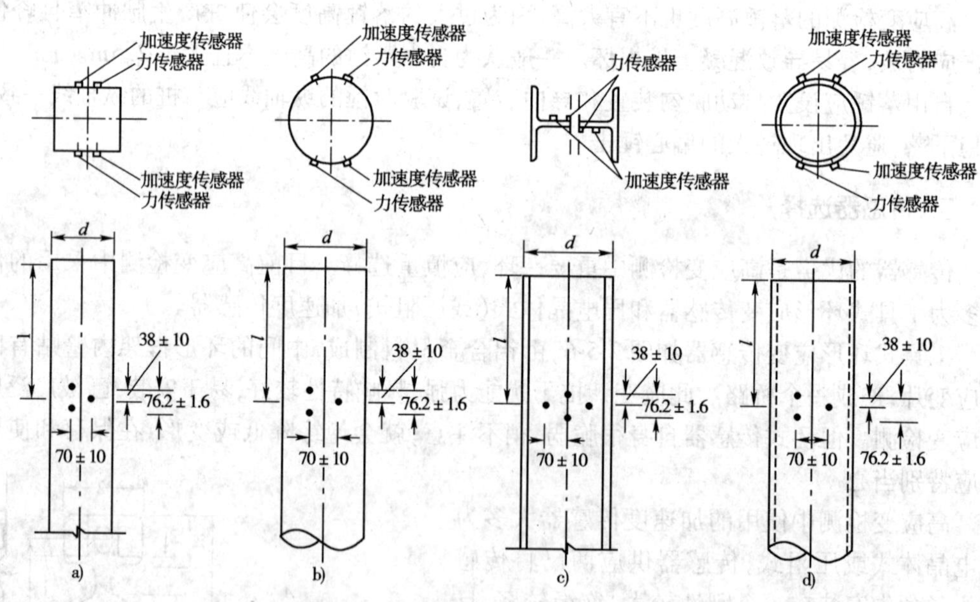

图 2-5-7　传感器安装示意图

传感器应采用膨胀螺栓固定，螺栓孔应与桩纵轴线垂直，安装后的传感器应紧贴桩身，且不得扭曲变形。传感器安装处的桩身表面应平整。如果是钻孔灌注桩，则须将传感器安装部位磨平，以保证应变传感器的 4 个支点同在一个平面。传感器不能安装在桩身截面突变部位或邻近位置，安装面的强度必须能反映桩身强度。

水上测桩时，应将传感器导线与电缆连接的插头固定在桩身，防止打桩振动损坏传感器的引出导线；要防止导线接头处或传感器进水。

第四节　现场检测及波形判别

一、现场检测

正式试验前须仔细检查仪器,并正确设定以下参数:

(1)力传感器和加速度传感器应采用由国家法定计量单位出具的标定系数,这些参数须在标定的有效期内。

(2)桩身截面积应采用传感器安装截面处的实测值,桩长应取传感器安装截面至桩端的距离。

(3)桩材重度按以下设定:

钢桩—78.5kN/m^3

混凝土预制桩—24.5 ~25.5kN/m^3

混凝土灌注桩—24.0kN/m^3;

(4)桩身应力波波速在检测前可按经验设定,但计算分析时应按实测波速进行调整(波速测定见本章第五节)。

(5)检测前预设的桩身材料弹性模量可采用规范值或经验值,但计算分析时应按公式 $E=\rho\cdot c^2$ 计算得出的弹性模量值,式中 ρ 为桩身材料密度,c 为实测的应力波波速;

(6)仪器采样时间间隔可按实际桩长估算后确定,必须满足曲线拟合所需的最小时间长度和力曲线回零的条件。例如对长度在 50m 之内的桩,采样时间间隔可设定为 100ms;对长度大于 50m 的桩,采样时间段宜设定为 200ms。信号采样点数不宜少于 1024 点。

检测混凝土桩时,应在桩顶处设置桩垫。桩垫宜采用木板、纤维板、纸板或胶合板等均质材料,也可以根据经验选用其他材料。

若冲击锤为自由落锤,应使锤的中心轴与桩的中轴线处在同一直线上。偏心锤击不仅容易损坏桩,且测出的曲线往往不符合要求,如两侧的力信号峰值相差过大,或力信号与速度信号不协调。

检测桩的极限承载力时,同一根桩不宜过多锤击,只要桩周土阻力能充分发挥就可以了,反复多次锤击会引起桩侧土阻力降低,这在粘性土中尤为重要。一般做法是第一锤时落锤高度稍低,根据第一锤测出的波形及冲击力,再决定下一锤的落高。每一锤击的桩身贯入度应采用精密水准仪等精密仪器测定,并使贯入度实测波形一一对应,实测贯入度与高应变是判别曲线拟合质量的重要依据之一。

不宜采用加速度二次积分结果去替代实测贯入度,因为二次积分后会带来很大的误差。

检测过程中要及时对采集的波形进行监视和记录,发现波形有异常时应立即停止锤击并分析原因,待纠正后再继续试验。

二、波形判别

高应变实测波形的优劣直接影响到桩承载力计算结果。为此首先要对实测波形进行筛选,选取好的波形作为计算分析的依据。理想的实测波形应该符合下列条件:

(1)四个通道的测试数据齐全,即 2 个加速度传感器和 2 个应变传感器都有可靠信号,且曲线中无高频振荡信号。

(2)桩身两侧2只力传感器测得的力信号幅值应相差不大。两侧力信号相差大可能有以下原因:传感器自身质量问题或安装不当、严重偏心锤击以及传感器安装处的桩身质量存在问题。

(3)力时程曲线最终应回零,如采样时间不够或混凝土桩顶开裂、严重塑性变形等都会引起力曲线不回零。

(4)力时程曲线与速度和阻抗乘积的时程曲线在第一峰值前的起始段应重合,第一峰值出现在同一时刻且幅值相差不大,由于桩侧土阻力作用,第一峰值后从土阻力作用开始至$2L/C$时段内两曲线逐渐分离,侧摩阻力引起的波会降低桩身质点运动速度,从而使$F \sim t$曲线在上,$V \cdot Z \sim t$曲线在下。曲线形状特征与桩周土的特性相对应,摩阻力愈大,两曲线分开也大,从两曲线拉开的距离和规律大致可以判断桩侧阻力的变化规律。

(5)实测波形的特征应与桩、土的实际情况相符。如混凝土桩的接桩部位、桩身截面突变部位、桩身缺损部位以及土层变化部位等均会引起波形变化。

(6)应有较明显的桩端反射波。当需要检测桩的极限承载力时,单击贯入度宜在2~6mm范围。若桩未打动,贯入度接近零时,表明锤击能量不足,桩周土阻力未能得到充分发挥;贯入度太大又会使桩、土之间的实际状况与计算模型不符。

图2-5-8a)波形中的$F \sim t$波与$V \cdot Z \sim t$波在起始段不重合,$F \sim t$波出现高频振荡且尾部未回零,经查是其中一只力传感器固定螺栓松动引起的,该波形不能用。

图2-5-8b)中曲线虽无高频振荡,力曲线也基本回零,但力与速度和阻抗乘积的峰值相差过大,且起始段也不重合,属于异常波形。出现这种现象的原因可能是锤击时桩顶混凝土已开裂或有严重的塑性变形。

图2-5-8c)波形起始段正常,两峰值基本重合,有明显的桩端反射($2L/c$处),该桩是一根打在海洋中的ϕ500mm钢管桩,桩端进入极密实的粗砂层,波形中在$2L/c$前有一段力曲线上升、速度曲线下降,这是桩端进入密实砂层的反射结果。该波形的缺点是采样时间过短(44ms),力曲线最终未回零,对计算承载力有一定影响。

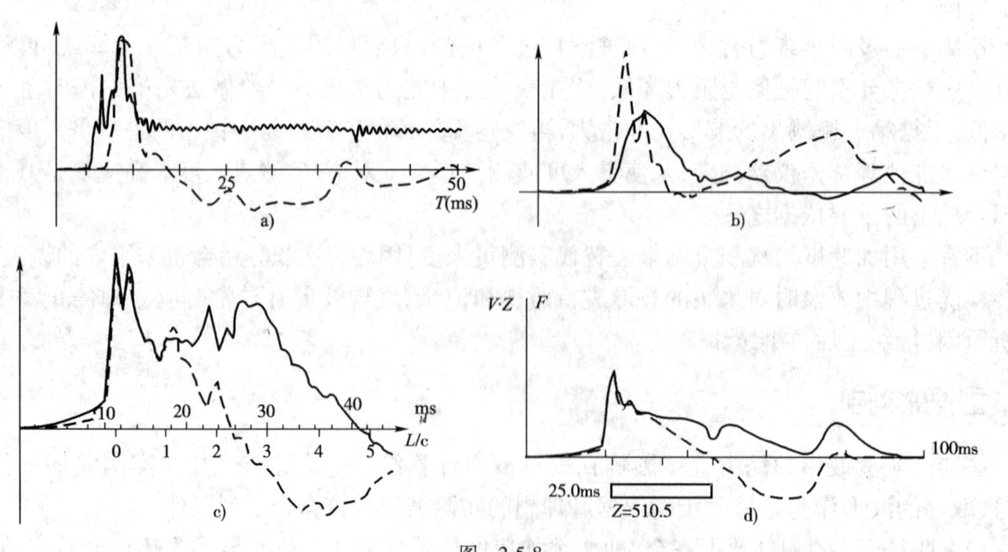

图　2-5-8

图 2-5-8d)是一较理想的实测波形,有较明显的桩端反射波,曲线特征反映出该桩为一根摩擦型桩。

用高应变法检测桩的承载能力以及判别桩身质量,都是依据实测波形,因此波形采集的质量是高应变判别的关键,各有关规范也都提出了高应变实测波形的标准,如《港口工程桩基动力检测规程》规定了下列情况的波形不能作为分析计算的依据;

(1)力时程曲线最终未归零。

(2)锤击严重偏心,一侧力信号呈现受拉状态。

(3)传感器出现故障。

(4)测点处桩身混凝土开裂或者明显变形。

(5)其他的信号异常情况。

第五节 CASE 法判定桩承载力

CASE 法是美国凯司技术学院 Goble 等人在 20 世纪 70 年代提出的一种桩的动测及计算分析方法,该方法以一维波动方程为基础,推导出一套简洁的分析计算公式,能利用打桩分析仪在现场实测到的桩顶应变和加速度,计算出桩打入时的土阻力、桩身锤击应力、传递到桩身的实际锤击能量和桩身质量等参数,是国际土力学与基础工程学会(ISSMFE)推荐的基桩承载力试验方法之一。但 CASE 法在推导过程中作了许多简化和假定,而这些假定往往与实际有一定差别,这使 CASE 法的计算精度受到一定影响。尽管如此,该方法的现场快速分析能力还是受到工程界的欢迎。

一、CASE 法的基本原理及计算公式

CASE 法假定桩是一匀质杆件,根据应力波传播理论,桩顶受锤击时应满足一维波动方程,见式(2-5-6)。在对方程(2-5-6)推导的基础上,得到等截面桩锤击贯入时的总土阻力计算公式:

$$R_T = \frac{1}{2}\left[F(t_1) + F\left(t_1 + \frac{2L}{c}\right)\right] + \frac{Z}{2}\left[V(t_1) - V\left(t_1 + \frac{2L}{c}\right)\right] \tag{2-5-10}$$

式中 R_T 表示桩在一次锤击时所发挥的总土阻力;$F(t_1)$和 $V(t_1)$分别表示时刻 t_1 传到桩顶附近的锤击力和桩身质点运动速度。t_1 为速度第一峰值对应的时刻;Z 为桩身材料阻抗;L 是传感器安装截面至桩端的距离,c 是应力波在桩身的传播速度,A 为桩身截面面积。

总土阻力 R_T 包括静土阻力 R_s(取决于位移的阻力)和土的动阻尼力 R_d(取决于速度的阻力)两个部分:

$$R_T = R_s + R_d \tag{2-5-11}$$

在 CASE 法中,假定土的动阻尼力集中在桩端,并与桩端处质点运动速度成正比:

$$R_d = J_c \cdot Z \cdot V_b \tag{2-5-12}$$

V_b 为桩底处质点运动速度,可由下式求得:

$$V_b = V(t_1) + [F(t_1) - R_T]/Z \tag{2-5-13}$$

由(5-12)和(5-13)两式可得：

$$R_d = J_c[F(t_1) + Z \cdot V(t_1) - R_T] \tag{2-5-14}$$

从总土阻力 R_T 中减去由速度产生的动阻尼力 R_d 后，即可得出桩在一次锤击时的静土阻力：

$$\begin{aligned} R_s &= R_T - J_c \cdot [F(t_1) + Z \cdot V(t_1) - R_T] \\ &= \frac{1}{2}(1 - J_c) \cdot [F(t_1) + Z \cdot V(t_1)] \\ &+ \frac{1}{2}(1 + J_c)[F(t_1 + 2L/c) - Z \cdot V(t_1 + 2L/c)] \end{aligned} \tag{2-5-15}$$

J_c 称为 CASE 阻尼系数，这是一个无量纲系数，其值与桩端处土的颗粒大小有关，土的颗粒越细，相应的 J_c 值就大，J_c 值宜通过下列二种途径确定：

(1)对同一根桩或者同一工程中边界条件相同(指桩型尺寸、成桩工艺、地质条件、休止时间等)的桩进行动、静对比试验，用静载试验得出的单桩极限承载力代入公式(2-5-15)中的 R_s，再由动测得出 $F(t_1)$、$F(t_1+2L/c)$、$V(t_1)$、$V(t_1+2L/c)$ 及 $Z=A \cdot E/c$ 后，可求出 J_c 值，然后将该 J_c 值用到同一工程边界条件相同的其余动测桩的计算中去。由动、静对比方法求出的 J_c 值可靠性较高。

(2)当工程不具备上述动、静对比试验条件时，也可以通过同一工程中相同边界条件下桩的实测曲线拟合，得出一批桩的 J_c 平均值。曲线拟合的桩数不应少于同一工程相同边界条件下动测桩总数的30%，且不得少于3根，这是为了保证 J_c 值的代表性。

表2-5-1是根据一定数量桩的动静对比试验，由波动方程分析得出各类土的CASE阻尼系数值。由于桩型、施工工艺的差异，相同土层中得到的 J_c 值也不完全相同，如同一根桩在初打结束时和复打时一般应取不同的 J_c 值。表2-5-1中的系数仅供参考。实际工程中应尽量采用动静对比试验或者曲线拟合法推算 J_c 值。

CASE 阻尼系数经验值　　表2-5-1

桩端土	砂土	粉砂	砂质粉土、粘质粉土	粉质粘土、粘土
J_c 值	0.10~0.20	0.20~0.30	0.30~0.50	0.40~1.00

公式(2-5-15)适用于在 t_1+2L/c 时刻桩侧和桩端土阻力已得到充分发挥的桩，此时的 R_s 即为桩的极限承载力。

波速 c 的大小直接影响到计算的力和速度值，对动测计算结果影响很大。从实测桩身弹性模量计算公式 $E=\rho \cdot c^2$ 也可以看出，E 和 c^2 成正比。而桩身力 $F=A \cdot E \cdot \varepsilon$，也就是由实测应变推算的力大小与 c^2 成正比。例如波速 c 增加10%，力就要增加21%，因此准确的确定波速就成为计算桩身力和承载力的关键，无论是CASE法还是后面介绍的曲线拟合法都是一样。根据实测波形确定 c 值的方法有以下几种：

(1)当有明显的桩端反射波时，可通过下行波起升沿的起点到上行波下降沿起点之间的时间差和已知桩长确定(图2-5-9)。设桩长为 L，桩顶到传感器之间的距离为 L_0，时间差为 t，则该桩的平均波速为：

$$c = 2(L - L_0)/t \tag{2-5-16}$$

(2)当有明显桩端反射波时，也可以通过速度波起升沿的起点到桩端反射波起点的时间差，或者是速度波第一峰值到反射波峰值之间的时间差确定（图 2-5-10）：

$$c = 2(L - L_0)/(t_2 - t_1) \tag{2-5-17}$$

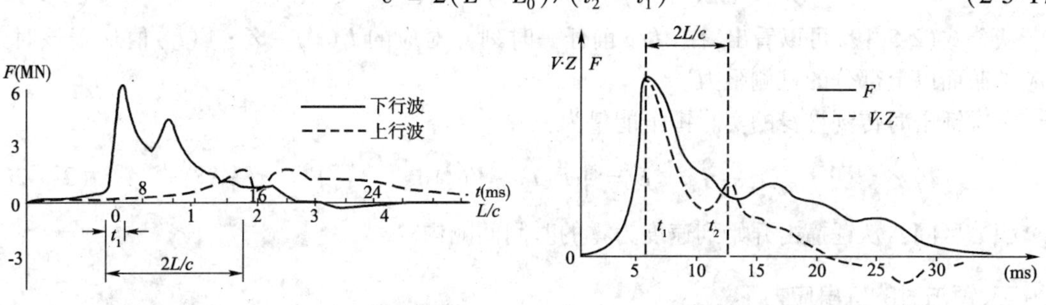

图 2-5-9　按上、下行波确定波速　　　图 2-5-10　按峰—峰确定波速

若桩端反射波不明显时，可采用同一种工程中相同条件下（即成桩工艺、桩身材质，桩长等）桩的实测波速代替。

上述确定波速的几种方法中，按上、行波方法确定的波速精度较高，第 2 种方法次之，第 3 种方法在预制打入桩上还可以，因预制桩的桩长确定，且桩身材质离散性小，不同的桩之间波速离散性也小。但在混凝土灌注桩中要尽量避免采用第 3 种方法。

还需要补充说明的是，不能用低应变或超声波法检测得出的波速去替代高应变实测值，因为低应变和超声波测出的波速都比高应变测出的波速要大。

在有些时候，桩侧和桩端的土阻力在 $t_1 \sim t_1 + 2L/c$ 时间段内未能充分发挥，此时若仍用公式（2-5-15）计算极限承载力，结果可能会偏低，这种场合宜采用 CASE 法的最大阻力修正法（RMX 法），固定 $2L/c$，适当延时 t_1，求出该延长时间段内 R_s 最大值（图 2-5-11）。这一方法适用于端承型桩和大直径扩底桩，因为这类桩的承载力充分发挥需要较大的桩端位移。

当长度较大而断面较小的桩受到锤击时，由于桩自身回弹量大，会出现桩底反射波在未到达桩顶前，桩顶附近的速度已变成零甚至负值（图 2-5-12），这时桩的侧壁摩阻力会出现所谓的卸载现象，此时 CASE 法计算得出的承载力较实际数值低。由图可见，在时刻 t_1 速度和力波已达到峰值，至时刻 t_2 时速度已下降到零。令 $t_3 = t_1 + 2L/c$，同时设 $t_u = t_3 - t_2$，显然有 $c \cdot t_u/2$ 一段桩身侧阻力发生卸载。Goble 建议用以下方法进行补偿：从 t_1 时刻增加 t_u 至 t_4，使 $t_4 = t_1 + t_u$，同时设 $UN = [F(t_1) - Z \cdot V(t_1)]/2$，得出的如下补偿公式：

$$R'_s = R_s + (1 + J_c) \cdot 2UN \tag{2-5-18}$$

式中 R_s 和 J_c 的意义同前。

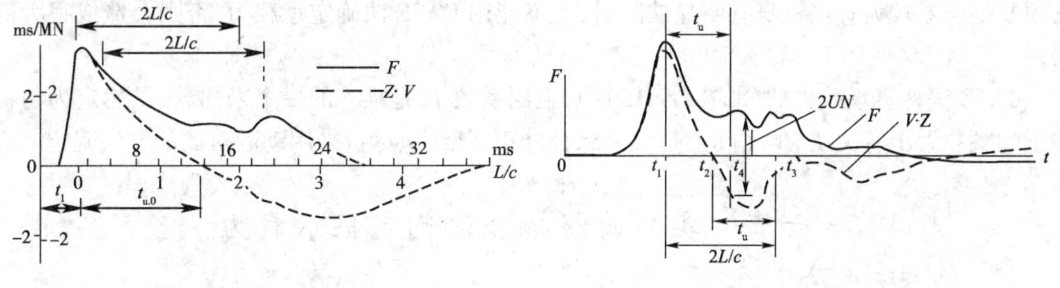

图 2-5-11　最大阻力修正法　　　图 2-5-12　卸载补偿

最大阻力修正法和卸载补偿都是比较粗略的方法，在有了实例曲线拟合法后，这 2 种方法就很少应用了。

桩顶受到锤击时产生的桩侧土阻力由下式求出：

$$Q_T = \max[F(t) - Z \cdot V(t)] \quad (0 < t \leqslant 2L/c) \tag{2-5-19}$$

从公式(2-5-19)可以看出，在 $2L/c$ 前任一时刻 t_i 对应的 $F(t_i) - Z \cdot V(t_i)$ 值代表该时刻对应桩截面以上部分的桩侧阻力。

一次锤击时传到桩身的实际锤击能量为：

$$E = \int_{\Delta} F(t) \cdot V(t) \mathrm{d}t \tag{2-5-20}$$

积分区间△从锤撞击开始到速度为零的时间间隔内。

二、锤击时的桩身应力

桩身锤击应力包括桩身锤击压应力和桩身锤击拉应力。在一般情况下，桩身最大锤击压应力就等于桩顶附近的传感器直接测出的最大压应变值计算得出。但如果桩的侧阻力很小、且桩端支承在岩石时，此时桩端反射波仍为压力波，最大压应力将出现在桩端附近。

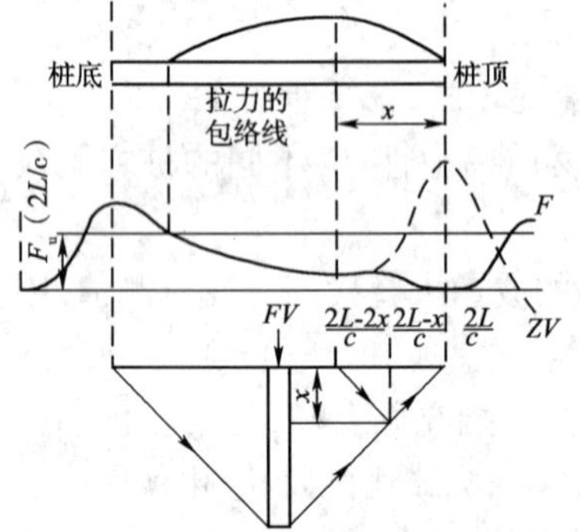

图 2-5-13　桩身锤击拉应力计算示意图

桩身各断面的锤击拉应力值计算如下(图 2-5-13)：

$$T_x = [Z \cdot V(t_2) - F(t_2) - Z \cdot V(t_3) - F(t_3)]/2 \tag{2-5-21}$$

式中 $t_2 = t_1 + 2L/c$，$t_3 = t_1 + 2(L - x)/c$，t_1 为速度第一峰值对应的时刻；T_x 表示测点以下 x 处桩身锤击拉力值，除以桩身截面积后就可以得到该截面处的拉应力。式中其余各符号的意义同前。

三、CASE 法基本假定及使用条件

CASE 法在推导过程中作了如下几点假定：

(1)桩身阻抗恒定，即桩身截面不变，材质均匀且无明显缺陷。

(2)假定打桩时动土阻力集中在桩端。

(3)应力波在桩身传递过程中无能量耗散和信号畸变。

根据上述假定，CASE 法适用于中小直径混凝土预制桩、钢桩和截面基本均匀的中小型混凝土灌注桩承载力确定，且应有一定的地区经验。对断面不规则的钻孔灌注桩、大直径桩或超长预制桩误差较大。当桩身有明显缺陷时，也不能用 CASE 法确定承载力，否则会造成很大的误差。

CASE 法计算承载力的公式(2-5-15)中，阻尼系数 J_c 是唯一的一个未知数，虽然定为与桩端土的颗粒大小有关 J_c，但实际上是一个综合修正系数，应尽量采用动静对比的方法确定。

第六节　实测曲线拟合法判定桩承载力

实测曲线拟合法(也称为 CAPWAPC 法)是利用打桩分析仪实测的桩顶力(或速度、上行波、下行波)作为边界条件，通过波动方程数值计算，并对各桩单元和土的力学模型进行假定，反演出桩顶的速度(或力、下行波、上行波)曲线，并将计算的曲线与原实例曲线比较，如果不

吻合,说明输入的参数或模型不合理,应调整参数或模型后重新计算,如此反复调整比较,直至最终计算的曲线与实例曲线吻合,且计算得出的贯入度也与实例贯入度接近,并由此得出一组符合实际的参数值,这些值包括桩的静土阻力(承载力)、桩侧摩阻力、桩端阻力、土阻尼系数以及土的最大弹性变形值等。

实测曲线拟合法的现场测试方法和测试设备与 CASE 法相同,但在计算模型上较 CASE 法有很大改进,因而提高了桩承载力的计算精度,是目前被广泛应用的一种基桩动测方法,根据我国现有的高应变测试仪器和技术条件,在基桩动测分析中应尽可能用实测曲线拟合法判定单桩承载力,而将 CASE 法用作现场快速监控手段。

一、计算模型

1. 桩模型

CASE 法中假定桩身阻抗恒定,即桩的截面不变、材质均匀,这限制了 CASE 法的使用范围。目前使用的实例曲线拟合法在桩模型上作了很大改进(图 2-5-14)。

曲线拟合法采用桩的一维连续杆模型,将桩划分成若干单元,每个单元长度大约在 1m 左右,同一单元的截面积和阻抗不变。各单元的长度不一定相等,但应力波通过各单元的时间必须相等。每一单元土阻力假定作用在单元底部,单元的阻抗变化仅发生在单元界面处。

此外,曲线拟合法中还可以考虑桩身裂缝的影响,建立了桩身环向接缝的松弛模型。

2. 土模型

(1)CASE 法中假定土的动阻力全部集中有桩端,这与实际情况不符,特别是对那些长桩和侧阻力较大的桩。而曲线拟合法假定土的动阻力可以存在于桩端及桩周各个部位,并与桩身各单元的运动速度成正比。

(2)CASE 法假定土的静力模型为理想的刚塑性体,即土一旦扰动,土阻力就达到极限。拟合法建立了土的理想弹塑性模型(图 2-5-15),模型中包括土的最大静阻力 R_U、最大弹性变形 Q、阻尼系数 J、土的最大负阻力 R_N、土的重新加载水平 R_L 和卸载时的最大弹性变形值 Q_u。

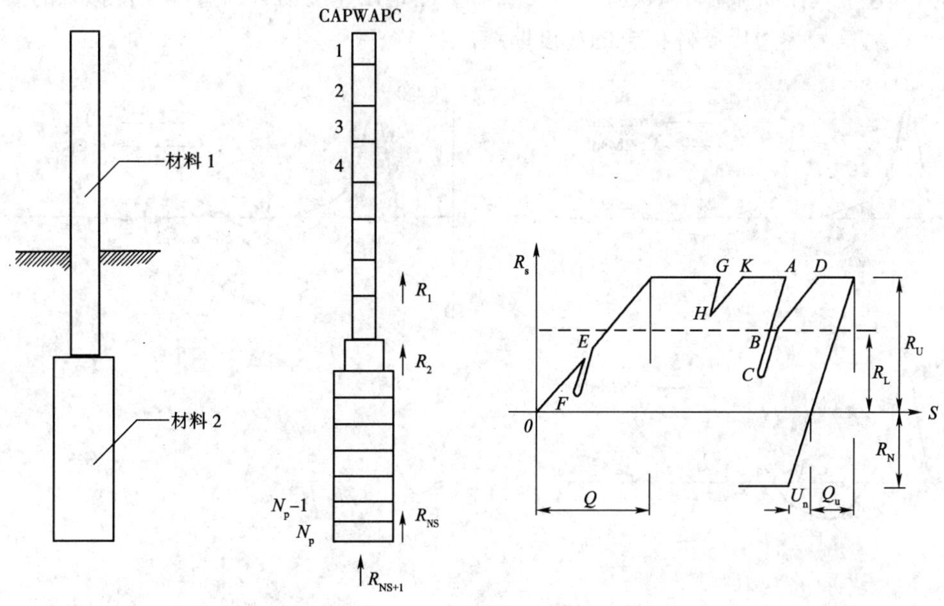

图 2-5-14　桩单元模型

图 2-5-15　土的静阻力模型

二、单桩承载力判定

1. 实测曲线拟合分析步骤

实测曲线拟合法是通过波动方程数值计算，反演桩和土的力学模型及有关参数。这里以较为普及的 CAPWAPC 程序为例。

(1)首先假定各单元的土参数，并选择拟合分析模式。

(2)由程序进行一次自动拟合。

(3)根据自动拟合结果，并与实测曲线比较；有针对性的调整部分土参数。

(4)再次进行拟合，并重新与实测曲线比较，这样反复调整，直至满足要求为止。

2. 实测曲线拟合法确定单桩承载力时，应符合的规定

(1)桩和土的力学模型应能反映桩—土系统应力应变的实际性状。

(2)可以采用实测的力、速度、上行波或下行波信号作为边界条件进行拟合。

(3)曲线拟合的时间段长度不宜小于 $5L/C$，当桩长小于 30m 时，时间还应延长。

(4)拟合分析所选土参数应在岩土工程的合理范围内，各单元所选取的土的最大弹性位移值不得超过相应桩单元的最大计算位移值。

(5)最终的拟合曲线应与实例曲线基本吻合。

(6)贯入度的计算值应与实测值接近。

以上 6 条规定是《港口工程桩基动力检测规程》(JTJ 249—2001)中的规定，这里作如下说明：

(1)桩和土的力学模型已经反映在曲线拟合程序中，计算时应按桩的实际情况选取相应的计算模式，如桩身裂隙、桩端缝隙、开口管桩的土塞等。并按程序要求正确输入相应参数。

(2)这一条主要说明实例曲线拟合法在拟合时哪些信号可以作为边界条件。在平时的检测中，大多数是以实测速度信号作边界条件拟合出力曲线和以实测力信号作边界条件去拟合速度曲线，因为力和速度二条曲线是打桩分析仪得出的最基本的信息。图 2-5-16 中的左上图为实测力和速度与阻抗乘积随时间变化曲线，右上图是以速度信号为边界条件拟合的力曲线，左下图是以力信号为边界条件拟合的速度曲线。

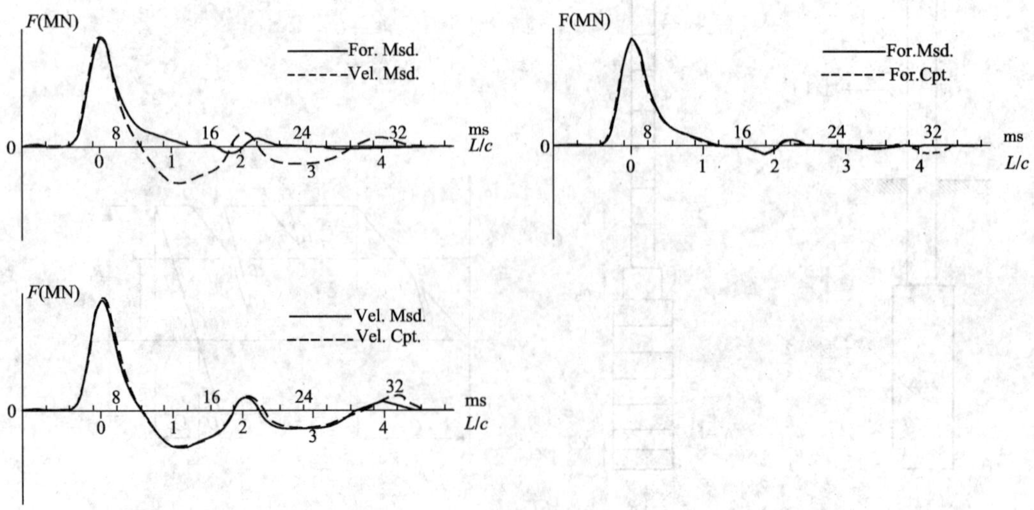

图 2-5-16　实测曲线及相应拟合曲线

(3)关于曲线拟合时间段长度,应以能够包含土阻力影响区的全部土阻力信息为原则,而这个影响区的长度不是一个固定值,它与锤型、垫层材料、桩周土层特性等因素有关。如柴油锤的影响区段要滞后于自由落锤;软且厚的垫层材料所产生的力脉冲持续时间要大于硬而薄的桩垫,使用碟簧桩帽打桩时测得的桩顶力脉冲宽度可达40~50ms;端承型桩土阻力发挥所需位移较大,影响区段也会滞后。规范 JTJ 249—2001 规定曲线拟合时间段长度不宜小于$5L/c$,对一般港口工程中使用的长摩擦型桩基本可以满足要求,但对于短桩、特别是短的端承型桩有可能不够。如一根长20m的钢管桩,按波速5.1m/ms计算,$5L/c$约18ms,在$2L/c$后只剩下不足12ms,此时按$5L/c$显然不够。《建筑基桩检测技术规范》要求的拟合时间段长度在t_1+2L/c后延续时间不应少于20ms,对柴油锤提出了在t_1+2L/c后不少于30ms的规定。

(4)拟合时应根据工程地质、桩的施工情况等条件选定参数。如对打入桩,打桩结束时与休止一段时间后再复打时的桩周土阻力分布情况就不一样,因为打桩过程中产生的桩周土体扰动使打桩结束时的桩侧土阻力明显下降。再如曲线拟合时需要好几个土参数,且这些参数相互影响,若干个明显不合理的参数组合在一起也有可能使拟合出的曲线与实测曲线吻合,但这些参数可能是极不合理的。为此要求所选用的参数应在岩土工程合理范围之内。总的静土阻力和单元静土阻力应结合工程地质资料、桩型、施工工艺及实测波形变化情况综合选取;土塞重量应根据实际桩型取用,对土的最大弹性变形Q_S和Q_T,Smith波动方程中一律取0.25cm。CAPWAPC程序编制者建议Q_S和Q_T的初始值可取0.25cm,计算过程中根据情况在0.025cm~单元节点最大位移值范围之间选取。

应注意的是Smith阻尼指数J_s和CASE阻尼系数J_c是不相同的两个参数,后者为无量纲阻尼系数,取值范围已在CASE法中介绍过。Smith阻尼系数是有量纲的阻尼系数,单位为s/m,CAPWAPC程序编制者推荐的J_S范围为0.08~1.0s/m。三航科研所推荐的J_S值如下:

粘性土:桩侧——0.33~0.43s/m;桩端——1.0~1.3s/m。

砂性土:桩侧——0.16~0.20s/m;桩端——0.48~0.60s/m。

土阻尼系数是曲线拟合时一个较敏感的参数,上面的推荐值仅供参考,实际拟合过程中还要结合波形特性和桩周土质特性等合理选用。

(5)和(6)二条是检查拟合结果是否达到要求的两个基本条件,拟合曲线与实例曲线之间的吻合程度通过计算出的拟合质量系数判别。

3. 拟合质量系数

前面提到判别曲线拟合质量的其中一个重要标准是最终的拟合曲线应与相应的实测曲线基本吻合。为了有一个“吻合”的量的概念,CAPWAPC程序中采用加权方式计算,得出一个称为拟合质量系数的值E_r,该方法首先假定土阻力影响区的长度为$2L/c+25$ms左右,然后将拟合完成时的土阻力影响区分成四个区段(图2-5-17)。

时间区段1从冲击开始到$2L/c$时为止,这一区段的波主要用于修正桩侧摩阻力的分布情况。对于以侧摩阻力为主的摩擦型长桩,这一段所占的比重很大;

时间区段2是以第一时间区段的终点为起点,区段长度为t_r+3ms,t_r是从冲击波开始到速度峰值之间的时间。该区段主要用于桩端土阻力和总土阻力修正;

时间区段3仍以第一时间区段的终点为起点,但区段长度为t_r+5ms,这一段以调整土的阻尼系数为主。

第四时间段以第二时间段的终点作为起点,区段长度20ms左右,这一区段主要用于修正土的卸载系数,如卸载时土的最大弹性变形和土的最大负阻力等。

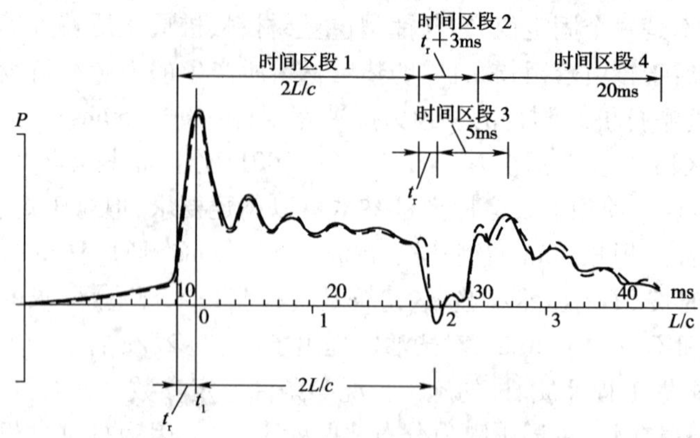

图 2-5-17　拟合曲线的四个时间区段

拟合质量系数 E_r 的计算公式如下：

$$E_r = \sum_{i=1}^{4} [\ |P_c(j) - P_m(j)| / P_j] (i=1,2,3,4) \tag{2-5-22}$$

式中的 $P_c(j)$ 为计算的桩顶力波,$P_m(j)$ 为实测的桩顶力波,P_j 为实测桩顶冲击力峰值。

从 E_r 的计算方法可以看出,四个区段中以桩端处的权值最重。E_r 愈小,说明拟合曲线与相对应的实测曲线愈接近,相应的土参数也相对合理。

由于不同实例曲线拟合程序中考虑拟合质量系数的方法不尽相同,很难用一个统一的标准衡量拟合曲线的吻合程度,为此《港口工程基桩动力检测规程》、《建筑基桩检测技术规范》等标准中均未列出具体的拟合质量系数标准。国内也有部分地方规程参照 CAPWAPC 程序,规定了混凝土预制桩和钢管桩的最终拟合质量系数宜小于 3%,混凝土钻孔灌注桩的拟合质量系数宜小于 5%,并以此作为拟合是否达到要求的标准。

4. 主要土参数对拟合曲线的影响:

为方便初学者进行曲线拟合,下面介绍几个主要土参数对拟合曲线的影响(仅指力波);

(1)将某一桩单元处的土阻力增加(或减少),会使力的拟合曲线从该单元往后上抬(或下降)。图 2-5-18 中力拟合曲线在 $2L/c$ 之前偏低,且 $2L/c$ 后接近平行,因此只要将 $2L/c$ 前的一段自左至右适当增加单元土阻力,可达到拟合目的。图 2-5-19 的拟合曲线在 3 ~ 8 单元偏低,9 单元后又偏高。拟合时宜先增加 4 ~ 6 单元土阻力,再从第 7 单元起适当降低土阻力,直至 $2L/c$ 前两力曲线基本吻合。

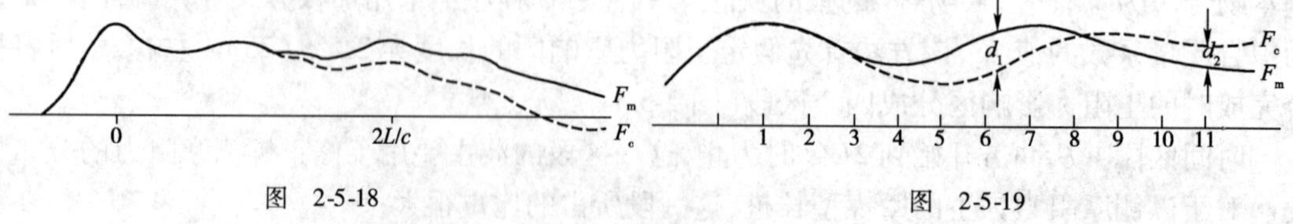

图　2-5-18　　　　图　2-5-19

(2)将总土阻力增加,会使整个力拟合曲线上抬。若在总土阻力不变的前提下降低桩端土阻力,则会使桩端及前面部分曲线上抬;相反,在总土阻力不变的前提下增大桩端土阻力,又会使桩端及前面部分的曲线下降。图 2-5-20 在总土阻力不变的前提下,端阻力占 50% 时曲线拟合效果较好(左上图);端承力占 6% 时桩端及前面一段拟合曲线明显偏高(右上图);端承力占 90% 时拟合曲线又明显偏低(下图)。

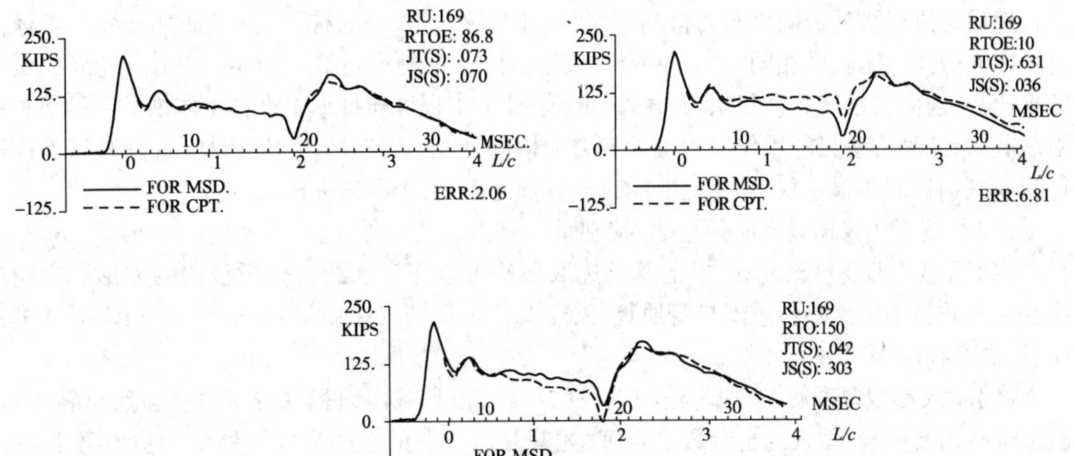

图 2-5-20　总土阻力不变，不同端阻力对曲线的影响

(3)图 2-5-21 中的拟合力曲线在 $2L/c$ 及之后的一段出现明显的振荡波，这一现象在平时工程桩的检测分析中较为多见。遇到这种情况应首先增大桩端 Smith 阻尼系数，减少高频振荡，然后再根据曲线情况作其他调整。阻尼系数太大又会使拟合的曲线过于平缓，且承载力偏低。

(4)降低桩端土的最大弹性变形值会引起桩端土快速卸载，从而使 $2L/c$ 时刻以后的力曲线下降。图 2-5-22 中拟合的力曲线在 $2L/c$ 时刻后明显偏高，此时应适当降低桩端土的最大弹性变形，使 $2L/c$ 时刻后的计算力曲线下降，但这样又会引起 $2L/c$ 处曲线上抬，需再通过下移静土阻力等措施调整。

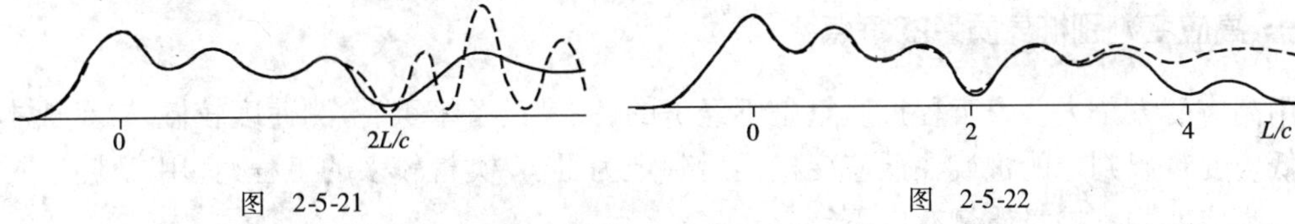

图　2-5-21　　　　图　2-5-22

目前使用中的曲线拟合软件都有自动拟合的功能，程序能按照给定的数学模型及程序编制者事先设定的土参数变化范围进行试算。但仅依靠自动拟合是不够的，应在自动拟合的基础上进行人工干预，按照自动拟合结果，根据工程实际的土质情况及使用经验对土参数适当调整。用自动计算和人工计算相合的方法，会达到较理想的效果。

三、高应变检测单桩承载力时的注意事项

无论是采用实测曲线拟合法还是用 CASE 法确定单桩承载力，都应注意下面几点：

(1)要有足够的锤击力，单击贯入度宜达到 2 ~ 6mm/击左右，因为要使得桩周土阻力得到充分发挥，桩与土之间必须有一定的相对位移，如果检测时桩的贯入度很小或者根本未打动，则得出的单桩承载力只能是该桩在锤击时已经发挥的土阻力，而不是真正意义上的极限承载力。

(2)要有充分的休止期。打桩过程中(包括灌注桩施工中)桩周土体受到扰动，强度下降，此时桩的承载力明显低于土体恢复后的值，因此应按规范要求并结合地区经验，在满足规定的

休止期后再进行桩的极限承载力检测。对某些缺乏复打条件的桩基工程(如部分海上工程),也可以通过同一工程中相同边界条件下(桩型、地质、沉桩设备等)桩的初打结果与静载试桩结果比较,建立桩承载力恢复系数,再按同等条件下工程桩初打结果推算土体恢复后的单桩极限承载力,这种方法只能用作工程桩承载力抽检的补充,不能用作设计依据,且静载试验应进行到能判别桩的极限承载力,高应变能充分发挥土阻力,否则失去比较价值。

(3)检测所用仪器设备必须可靠,特别是传感器。

(4)采集波形要可靠,应按规范要求选取那些可以作为承载力分析依据的波形。影响高应变采集质量的因素除传感器自身质量外,还有传感器的安装质量、冲击锤、桩顶附近的桩身质量、击打技术等。

(5)输入参数要准确、合理。桩的参数如桩长、桩身截面面积、桩身弹性模量、材料密度、波速等数据要准确;输入的土参数要合理,尤其是所选取的土的最大弹性变形值 Q 不得超过相应桩单元最大计算位移,否则有可能出现土阻力未充分发挥时的桩承载力外推。

(6)当实测力波和速度波在第一峰值比例失调时,不得随意进行调整。这一点已经作为强制性条文写入了我国建筑基桩检测技术规范中,因为随意的调整会给出不真实的结果。

(7)对于桩身有明显缺陷和严重缺陷的桩,不宜用高应变提供承载力,可通过静载或综合分析方法判别。

(8)对灌注桩检测或预制桩复打检测,锤击数不宜过多,且应依据最初的几锤波形作为承载力分析的依据。

第七节　桩身质量判别

一、高应变判别桩身质量的特点

用高应变方法去普查工程桩质量是不经济的,一是设备笨重、检测速度较慢,二是成本高。但对低应变难以判定的桩或在低应变检测后判定为Ⅲ、Ⅳ类桩较多的工程,宜用高应变进一步验证。高应变判别桩身质量有以下特点:

(1)高应变检测时作用在桩顶的锤击力大,可检测出长桩下部缺陷或桩身多个缺陷,并可得到桩端土密实度信息,这些是低应变法难以实现的。

图 2-5-23 是一根长 43m、桩径 800mmPHC 桩低应变与高应变检测结果。从左图低应变检测曲线中很难判别出该桩有明显缺陷;可右图高应变曲线清楚地表明在距桩顶 36m 附近有较严重桩身缺陷,该部位力曲线异相反射而速度曲线同相反射,桩身完整性系数只有 0.6。根据该桩的结构特点判定为Ⅳ类桩。

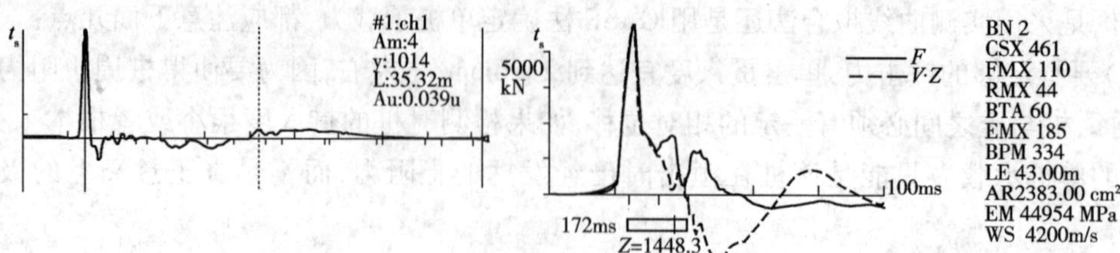

图 2-5-23　某工程桩高、低应变检测曲线比较

由于该桩的缺陷部位已进入密实砂层一定深度，低应变敲击能量在该位置只有很微弱的反射，高应变锤击能量大，能清楚反映出缺陷位置及缺陷程度。

图 2-5-24a) 是一根长 68m、直径 600mm 的 PHC 桩，由 6 节管节拼接而成，高应变实测波形清楚反映了每个接头位置；图 2-5-24b) 是一根长 39m、截面 450mm × 450mm 混凝土方桩实测波形，该桩由三节桩段用角钢电焊拼接，接头位置均有明显反射波；图 2-5-24c) 是一根长 47m、直径 550mmPC 管桩，采用法兰接桩，接头位置有明显反射，且其中一处反射强烈。以上对比可以看出，在 3 种不同接桩形式中，以电焊连接的 PHC 桩完整性最好，以法兰连接的接头完整性最差。

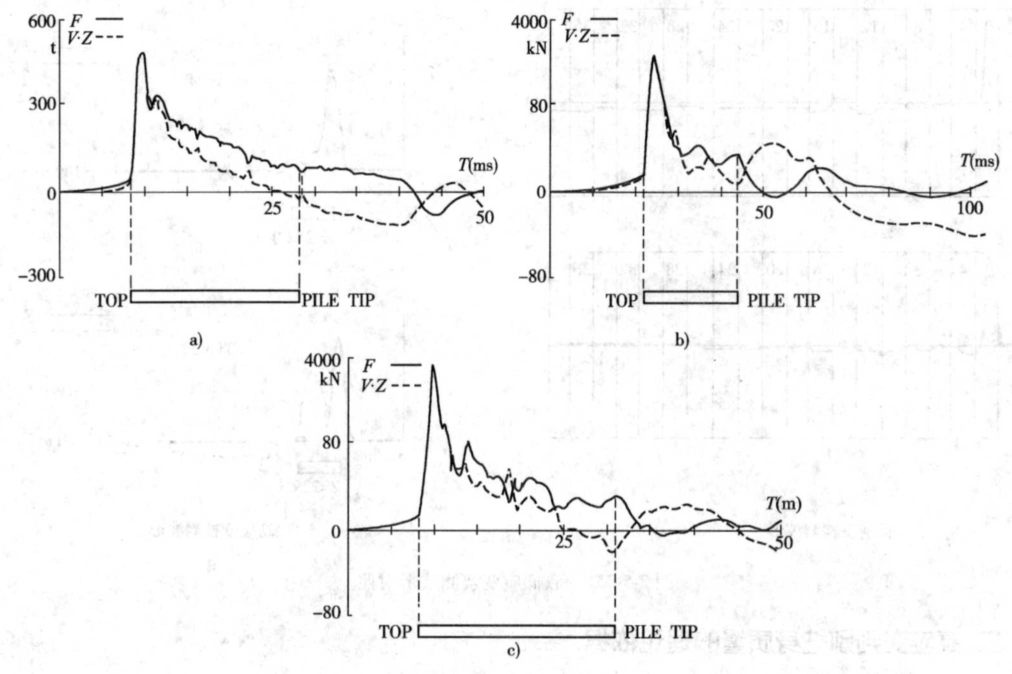

图 2-5-24　不同接桩形式的波形

(2) 用高应变法对低应变桩身质量检测的结果作进一步验证。当低应变发现同一工程中质量异常的桩较多时，可先按相关规范判别标准并结合经验，将桩的完整性进行分类，然后在Ⅱ、Ⅲ、Ⅳ类桩中各选若干根有代表性的桩用高应变进一步验证。该方法特别适用有接头的预制混凝土桩和嵌岩灌注桩。

图 2-5-25 是某工程三根混凝土预制方桩的实测波形，桩长 25m，分上、下二节，每节各长 12.5m，施工过程中电焊接桩。低应变检测后发现部分桩的接桩处有异常反射，为彻底弄清这些有异常反射的接桩质量，随即又进行了高应变检测。高应变检测的锤重为 30kN，整体铸钢锤，落锤高度为 80cm。图中左边是三根桩的低应变实测波形，右边是对应的高应变波形。按低应变判别，a，b，c 三根桩的接桩部位均存在较严重的缺陷，且 a 桩在桩顶以下 6m 处有环向裂缝。高应变验证结果是：a 桩接桩处存在严重缺陷，β 值为 0.30，但距桩顶 6m 处的环向裂缝在高应变波形中反射不明显；b 桩接桩处有异常反射，但不严重，β 值为 0.74；c 桩接桩部位的 β 值为 0.32。以后的进一步验证表明，a 桩和 c 桩在接桩部位均已完全断开；b 桩接头处虽有反射，但程度较轻，可能是接桩部位的上、下二个端面不平、接桩后缝隙较大，致使低应变检测时反射明显，综合判别后认为 b 桩仍能正常工作。a 桩高应变检测波形中未发现 6m 处的环向

裂缝，这是因为高应变锤击能量大，该裂缝在锤击时已瞬时闭合。

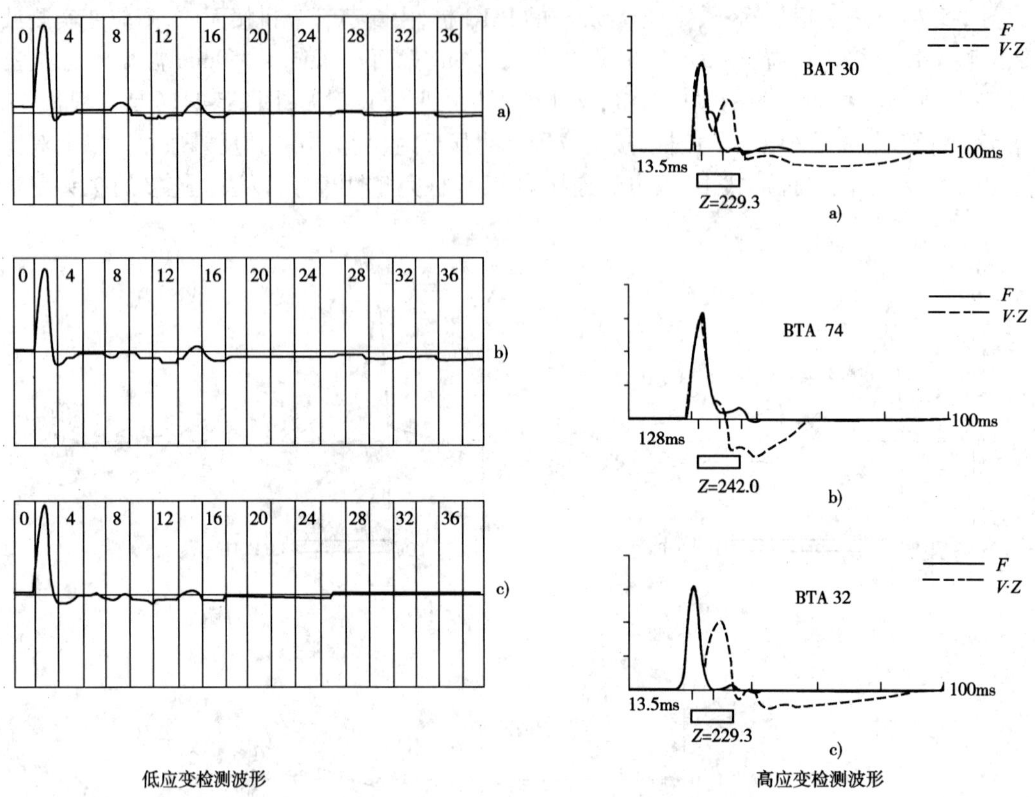

图 2-5-25　高、低应变实测波形对照

二、高应变判别桩身质量的理论依据

前面已经讲到，在锤击桩时锤击应力波是以纵向波形式在桩身传递，高应变判别桩身质量的依据是桩身阻抗变化对应力波的影响。

根据前面的图 2-5-5 及方程(2-5-8)，下行波在 Z_1 与 Z_2 界面处的反射波为：

$$F_{u1} = \frac{Z_2 - Z_1}{Z_2 + Z_1} \cdot F_{d1} \tag{2-5-23}$$

将式(2-5-23)改写成：

$$F_{u1} \cdot Z_2 + F_{u1} \cdot Z_1 = \cdot F_{d1} \cdot Z_2 - F_{d1} \cdot Z_1 \tag{2-5-24}$$

用缺损截面阻抗 Z_2 与正常截面阻抗 Z_1 的比 β 描述桩的完整型程度，称 β 为桩身完整性系数：

$$\beta = \frac{Z_2}{Z_1} = \frac{F_{d1} + F_{u1}}{F_{d1} - F_{u1}} \tag{2-5-25}$$

由于通常只能测得桩顶附近的力和速度信号，公式(2-5-25)经过进一步推导后可得等截面桩的 β 值计算公式：

$$\beta = \frac{[F(t_1) + Z \cdot V(t_1)] - 2\Delta R + [F(t_x) - Z \cdot V(t_x)]}{[F(t_1) + Z \cdot V(t_1)] - [F(t_x) - Z \cdot V(t_x)]} \tag{2-5-26}$$

式中 t_x 为缺陷反射波峰值对应的时刻，ΔR 为缺陷以上部位的土阻力估算值。β 值越小，表示该截面处的缺损程度越严重。缺损位置按下式计算：

$$x = c \cdot (t_x - t_1)/2 \tag{2-5-27}$$

x 为测点至缺陷截面的距离，c 为应力波速度。

我国各规范中使用的桩身完整性评估标准仍沿用了美国 Goble 等人建议的标准(表 2-5-2)。

桩身完整性评价　　表 2-5-2

β 值	完整性评价	β 值	完整性评价
$\beta = 1.0$	完整桩	$0.8 \leqslant \beta < 1.0$	基本完整桩
$0.6 \leqslant \beta < 0.8$	明显缺陷桩	$\beta < 0.6$	严重缺陷桩或断桩

在用 β 值评价桩身完整性时，应注意以下几点：

(1) β 值是按实测曲线算出来的，如果在桩端反射前的某一时刻力波或速度波有异常，β 值就有变化，如混凝土预制桩的接桩处、钢桩高频振荡波等均会出现 β 值小于 1.0，因此在判别时应结合桩身结构综合分析。图 2-5-26 为一根长 80m、直径 914mm 钢管桩实测波形，由于锤击产生的高频信号影响，实测 β 值 0.87，不能说该处的钢管桩截面减少了 13%。又如图 2-5-27是一根截面 500mm × 500mm、长 25m 的混凝土预制桩实测波形，在接桩处的 β 值为 0.89，而接桩处 4 根角钢的阻抗值一般均小于桩身阻抗。类似上面的桩在进行桩身质量检测与判别时应结合结构特点和经验，进行分析并判别。

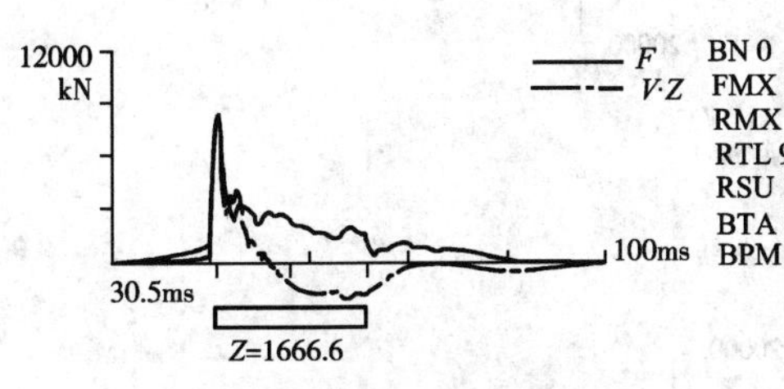

图 2-5-26　实测钢管桩波形

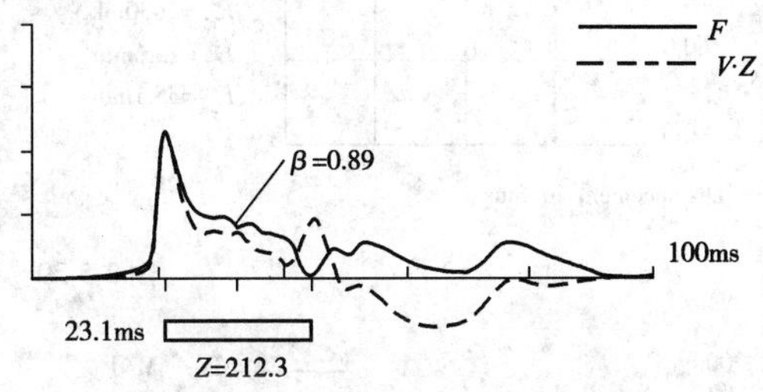

图 2-5-27　混凝土桩接头反射

(2) 桩身缺损及断裂部位的夹层介质也能传递部分能量，此时的 Z_2 为两种声阻抗之和，即使桩在某部位完全断开，中间的介质(泥土)也会使 β 值不等于零。图 2-5-28 是一根桩接头处完全断开的波形图，$\beta = 0.21$，后经验证该桩上、下节已经脱开将近 10cm。

(3) 对截面不规则的钻孔灌注桩，应结合施工记录(如孔径测试记录、混凝土灌注记录等)和传感器安装部位截面大小综合判别。

(4) 土阻尼对 β 值也有一定影响，如一根桩初打时 β 值为 0.78，间歇二周后复打时的 β 值为 0.85，这是土阻力影响的结果，β 值应按初打时为准。

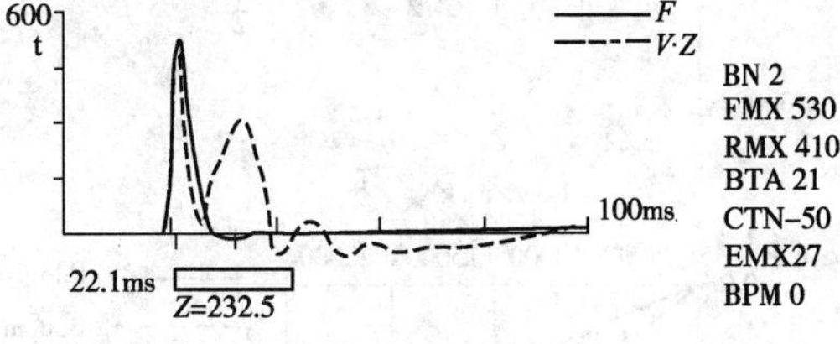

图 2-5-28　断桩的波形

(5) β 值不能评价桩身纵向裂缝，也不能评价离桩顶较近部位的微小环向裂缝。

第八节　工 程 实 例

例　某工程采用直径 Φ1500mm、桩长 66m 的钢管桩，桩入土深度 46m，持力层为粉质粘土。沉桩结束时的高应变实测波形及 CAPWAPC 分析结果见图 2-5-29；间歇 16 天后复打的波形及 CAPWAPC 分析结果见图 2-5-30。由图中可见，该桩在初打结束时的静土阻力值 7568kN，其中桩侧阻力 5937kN，桩端阻力 1631kN。复打时桩的静土阻力（极限承载力）16003kN，其中桩侧阻力 14003kN，桩端阻力 2000kN。

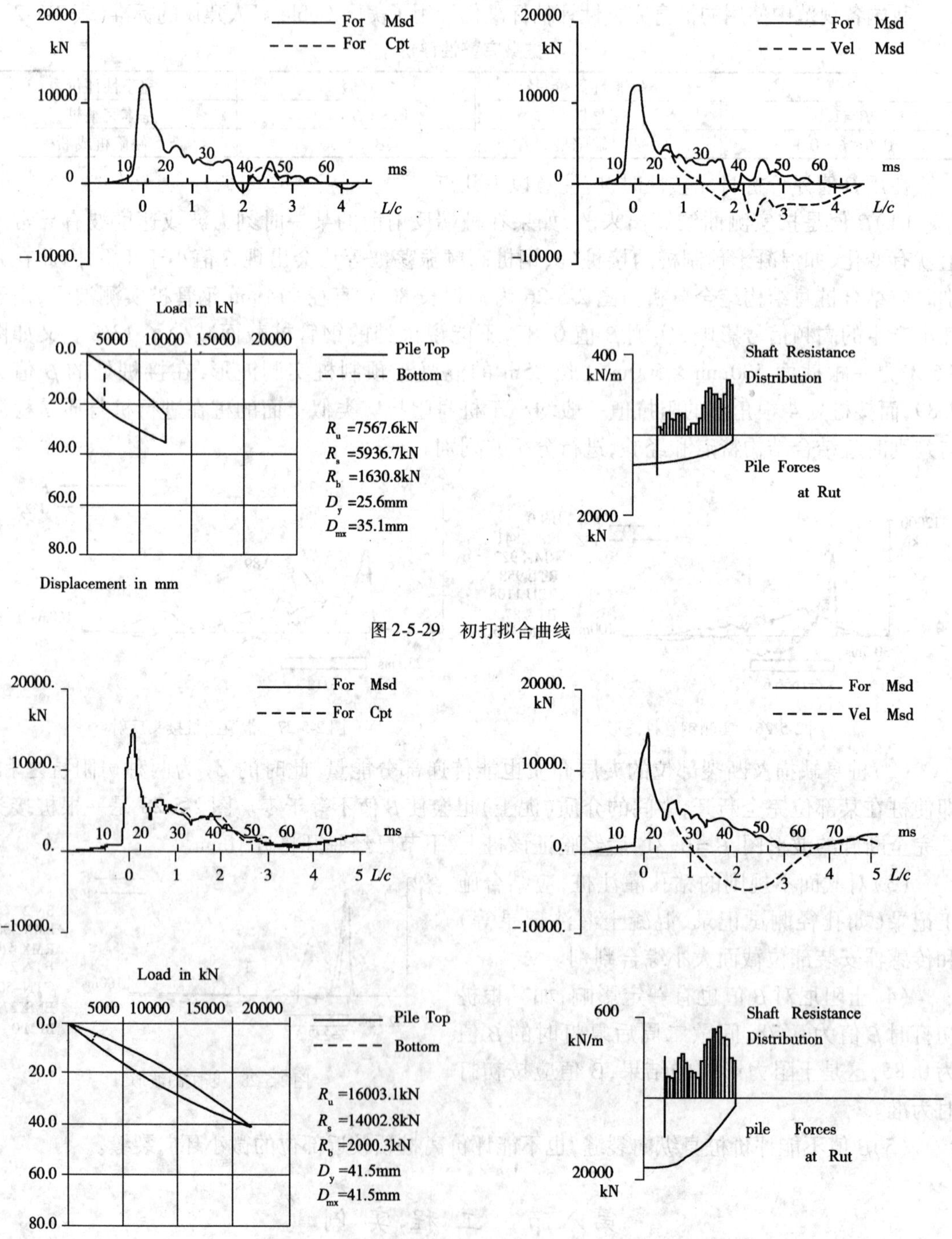

图 2-5-29　初打拟合曲线

图 2-5-30　复打拟合曲线

该试桩处的桩周土质以粘性土为主。对照上述初打与复打分析结果可以看出，该桩复打时的承载力较初打结束时提高了 8435kN，达到初打时的 2.11 倍，其中侧摩阻力达到初打时的 2.36 倍，端阻力为初打时的 1.22 倍。由于打桩过程中桩周土体严重受扰，强度下降，致使初打时桩侧摩阻力远低于土体恢复后的数值。

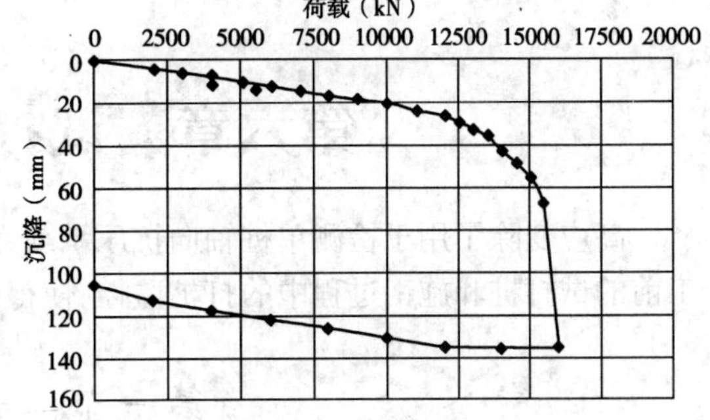

图 2-5-31　静载试桩结果

该工程还进行了一根与上述动测桩同等条件（桩长、桩径、入土深度、土质均相同）桩的静载压桩试验，$Q \sim S$ 曲线和 $S \sim \lg t$ 曲线见图 2-5-31，静载试验得出的单桩轴向抗压极限承载力为 15500kN，与前面动测结果相比，两者结果很接近。

第六章　试打桩与打桩监控

高应变除了用于检测单桩轴向抗压承载力和判定桩身质量外，还可以用于工程桩正式施工前的试打桩和施工过程中的打桩监控，使得桩基础的设计和施工更加合理。

第一节　试　打　桩

一般的桩基工程是先由设计人员根据结构物荷载要求和工程地质勘察资料，确定工程中使用的桩型尺寸，施工部门按照设计的桩型选择沉桩设备，包括打桩锤型号、垫层材料等，但这类桩型和沉桩设备的选择往往根据各自的经验，一旦选型不合理，将会造成桩承载力不满足要求或施工困难，为此在桩基工程正式施工前宜进行试打桩，对海洋和港口桩基工程以及地质条件复杂的地区尤为必要。试打桩有两个目的：一是检验设计确定的桩型是否合理，如桩的承载力是不是能满足要求，桩长是否合理等；二是为施工选择合适的沉桩设备及沉桩工艺提供依据。

试打桩前首先确定试打桩位置，一般应选择在该工程区域有代表性的地方：如地质有软夹层、桩的锤击贯入度可能会突然增大、甚至可能出现"溜桩"的区域；有硬夹层，估计沉桩会遇到困难的区域；持力层埋深较浅、桩入土深度较少的区域等。按预先确定的桩型和沉桩设备（锤型及垫层材料）进行试打桩。对试打的桩应该进行全过程监测，内容包括锤击贯入度、锤击数、桩身锤击压应力和锤击拉应力、落锤高度、传到桩身有效锤击能量、打桩对邻近建筑物及岸坡的影响等等。上述内容可以根据不同工程情况有选择地进行，数据采集可以是全过程的，也可按照桩端进入不同土层和不同深度分别采样，其中对打桩刚开始的一阵锤击、桩端穿透硬层进入软夹层以及桩端进入密实砂层和持力层等几种关键工况要重点监测并详细记录。对于同一根桩，当落锤高度和垫层材料不变，桩身最大锤击压应力一般出现在桩端进入密实土层或岩层时。如果是摩擦型桩，最大压应力位置在桩顶附近，端承桩的最大锤击压应力可能出现在桩端。桩身最大锤击拉应力往往出现在刚开始锤击的软土层中或桩端穿透硬层进入软夹层的一瞬间，最大拉应力位置大多在距桩顶 $0.2L \sim 0.5L$ 范围（L 为桩长）。

除了上述监测内容外，对每一根试打桩还应记录垫层材料的种类、开锤前的厚度与打桩结束时的厚度和状态。根据需要也可以在同一根试打桩上采用不同落锤高度、不同垫层进行对此试验。

通过试打桩还可以了解特定桩型在不同入土深度时的总土阻力和静土阻力值，这时应尽量选择桩端进入硬层及最终持力层进行测试，且在桩端达设计标高前的 50 ~ 100cm 范围内宜连续监测。通过现场测试和计算分析，可以得到桩端在不同标高时的总土阻力值和静土阻力值，由总土阻力结合打桩贯入度和桩端实测波形反射情况可以大致判别地质概况，进而判别使用的桩锤能量是否合适。根据静土阻力值可大致判别设计的桩型及入土深度能否满足设计承载力要求。

打桩终了时测出的桩静土阻力与桩周土体经恢复后的单桩承载力是两个不同的值，绝大多数情况下前者小于后者，在灵敏度较高的粘性土中，这一差别可以达到 2 ~ 3 倍。若要准确了解试打桩的单桩轴向极限承载力，应按照相关规范要求，在桩打入土中休止一定时间后再进行复打试验。复打时锤必须有足够的冲击能量，使桩周土阻力得以充分发挥，然后再通过曲线拟合法得出桩的承载力值。

通过正式施工前的试打桩检测可以得到许多有价值的资料，为设计和施工及时调整方案提供可靠依据。

图 2-6-1 是一工程钢管桩高应变实测波形，原设计桩端标高为 -54m，在两根试打桩监测过程中，发现桩端在接近原设计高程时不仅桩的贯入度增大，桩端处的力波和速度波曲线也较上面反射强烈，桩端承力减小。根据试打桩实测结果，设计人员及时调整了工程桩的长度。

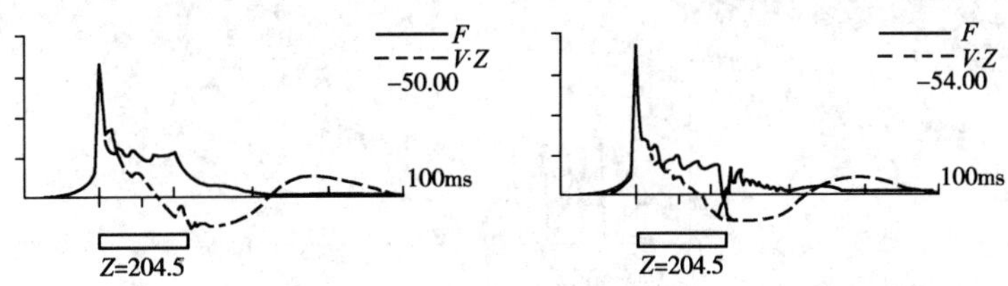

图 2-6-1　不同深度时测试波形

第二节　打桩监控

在某些情况下，即使有了施工前的试打桩测试和静载试验资料还是不够，如地质条件的差异、沉桩设备性能的改变、群桩挤土影响等，都会对工程桩的施工带来影响，这时就需要在工程桩施工过程中进行打桩监控，通过监控测试结果指导及补充后续的施工控制标准。打桩监控的抽样率应根据具体工程而定，检测内容可参照试打桩。

在地质条件复杂、持力层起伏大的区域，既不能按桩端高程作为单一的停锤依据，也不能只用贯入度作为停锤标准，而是要在单桩承载能力满足设计要求的前提下，结合桩的入土深度、贯入度和桩端持力层土性综合考虑，这在我国沿海的水运工程桩基施工中较为多见。

首先按照地质勘察资料，将一个工程的桩基按地层变化情况划分成若干区段，同一区段内的地质情况基本相似。在桩基施工进入到某一区段时，应首先对该区段前面的几根桩进行打桩过程监控，总结出规律性的东西，再由设计、检测、施工、监理共同商定，制定本区段内沉桩停锤控制标准，如锤击能量大小（锤型不变时，可按落锤高度控制）、贯入度、入土深度等。在一些地质条件特别复杂的工程中，打桩监控的桩数量可达工程桩总数的 20% ~ 50%，确保每一根桩都能满足要求。

图 2-6-2 是某沿海工程 3 根桩的测试波形，该工程地质条件复杂，持力层起伏大，为此工程采用了钢管桩，并抽样 50% 进行高应变打桩监测，由实测结果决定是否停锤。图中 3 根桩相距很近，且都是在同一标高测试的。从波形看出，10#桩在邻近桩端处力曲线急速上升，相应速度曲线下降，显示出该桩端已进入坚硬的持力层；13#桩在桩端出现力波异相反射和速度波同相反射，表明该桩未能进入良好持力层；14#桩的桩端反射类似 13#桩，只是反射更强烈，说明此时桩端土层较差。根据现场监测结果，决定将 13#和 14#两根桩继续施打，直到桩端进入坚硬持力层为止。

桩身锤击应力大小也是打桩监控的一项主要内容，锤击压应力过大容易引起桩身材料屈服甚至把桩打坏；锤击拉应力过大容易使混凝土桩的桩身出现环向裂缝。工程区域的地质分

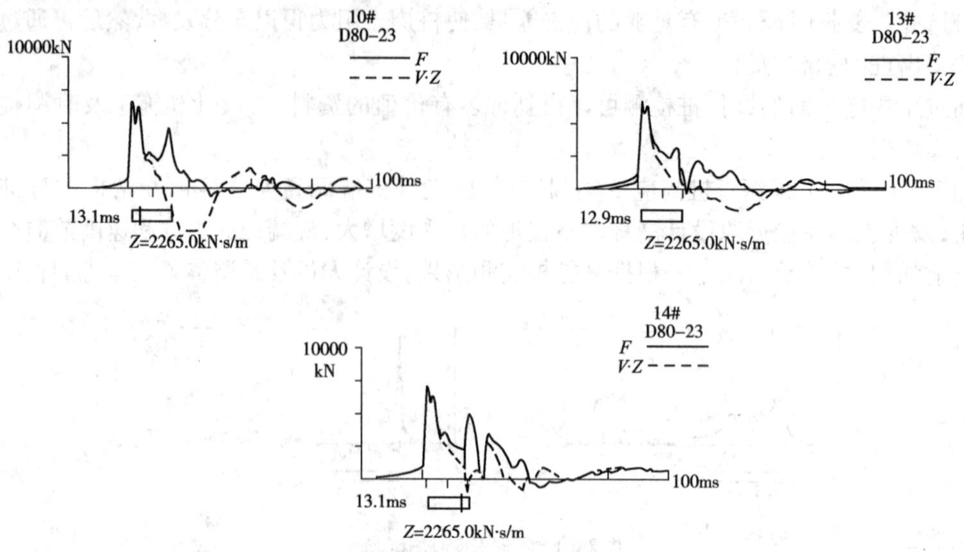

图 2-6-2　三根桩在相同标高时的实测波形

层是不能改变的，但施工人员可以通过调整落锤高度、改变混凝土桩垫层材料品种和垫层厚度、溜桩时停止锤击等措施去控制打桩过程中的桩身锤击应力，必要时甚至调换沉桩设备或改变沉桩工艺。

桩身锤击应力控制在什么范围内合适，不同规范中的要求也不完全一致。《港口工程桩基规范》(JTJ 254—98)中规定：

(1)预应力混凝土桩锤击拉应力标准值分别为5.0、5.5、6.0和6.5MPa四级；后张法预应力混凝土大直径管桩锤击拉应力标准值为6.0~9.0MPa。

(2)预应力混凝土桩和钢筋混凝土桩锤击压应力标准值可取12.0~20.0MPa；后张法预应力混凝土大直径管桩锤击压应力标准值可取25MPa。

实际工程中混凝土桩的最大锤击应力大都超过规范限定值。从已收集到的试桩资料可以看出，强度为C40~C50的预应力混凝土方桩最大锤击压应力值大多在14~22MPa范围，最大拉应力在7~12MPa范围；强度C80的PHC桩最大锤击压应力在18~30MPa范围，最大拉应力约6~13MPa；少数超长预应力桩的最大压应力超过30MPa(C60混凝土桩)，拉应力达13MPa，而上述桩均未损坏或出现裂缝。主要原因是锤击应力峰值的作用时间很短，拉应力峰值作用时间更短。根据国内多家单位的研究成果并参考国内外同类规范，提出以下桩身锤击应力控制范围是比较合适的，供参考。

(1)混凝土桩的最大锤击压应力不应超过桩身混凝土轴向抗压强度设计值；

(2)钢管桩的最大锤击压应力不应超过钢材屈服强度；

(3)预应力混凝土桩的最大锤击拉应力不应超过桩身混凝土轴心抗拉强度标准值与桩身有效预压应力值之和的1.3~1.4倍；

(4)对桩身有接头的混凝土桩，最大锤击拉应力控制值除考虑桩自身混凝土抗拉强度和有效预应力外，还应考虑接桩处的抗拉强度。

试打桩和打桩监控对验证设计和施工工艺有重要的作用，特别是在地质条件比较复杂的地区，通过监控及时掌握各种信息，供设计和施工人员参考，使设计、施工更加科学、合理。

第七章　基桩低应变反射波法

基桩的完整性检测是基桩质量检测中的主要指标，其中低应变法在全国桩基础工程中已得到广泛的应用。它是在现场原型试验的基础上，基于一些理论假设和工程实践经验并进行综合分析得到检测结果的一种检测方法。低应变测桩利用相对较低能量的瞬态或稳态激振，使桩在弹性范围内作低幅振动，产生的应力波沿着桩身纵向传播。同时利用波动和振动理论根据接收到的振动波的变化规律，分析判断桩身缺陷性质和缺陷位置，最终对桩身进行完整性评价。低应变测桩方法大体可分为稳态激振和瞬态激振二种方式，其中稳态激振方式有机械阻抗法、共振法，瞬态激振方式有动力参数法、水电效应法、应力波反射法等。在上述诸多方法中，使用最普遍的是应力波反射法，这一方法原理清楚、试验设备简便、检测速度快、费用相对较低，适用于工程桩大面积普查，很受基桩检测人员和用户的欢迎。本章主要介绍低应变应力波反射法的原理、应用及测试分析方法。

第一节　低应变反射法的基本原理及适用范围

一、低应变反射法的基本原理

1. 一维波动方程

低应变应力波反射法是采用一维应力波理论去研究桩土体系的动态响应，并作了以下 3 点基本假定：

(1)桩被看作是一维弹性体杆件($L>>D$，L 为桩长，D 为桩径)。

(2)桩被视为由匀质材料构成，截面恒定，各物理力学参数如弹性模量、质量密度为常数，横截面在受力时保持平面。

(3)忽略桩内外的阻尼和摩擦力的影响。

假设杆介质均匀连续弹性，在受到一冲击力作用后，应力波沿杆身传播规律遵循一维波动方程。一维波动方程：

$$\frac{\partial^2 u}{\partial t^2} = C^2 \frac{\partial^2 u}{\partial x^2} \tag{2-7-1}$$

2. 应力波在阻抗界面的反射和透射

当桩顶受到一冲击力后，纵向应力波将遵循波的传播规律，由桩的一端传向另一端，当桩中某截面处的波阻抗发生变化时，应力波在桩中的传播会发生反射、透射和折射。阻抗 Z 是桩截面积、材料密度和弹性模量的函数：$Z=\rho AC$，ρ 是桩身材料密度，A 为桩身截面面积，C 是应力波在桩中的传播波速。图 2-7-1 是纵向

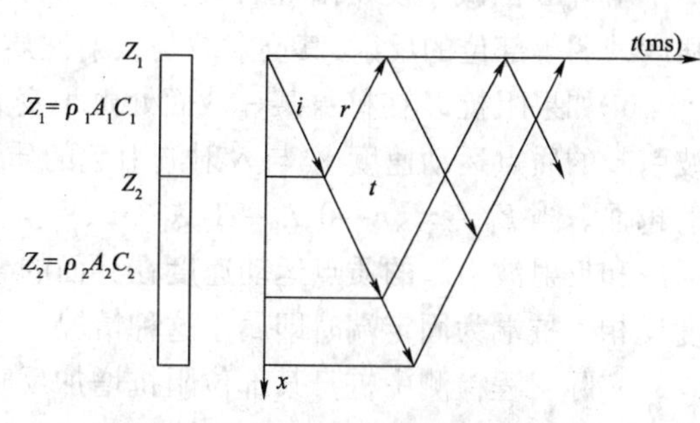

图 2-7-1　应力波在桩身的传播及反射过程

应力波在桩中的传播示意图。

假设桩身中某处阻抗 Z 发生变化(如图2-7-1所示的由 Z_1 变到 Z_2),则阻抗变化截面处将产生反射波和透射波,用 i、r、t 分别表示入射波、反射波和透射波,有以下关系成立:

$$V_r + V_i = V_t$$

$$F_r + F_i = F_t$$

根据动量守恒条件,可解得:

$$V_r = -\xi_R \cdot V_i \tag{2-7-2}$$

$$V_t = \xi_T \cdot V_i \tag{2-7-3}$$

$$\xi_R = \frac{1-n}{1+n} = \frac{Z_2 - Z_1}{Z_2 + Z_1} \tag{2-7-4}$$

$$\xi_T = \frac{2}{1+n} \tag{2-7-5}$$

$$n = \frac{Z_1}{Z_2} = \frac{\rho_1 A_1 C_1}{\rho_2 A_2 C_2} \tag{2-7-6}$$

式中 ξ_R、ξ_T 分别表示反射系数和透射系数,n 为阻抗比,V_i、V_r 和 V_t 分别为入射波、反射波和透射波在界面处的质点振动速度,F_i、F_r 和 F_t 分别为入射波、反射波和透射波在界面处受到得力。

结合公式(2-7-2)、(2-7-3)、(2-7-4)、(2-7-5)、(2-7-6)讨论反射波的情况:

①由于阻抗 $Z=\rho AC$ 正值,所以阻抗比 n 和透射系数 ξ_T 也是正值,即透射波和入射波的质点运动方向一致。

②当 $n=1$,即桩身阻抗不发生变化时,有 $Z_1=Z_2$,$\xi_R=0$,$\xi_T=1$,$V_r=0$,$V_t=V_i$,此时无反射波发生,应力波沿着桩身方向无阻碍正向传播。

③如果阻抗 Z 在桩身某一截面处由大变小,$Z_2<Z_1$,$\xi_R<0$,V_r 与 V_i 符号相同,也就意味着反射波引起的质点运动速度 V_r 与入射波引起的质点运动速度 V_i 为同相运动。Z_2 减小越多,V_r 反射越强。当 $Z_2 \to 0$,$n \to \infty$,$\xi_R \to -1$,$\xi_T \to 0$,$V_r=V_i$,$V_r+V_i=V_t=2V_i$。此时入射波和反射波引起的质点运动速度在界面叠加,速度加倍,桩端自由时是这种情况。

阻抗 Z 的减小反映出桩的截面面积减小或截面强度减弱,桩缩颈、断裂、离析、桩身材料强度减弱等部位的反射,其反射波与入射波质点运动速度同相位。

④如果阻抗 Z 在桩身某一截面处由小变大,$Z_2>Z_1$,$\xi_R>0$,V_r 与 V_i 符号相反,也就是反射波引起的质点运动速度 V_r 与入射波引起的质点运动速度 V_i 为反相运动。Z_2 增大越多,V_r 反射越强。当 $Z_2 \to \infty$,$n \to 0$,$\xi_R \to 1$,$\xi_T \to 2$,$V_r=-V_i$,$V_r+V_i=V_t=0$。这种情况下在该界面处入射波和反射波引起的质点运动速度在界面的叠加结果使速度为零,反射波和入射波的运动速度反相。桩端为固定端时即属于这种情况。

实际工程检测中桩身某部位阻抗增加反映出桩在该截面处面积增大或强度增加,对扩径桩、桩身材料强度在某截面处突然提高的桩或良好的嵌岩桩,其相应部位反射波的相位均与入射波相位相反。当桩侧某部位土阻力突然增大时,该处也会产生与入射波相位相反的反射波。

3. 波形的频谱分析

前面讨论的应力波在桩身的传播过程是从时域来分析的,实际检测工作中单从时间区域判断桩身的质量是不够的,有时需对时域模拟信号进行数字化,进行数/模转换,把瞬态动力时域信号通过傅立叶变换,转化到频率域中进行分析,作为对时域分析的补充。频谱分析及傅立叶变换公式推导请参阅《基桩质量检测技术》。

(1)傅立叶级数法

动态信号一般分为周期性和非周期性两类,周期性信号又分为简谐周期信号和复杂周期信号。简谐周期信号为:

$$y_T(t) = A_0\sin(2\pi ft + \varphi) = A_0\sin\left(\frac{2\pi t}{T} + \varphi\right) \tag{2-7-7}$$

式中:A_0、f、T、φ——分别为振幅、频率、周期和相位角;

对 $y_T(t)$ 在区间 $[0,T]$ 上进行积分,得到傅立叶级数公式:

$$y_T(t) = \frac{a_0}{2} + \sum_{n=1}^{\infty}\left(a_n\cos\frac{2\pi n}{T}t + b_n\sin\frac{2\pi n}{T}t\right) \tag{2-7-8}$$

式中:系数 $a_0 = \frac{2}{T}\int_0^T y_T(t)\,dt$

$a_n = \frac{2}{T}\int_0^T y_T(t)\cos\frac{2\pi n}{T}t\,dt \quad (n = 1,2,3,\cdots)$

$b_n = \frac{2}{T}\int_0^T y_T(t)\sin\frac{2\pi n}{T}t\,dt \quad (n = 1,2,3,\cdots)$

设 $a_n = A_n\sin\varphi_n$,$b_n = A_n\cos\varphi_n$,$f = \frac{1}{T}$

$$y_T(t) = \frac{a_0}{2} + \sum_{n=1}^{\infty}A_n\sin(2\pi nft + \varphi_n) \tag{2-7-9}$$

式中:A_n——傅立叶级数频谱的幅值;

φ_n——傅立叶级数频谱相位值。

(2)傅立叶积分法

动态信号非周期性信号的频谱分析采用傅立叶积分法,可得到下面二式:

$$Y(\omega) = \int_{-\infty}^{\infty} y(t)\cdot e^{-j\omega t}\,dt \tag{2-7-10}$$

$$y(t) = \frac{1}{2\pi}\int_{-\infty}^{\infty} Y(\omega)\cdot e^{j\omega t}\,d\omega \tag{2-7-11}$$

(3)傅立叶变换

对时域模拟信号进行数字化即 A/D 转换。设时域信号采集时间长度为 T,采样时间间隔为 Δt,采样点数为 N,则:

$$Y(f_n) = \frac{1}{N}\sum_{k=0}^{N-1}y(k\Delta t)\cdot e^{-j\frac{2\pi nk}{N}} \quad (n = 1,2,3,\cdots,N-1) \tag{2-7-12}$$

$$y(k\Delta t)=\sum_{n=0}^{N-1}Y(f_n)\cdot e^{-j\frac{2\pi nk}{N}}\qquad (n=1,2,3,\cdots,N-1)\tag{2-7-13}$$

图 2-7-2 是一根等截面摩擦桩的时域波形和傅立叶变换后的频谱曲线。

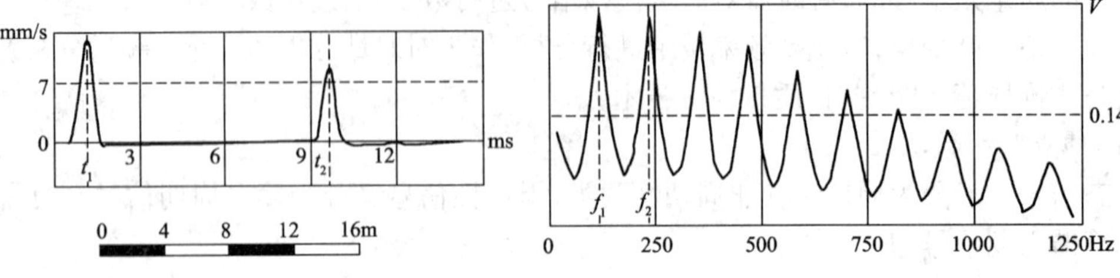

图 2-7-2　时域波形及频谱图

二、低应变法的适用范围

1. 低应变法的适用范围

低应变法是用一维应力波理论去研究桩的动态响应，将桩视为一维弹性杆件，利用桩顶的激振能量，根据应力波在桩身中的变化规律去分析桩身阻抗变化情况，判断桩身是否有缺陷以及相应的缺损位置和缺损程度。该方法适用于钢筋混凝土预制桩（预制混凝土方桩、板桩、预应力管桩等）和混凝土灌注桩（钻孔灌注桩、挖孔灌注桩、沉管灌注桩等）的桩身结构完整性检测。

低应变法对桩身缺陷只能作定性判别，且不适用于下面几种情况：

(1) 不适用于检测及推算桩的承载力，因为低能量的激振不可能充分发挥桩周土阻力。

(2) 不能用于推算桩身混凝土强度。一般来讲，混凝土强度越高，波速相对也高，但影响波速的因素很多，除了混凝土强度外，还与混凝土骨料品种、粒径大小、水灰比、成桩工艺等因素有关，级配不同的混凝土可能达到相同强度，但波速会有一定差别；同样波速相同的混凝土也可能强度相差很大，为此至今还没能建立纵波波速与混凝土强度的关系公式。

(3) 不能用于检测桩身纵向裂缝和较深部位的桩身缺陷，也不能检测混凝土灌注桩桩底沉渣厚度。

(4) 不适用于强度较低的水泥土桩、砂（碎石）桩等柔性桩和半刚性桩的质量检测。因为此类桩不仅强度低且离散性大，而低应变检测是靠敲击的应力波在桩身的传递信号判别桩身质量，适宜在刚性桩上使用。

2. 影响低应变测桩的主要因素

(1) 桩长及桩周土层的影响

应力波在桩身传递过程中，由于受桩身内阻尼和桩侧土阻力的影响，应力波不断衰减，衰减的速率与桩侧土层性质和桩身材料有关，目前还无法得到一个较准确的衰减公式。例如一根施工的打入预制桩，在刚打入时桩侧土阻力较小，应力波可传播到桩身相对较深部位，但隔若干天后，桩周土体得到恢复，桩侧摩阻力增大，应力波衰减相对较快，此时检测的深度会减短。再如同样的混凝土灌注桩，若桩身混凝土强度高，则应力波传播的有效深度相对要深一些。但不管怎样，低应变测桩的深度都是有限的。具体检测时应结合桩型、土质等条件通过测试决定，对超过检测有效桩长部位桩身质量可采用其他方法检测，如钻芯法等。

(2)激振锤的影响

低应变法激振能量一般依靠激振锤敲击,应根据不同情况选择合适的敲击锤和锤垫材料。

不同材料、不同质量的锤头对波形产生一定的影响。锤头的材料有钢质、铝质、尼龙、硬橡胶等,材质不同,敲击产生的脉冲宽度和频带宽度也不同。钢质锤头产生的脉冲时间最短,频带最宽,其次是铝质锤头、尼龙锤头和硬橡胶锤头。选用不同材质锤头的主要目的是控制激励脉冲的宽窄,以获得清晰的桩身阻抗变化的反射和桩底反射。当桩身缺陷位置离桩顶较近时,宜选用质量小且刚度较大的锤头,使冲击入射波脉冲较窄,高频成分较多,桩身浅部缺陷可以清晰显示出来。反之,采用质量较大且刚度较小锤头时,得到的冲击脉冲较宽,低频成分较多,相应的应力波能传递到桩身较深部位。

也可以通过锤垫调整波形的脉冲宽度,软的垫层可以使脉冲变宽,试验时可根据要求调节垫层的厚度和硬度。低应变检测时的垫层厚度一般为 1 ~ 2mm。

(3)桩身多阻抗变化的影响

一般当桩身有 1 ~ 2 个阻抗变化时,应力波的反射还是比较清楚的,但当桩身存在 3 个或 3 个以上的阻抗变化段时,由于多次反射波相互叠加,使得接收到的反射信号变得十分复杂,难以判断和分析。同样,低应变检测也难以判别那些桩身截面渐变的桩。

第二节　低应变检测步骤

一、测试前的准备工作

1. 桩顶处理

桩顶处理的好坏直接影响到检测质量。因此要求被检桩的桩顶(或设计标高处)混凝土质量、截面尺寸与设计相同。如果检测对象为钻孔灌注桩,应凿除桩顶浮浆,露出新鲜、坚硬的混凝土;若为预制混凝土桩,宜在破桩前进行低应变测试,被检桩的桩顶检测面必须平整、密实和水平。当遇到桩顶不平整时,检测点和激振点位置处宜用便携式砂轮机磨平。

2. 激振点的选择和传感器安装

传感器安装点及锤击激振点的选择应根据不同桩型而定:对混凝土实心桩,激振点位置宜选择在桩顶中心;对空心桩,激振点宜选择在桩壁中部;对于大直径混凝土灌注桩,激振点选在桩顶中部,传感器安装在距离桩顶中心约 2/3 半径处;对于混凝土管桩,传感器安装位置宜在管桩壁厚的 1/2 处,激振点位置与传感器安装位置的水平夹角宜为 90°,当桩径大于 1.0m 时,激振点不宜少于 4 处,各安装点位置见图 2-7-3。

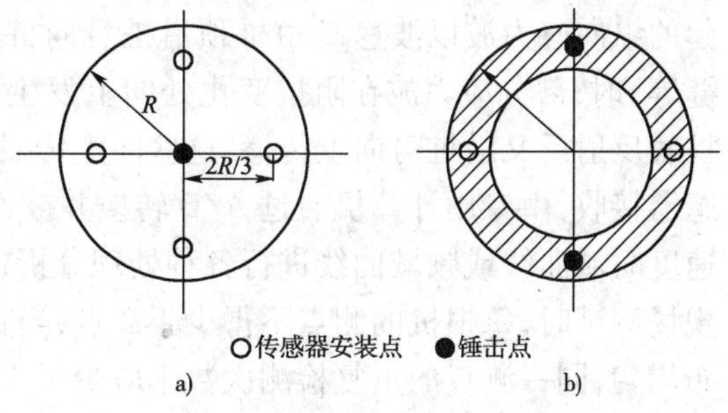

图 2-7-3　传感器安装示意图

a)实心桩;b)空心桩

传感器应稳固地安置在桩顶,粘合剂可采用橡皮泥或黄油等材料。安装完毕的传感器应紧贴桩的顶面,传感器不产生滑动、信号线不抖动,不能用手扶持传感器和信号线,并保证传感器安装平面与桩的中心轴线垂直。

3. 仪器设备的调制

低应变法检测桩身完整性原理清楚,检测设备相对也比较简单。目前国内在这方面使用的测桩仪器品种很多，有进口仪器，也有国产仪器，仪器的主要组成部分基本相同，即锤击设备、传感器、信号记录分析仪及输出设备四大部分。仪器流程见图2-7-4。

(1)锤——低应变法测试时常使用的锤有手锤(钢质、铝质、工程塑料或尼龙)、带有测力传感器的力锤、力棒等，也有用质量较大的穿心锤或铁球作激振设备的。

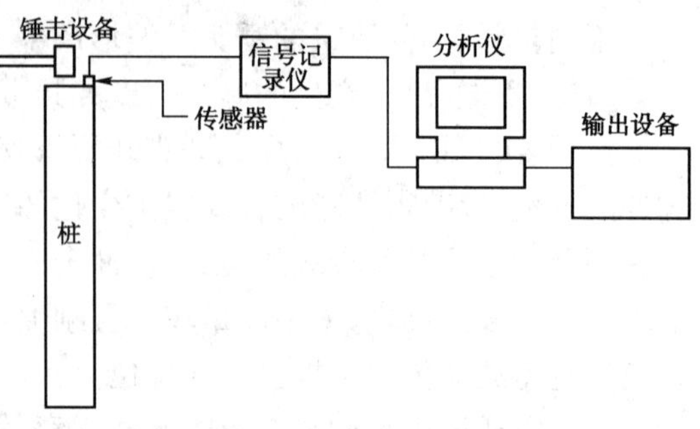

图2-7-4　低应变检测仪器流程图

(2)传感器——目前应力波反射法测桩中使用较普遍的是压电晶体式加速度传感器，也有使用磁电式速度传感器的，主要用于接收桩顶被激发后加速度(或速度)波在不同波阻抗界面的反射信号。选用传感器要根据桩型尺寸、激振力、桩-土体系的条件，力求与可能出现的频率和振幅大小相匹配。一般来讲，加速度传感器灵敏度较高，谐振频率大，其测试精度较高，特别对距桩顶较近处有缺陷或桩身有微小裂缝的桩，使用加速度传感器更为合适。磁电式速度传感器固有频率相对较低，安装谐振频率变化较大，易产生自身振荡，一般情况下其测试精度不如加速度传感器，但其低频、宽脉冲的特性可测试桩身较深部位的缺陷。

按《港口工程桩基动力检测规程》(JTJ 249—2001)要求，传感器宜选用宽频带的加速度传感器，其灵敏度应大于100mV/g。

(3)信号采集与记录系统应具有现场显示、记录、存储等功能。放大系统的增益应大于60dB，长期变化量应小于1%；折合输入端的噪声水平应低于3μV；频带宽度应不窄于10～1000Hz，滤波频率应能调节。

数据采集的模/数(A/D)转换器的位数不低于10位，采样时间宜为50～1000μs，并能分档调整。

4. 抽检桩的比例

根据交通部行业标准《港口工程桩基动力检测规程》(JTJ 249—2001)的规定，对混凝土预制桩，检测桩数不宜少于总桩数的10%，并不得少于10根；对混凝土灌注桩，宜全部进行检测。

二、测试方法

在桩顶选择好位置，用橡皮泥或黄油等粘结材料安装固定好传感器。用手锤敲击桩顶，激起的纵向应力波以波速C由桩顶沿桩身向桩底传播，当桩身阻抗发生变化(如断桩、缩径、裂缝等)时，部分应力波在阻抗变化处向上发生反射，其余以透射波的形式继续向桩底传播，在桩底反射后又沿桩身向上传播，这些向上传播的应力波被安装在桩顶上的加速度(或速度)传感器接收，由专用计算机通过A/D转换并被积分成速度信号存储起来。试验人员根据测得的速度时域曲线或频域曲线进行各种处理分析，最终对桩身完整性和桩身混凝土质量作出判断。现场测试时，每根桩的测点不得少于2点，当直径大于800mm时，应适当增加测点。测点应分布均匀，同一测点的重复检测次数不应少于4次，且每次采集波形应具有良好的一致性。发现波形有异常时，应改变激振方式或改变传感器安装位置后重新测试，直到得到满意的波形为止。

第三节　桩身完整性判别

一、桩身平均波速的确定

1. 完整桩的波速平均值测试与分析

假定桩长已知，选取地质条件、桩型和成桩工艺相同的若干根完整桩（至少不少于5根）进行测试，得到桩底反射信号清晰明确的完整桩波形，以第一峰与桩底反射波峰间时间差为ΔT，桩长为L，计算应力波沿桩身轴线方向传播的纵波速度C：

$$C = \frac{2L}{\Delta T} \tag{2-7-14}$$

式中：L——完整桩的桩长（m）；

ΔT——速度波第一峰值与桩底反射波峰值之间的时间差（ms）。

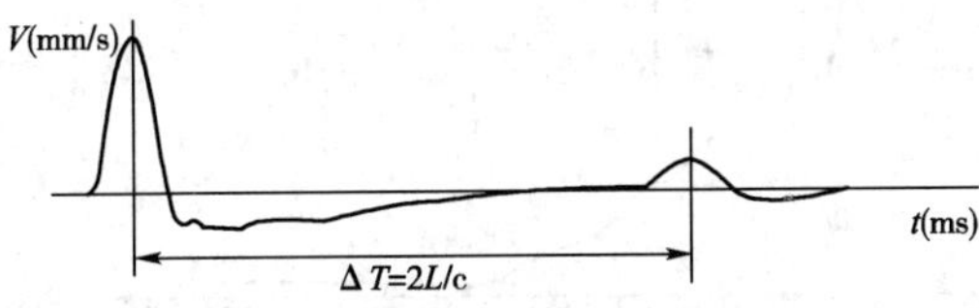

图 2-7-5　完整桩时域信号特征

完整桩的平均波速$\overline{C}$由该工程有代表性的若干根完整桩（$n \geqslant 5$）计算且符合正态分布（图2-7-5）：

$$\overline{C} = \frac{1}{n}\sum_{i=1}^{n} C_i \tag{2-7-15}$$

$$\frac{|C_i - \overline{C}|}{\overline{C}} \leqslant 5\% \tag{2-7-16}$$

式中：$\overline{C}$——n根桩桩身纵波速度的平均值（m/s）（$n \geqslant 5$）；

C_i——第i根桩的纵波速度（m/s）；

n——检测桩根数（$n \geqslant 5$）。

2. 桩身缺陷位置的确定

第i根桩的桩身缺陷距桩顶的距离x计算如下（图2-7-6）：

$$x = \frac{1}{2}\overline{C} \cdot \Delta t_i \tag{2-7-17}$$

式中：x——桩身缺陷距桩顶的距离（m）；

Δt_i——缺陷桩速度波第一峰值与缺陷反射波峰值之间的时间差（ms）。

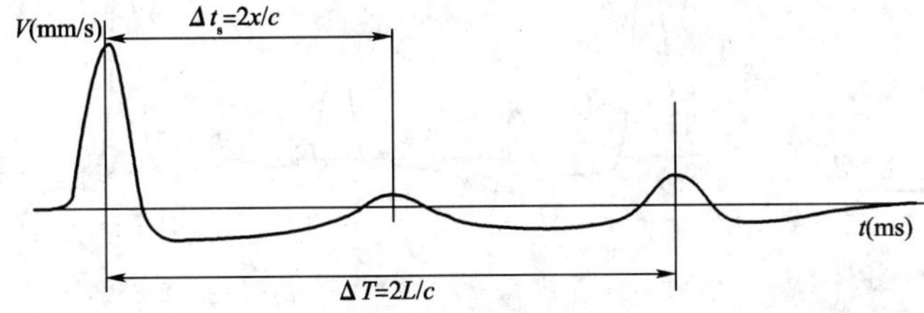

图 2-7-6　缺陷桩时域信号特征

3. 桩身应力波的频域分析

桩身完整性判别除对反射波进行时域分析外，还可进行频域分析，纵波速度C计算如下：

$$C = 2L \cdot \Delta f \tag{2-7-18}$$

式中：Δf——完整桩相邻波峰之间频差(Hz)；

第 i 根桩的桩身缺陷距桩顶的距离 x 可计算如下：

$$x = \frac{\overline{C}}{2\Delta f_i} \tag{2-7-19}$$

式中：Δf_i——缺陷桩相邻波峰之间频差的平均值(Hz)。

完整桩速度幅频信号特征见图 2-7-7。

缺陷桩速度幅频信号特征见图 2-7-8。

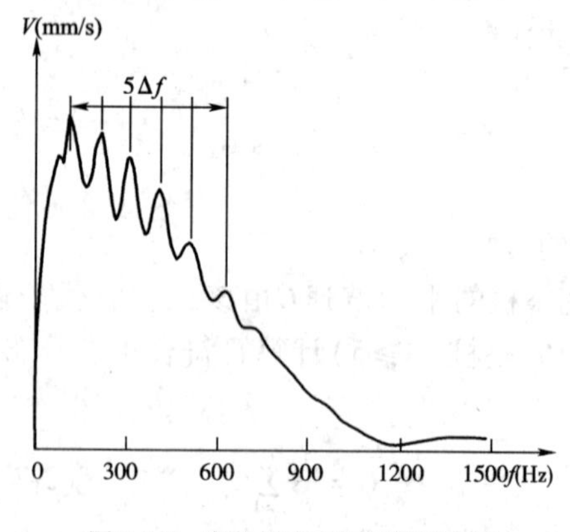

图 2-7-7 完整桩速度幅频信号特征

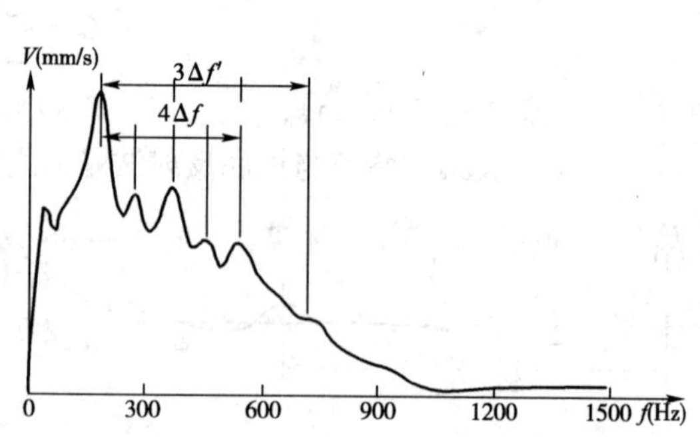

图 2-7-8 缺陷桩速度幅频信号特征

4. 不同缺损位置及不同缺损程度的模拟波形(图 2-7-9 和图 2-7-10)

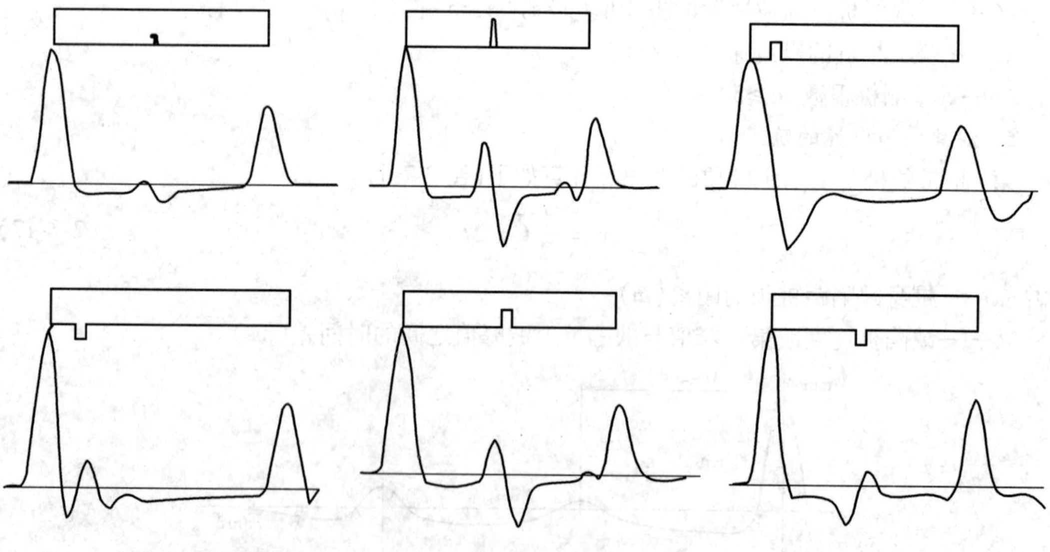

图 2-7-9 典型的模拟波形(1)

二、桩身完整性的判断

桩身完整性应根据实测信号的波形、波速、相位、振幅和频率等特征，结合地质情况和施工过程进行综合评价。桩身完整性评价宜按表 2-7-1 进行。

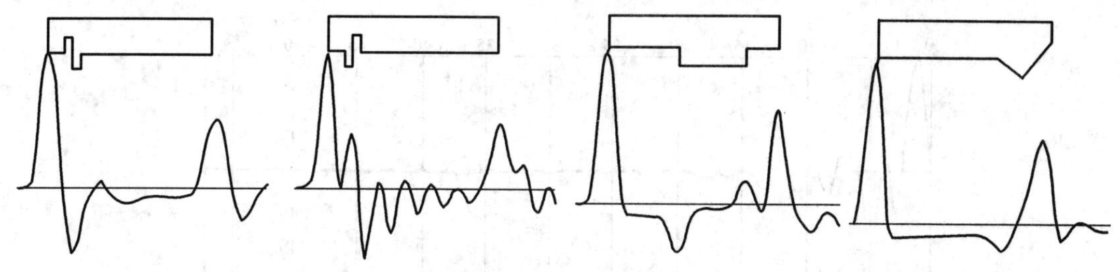

图 2-7-10 典型的模拟波形(2)

表 2-7-1

桩身完整性类别	完整性状况	完整性评价
Ⅰ	检测波波形无异常反射、波速正常、桩身完好	完整桩
Ⅱ	检测波波形有小畸变、波速基本正常、桩身有轻微缺陷、对桩的使用没有影响	基本完整桩
Ⅲ	检测波波形出现异常反射、波速偏低、桩身有明显缺陷、对桩的使用有一定影响	明显缺陷桩
Ⅳ	检测波波形严重畸变、桩身有严重缺陷或断裂	严重缺陷桩或断桩

第四节 工 程 实 例

例 1 某工地基桩采用 ϕ600mm 的 PHC 桩,桩长 38m,其中上节桩为 12m,中节桩为 12m,下节桩为 14m。低应变检测发现该桩在距桩顶 12m 附近处反射较大(图 2-7-11),根据该桩上节桩长 12m 接桩处已入土 12m 的特点,评定该桩在桩顶下 12m 附近明显缺损,完整性分类判为Ⅲ类桩。该桩后又进行高应变验证,测得该处的完整性系数 β 值为 70%。验证结果也证实了该桩在桩顶下 12m 处桩身存在明显缺陷。

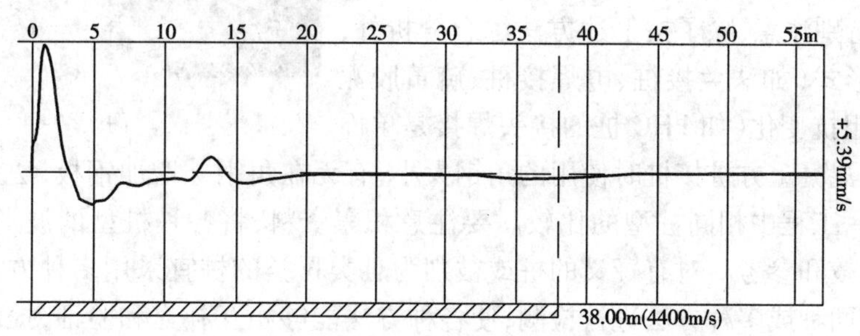

图 2-7-11

例 2 某工地基桩采用 ϕ600mm 的 PHC 桩,桩长 38m,低应变检测发现该桩在桩顶下 3.0m附近有明显的缺陷反射,且有多次反射(图 2-7-12),最终判定该桩在桩顶下 3.0m 附近严重缺损。考虑到该处的正常水位在距桩顶 3m 以下,为此采取了灌水试验,在该桩的管内灌满水后,起初水位下降较快,但降至桩顶下 3.0m 左右位置后,水位下降基本稳定,最终判定该管桩在桩顶下 3.0m 处严重损坏,为Ⅳ类桩。

例 3 某工地打入 30cm×30cm 的预制方桩,桩长 21m。现场低应变检测时发现在桩顶下 1.3m 附近有较明显的异常反射,且有重复反射出现(图 2-7-13)。后监理要求开挖验证,在开

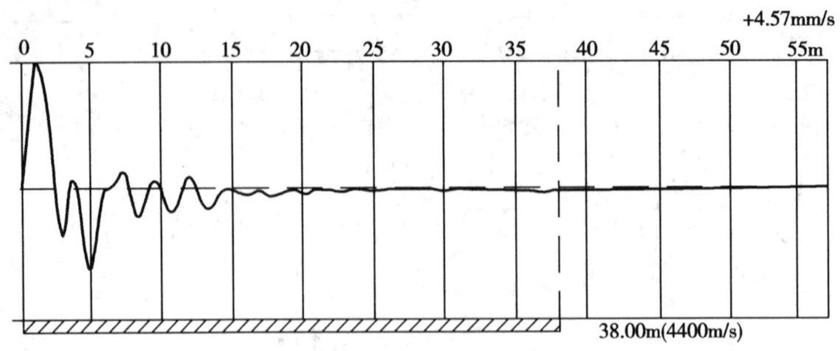

图　2-7-12

挖后发现在桩顶下 1.5m 处有一条横向裂缝，该裂缝自桩的一角向相邻的二面水平延伸，每边延伸长度约 20cm 左右（图 2-7-14）。

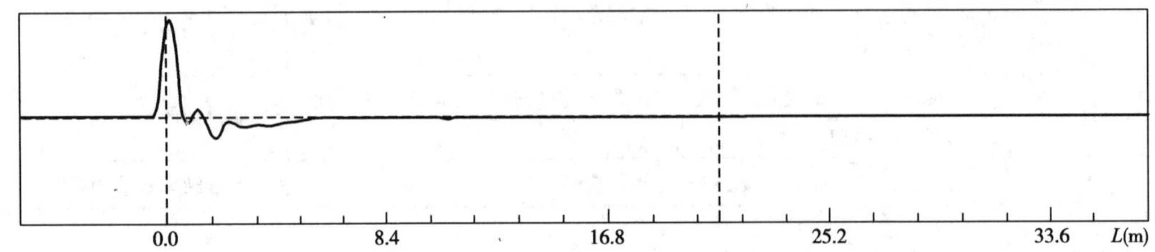

图　2-7-13

低应变动测技术是一门正在研究、发展和提高的新技术，而它所服务的对象是地质及其复杂的地下隐蔽工程——桩基工程。所以低应变桩身质量的判断应在实测曲线（时域、频域）的基础上参照各种因素（如施工记录、监理记录、灌注桩的孔径检测报告及桩周土质、缺损部位的埋置深度等），经综合分析来判断；对预制桩的接头应特别注意，除了按上述方法综合分析外，还应考虑按桩形式（如法兰接桩、电焊接桩、硫黄胶泥接桩）、接桩处阻抗变化（如 PHC 桩的接头焊接是单面焊还是双面焊，混凝土方桩接桩时使用的角钢大小，有无在角钢外增加钢板，法兰接桩时法兰的个数等）、同一工程中相同桩型的比较。要注意积累资料，将各种桩型的波形分类，制作标准波谱，以供比较和参考。对有疑义的桩或被判为Ⅲ类Ⅳ类的桩宜采用多种方法进行复检或分类抽检，选用两种或多种方法进行检测，使各种方法能够相互补充和验证，提高检测结果的可靠性，如采用不同的低应变法、高应变法、静载压桩法（或拔桩法）、开挖验证法等等，混凝土灌注桩也可采用取芯法。必须指出的是，用静载压桩法验证满足设计承载力要求的桩并非都是Ⅰ类桩。举例：一根 ϕ600mm 灌注桩，混凝土强度为 C30，设计要求的抗压承载力特征值 2400kN。若该桩在桩顶下 8m 处截面积损失 50%，低应变检测时该处波形必定出现明显的反射波，但若用静载试验，压桩力达到 2 倍特征值即 4800kN 时可判为合格桩。按强度计算，在上述荷载下，桩一般不会断裂的，可安全度达不到规范要求，而低应变及高应变检测结果一般会得出不合格的结论。因此对低应变检测有疑义的桩应慎重对待，通过复检后结合各种因素综合分析。

图　2-7-14

第八章　声波透射法检测与分析

混凝土灌注桩的声波透射法是在桩内预埋若干个声测管，将超声换能器直接放入声测管中，逐点发射和接收超声脉冲，把穿过桩身各横截面的声学参数进行统计、计算、分析，评定桩身混凝土的连续性、完整性和均匀性，最终判定桩身完整性类别。

第一节　声波透射法测桩的基本原理

一、波动与声波

1. 波动

任何一个质点做振动时，会引起相邻质点也产生振动，这种振动以一定的速度在介质中向某方向传播，传播着的扰动称为波动，传播速度即为波速。

2. 声波

本章节所说的声波是指在介质中传播的机械波。纵波和横波是最基本的机械波。

(1)纵波

介质质点的振动方向与波的传播方向平行，称为纵波。纵波的传播是依靠介质时疏时密，使介质的局部容积发生变化，引起压强的变化而传播的，和介质的体积弹性有关，纵波可以在任何固体、气体和液体中传播。

(2)横波

介质质点的振动方向与波的传播方向垂直，称为横波。横波的传播是依靠使介质产生剪切变形引起的剪切应力变化而传播的，它和介质的剪切弹性有关，横波只能在固体中传播。

二、波的传播

1. 波动方程

理想介质中，作振动的任一质点的位移随该质点的空间位置和时间变化着。假设质点运动做简谐振动，其质点的振动方程为：

$$u = A_0\cos\omega\left(t - \frac{x}{v}\right) \tag{2-8-1}$$

当 $t = t_1$ 时，质点的位移：

$$u_{t_1} = A_0\cos\omega\left(t_1 - \frac{x}{v}\right) \tag{2-8-2}$$

当 $t = t_1 + \Delta t$ 时，质点的位移：

$$u_{t_1+\Delta t} = A_0\cos\omega\left(t_1 + \Delta t - \frac{x}{v}\right) \tag{2-8-3}$$

即整个波形质点的位移在 Δt 时间内向前移动了 $v \cdot \Delta t$，v 是整个波形运动的波速。波动的频率、相位、振幅就是波动介质中质点振动的频率、相位和振幅。图 2-8-1 为简谐波在 Δt 内的传播位移。

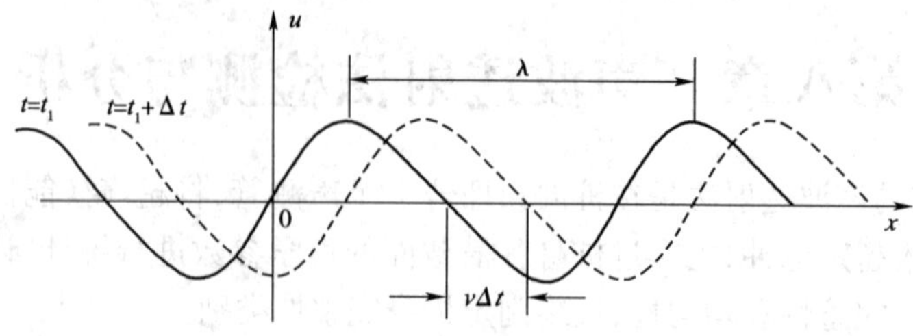

图 2-8-1　简谐波在 Δt 内的传播

2. 波的传播速度

在固体介质中，声波的波速取决于波的类型、介质的边界条件和弹性常数。对于弹性介质，波速主要取决于介质的密度、弹性模量、泊松比。介质的密度越小、弹性模量越大，则波速越高。

假设固体界面的边界条件无限大，则纵波在固体介质中传播的纵波速度为：

$$v_p = \sqrt{\frac{E}{\rho} \cdot \frac{1-\mu}{(1+\mu)\cdot(1-2\mu)}} \tag{2-8-4}$$

式中：v_p——纵波波速；

E——介质弹性模量；

μ——介质泊松比；

ρ——介质密度。

三、声波的反射与折射

声波在传播过程中，遇到不同的介质时，在两种介质的界面上声波的传播规律、能量分配都要发生变化，所以波的传播过程也是能量的传播过程。

当声波从一种介质（$Z_1=\rho_1 v_1$）传播到另一种介质（$Z_2=\rho_2 v_2$）时，在界面上有部分能量被界面反射，部分能量透过界面形成折射（图 2-8-2）。上述关系式中 Z 为声阻抗，ρ 为介质密度，v 为波在介质中的传播速度。

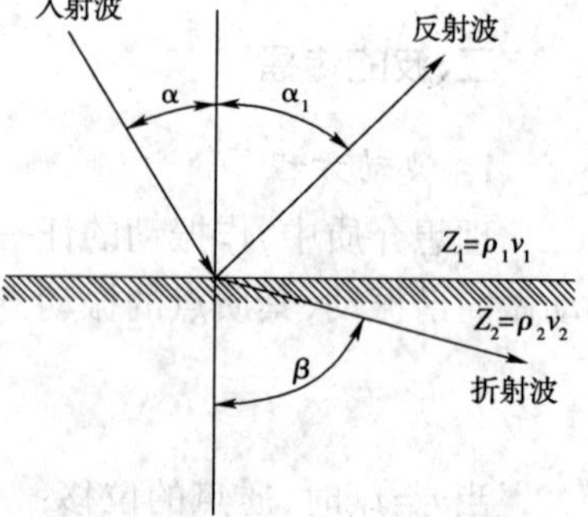

图 2-8-2　声波在界面上的反射和折射

四、声波在混凝土中的检测原理

混凝土是一种集结型的复合材料，其内部存在着广泛分布的复杂界面。当混凝土的组成材料、工艺条件、内部质量及测试距离一定时，其声波传播速度、首波幅度和接收信号主频等声学参数一般符合统计正态分布。如果某部分混凝土存在空洞、不密实或裂缝等缺陷，便破坏了混凝土的整体性，与无缺陷的混凝土相比，声时值会偏大，波幅和频率值会降低。

1. 波速与混凝土质量的关系

超声波传播速度的快慢，与混凝土的密实程度或缺陷有直接关系，一般混凝土密实或整体性好波速就高，相反则波速低。当混凝土中有空洞或裂缝存在时，便破坏了混凝土的整体性，超声波只能绕过空洞或裂缝传播，到达接收换能器时传播的路径增加，测得的声时偏长，得到的波速小。

2. 波幅与混凝土质量的关系

波幅是声波穿过混凝土后能量衰减程度的指标之一。若混凝土中存在缺陷，由于空气的声阻抗率远小于混凝土的声阻抗率，超声波在混凝土中传播时，若遇到蜂窝、空洞或裂缝等缺陷，便在缺陷界面发生反射和散射，声能被衰减，其中频率较高的成分衰减更快，因此接收到的信号波幅明显降低。

3. 频率与混凝土质量的关系

超声脉冲波是复频波，具有多种频率成分，当它们穿越混凝土时，各频率成分的衰减程度不同，高频部分比低频部分衰减严重，导致接收信号的主频率向低频率漂移，当遇到缺陷时，频率衰减严重，接收到的主频率明显降低。

4. 波形变化与混凝土质量关系

由于超声波在缺陷界面的反射和折射，形成不同的波束，这些波束由于传播路径与直达波信号之间存在声程差和相位差，不同相位的波束叠加后，形成波形畸变或不规则。

正是通过对这些声学参数的计算和分析，对混凝土质量进行评判。

第二节　测试设备

一、声波检测仪

声波检测仪是埋管超声检测的核心部分，它的作用是产生电脉冲并激励发射换能器，再将接收换能器传来的信号放大、显示并存储。声波检测仪主要由接收放大器和数据采集、处理存储器两大部分组成。依据行业标准《建筑桩基检测技术规范》(JGJ 106—2003)的要求，检测仪应符合下列要求：

(1)可实时显示和记录接收信号的时程曲线，具有频率测量或频谱分析功能。

(2)声时测量分辨率优于或等于 0.5μs。

(3)波幅测量相对误差小于5%。

(4)系统频带宽度为 1～200kHz，系统最大动态范围不小于 100dB。

(5)发射系统应能输出电压为 200～1000V 的矩形脉冲或阶跃脉冲。

二、声波换能器

换能器的功能是实现电能和声能之间的转换，发射换能器是将电能转化为声能，向被测介质发射声波，并在介质中传播，然后由接收换能器将声波转化为电能。日常混凝土桩检测使用的换能器为径向换能器，又分为双孔换能器和单孔换能器，前者是将发射换能器和接收换能器分别置于同一根桩的两个不同预埋管中，检测两管之间的混凝土质量；后者是将 1 只发射换能器和 2 只接收换能器置于同一孔中(即一发双收)，检测孔壁周围混凝土的质量。换能器的主要技术指标如下：

(1)圆柱状径向振动、沿径向无指向性。

(2)换能器的外径应小于声测管内径,有效工作面轴向长度不大于150mm。

(3)谐振频率范围宜为30～50kHz。

(4)水密性满足1MPa水压下不渗水。

第三节　现场检测方法

一、声测管的埋设

混凝土灌注桩的声波透射法检测通常采用双孔检测。

1. 声测管的埋置数量

成桩前应根据桩径大小预埋声测管,一般桩径在0.6～0.8m时宜埋2根管,对称布置;桩径在0.8～2.0m时宜埋3根,按等边三角形布置;桩径在2.0m以上时宜埋4根管按正方形布置。声测管应牢固绑扎或焊接在钢筋笼内侧,相互平行(图2-8-3)。

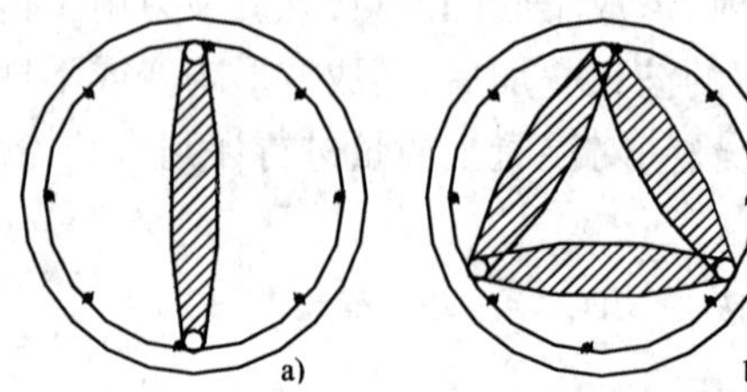

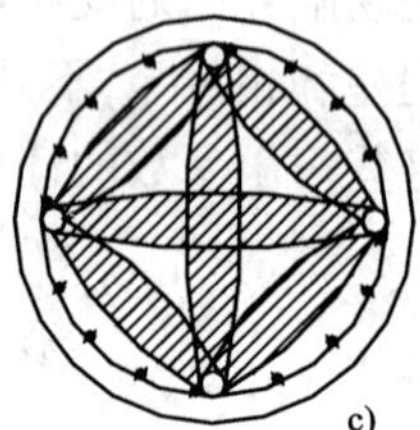

图2-8-3　声测管布置方式

a)二管;b)三管;c)四管

2. 声测管的材质

选用声测管的原则:透射率较大、便于安装、费用较低。可选用内径为35～50mm的钢管、铁管或铸铁管,管径根据实际使用的换能器直径决定。当桩身长度较短时,也可用硬质PVC塑料管。

3. 声测管的连接

声测管应下端封闭、上端加盖、管内通畅。声测管连接处应光滑过渡,宜采用外接螺纹的连接方式,因为焊接易造成接头处管内堵塞或毛刺,影响换能器上下移动。若要采用焊接连接,应采用外加套管焊接,切不可在上、下管连接处直接电焊。安装完毕后管口要高出桩顶100mm以上,同一根桩的声测管管口高度宜相同。

二、检测前的准备

进行灌注桩超声检测前,应认真调试仪器设备,检查声测管的通畅情况,并做好以下工作:

(1)在桩顶测量相应声测管内壁间净距离,并对同一根桩中的测管进行编号。

(2)将各声测管内注满清水,作为耦合剂,并检查声测管畅通情况。

(3)计算声测管及耦合水的声时修正值:

声波穿过声测管及耦合水的声时修正值t'计算如下:

$$t' = \frac{D-d}{v_g} + \frac{d-d'}{v_s} \tag{2-8-5}$$

式中：D——声测管的外径；

d——声测管的内径；

d'——换能器外径；

v_g——材料声速；

v_s——水的声速；

(4)采用标定法确定仪器系统的延时时间：

仪器系统的延迟时间 t''，可采用以下方法测得：将一对（分别为反射和接收）换能器平行放置静水中，并置于同一水平高度，将换能器的内边缘间距调节在 l_1 和 l_2，分别读取相应的声时值 t_1 和 t_2，则有等式：

$$\frac{l_1}{t_1 - t''} = \frac{l_2}{t_2 - t''} \tag{2-8-6}$$

经换算得到：

$$t'' = \left| \frac{l_1 t_2 - l_2 t_1}{l_1 - l_2} \right| \tag{2-8-7}$$

三、现场检测

(1)根据桩径大小及测管之间的距离选择合适频率的换能器和仪器参数。同一根桩检测时，各检测剖面的声波反射电压和仪器设置参数不得改变。

(2)首先将发射换能器与接收换能器分别置于两个声测孔的顶部或底部，采用平测方法同步升降，以相同的步长进行检测，测点间距不宜大于250mm。

(3)记录接受信号的时程曲线，读取声时、首波峰值及主频值。

(4)对埋设有二根以上声测管的桩，应以每两管为一个测试剖面，分别对所有剖面进行检测。

(5)对数据可疑的部位可采用水平加密测点或采用斜测或扇形扫测等方法进行复测，进一步确定桩身缺陷的位置和范围。水平加密即在可疑部位采用同步平测的方法，将测点加密（如测点间距减小为50～100mm）。斜测是将发射换能器和接收换能器置于不同高度，检测过程中保持高差不变，水平夹角可取30°～45°。扇形扫测是将一个换能器的位置固定，将另一个换能器在一定范围内按固定的步长进行测试（图2-8-4）。

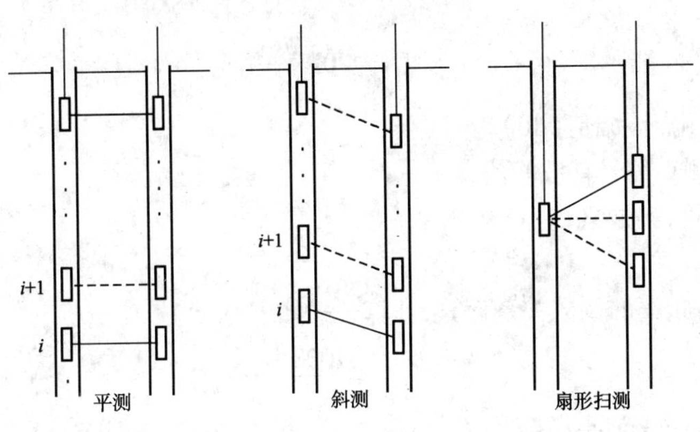

图2-8-4　测试示意图

第四节　检测数据的处理与判断

一、声学参数的计算

各测点的声时 t、声速 v、波幅 A_p 及主频 f 根据现场检测数据按下列公式计算，绘制声速—深度曲线和波幅—深度曲线，还可绘制主频—深度曲线。

1. 声速计算

(1)声时值

声波从发射换能器发出到接收换能器接受到声波，其声时值 T 由三部分组成，即声波穿过声测管及耦合水的声时修正值 t'、声波穿过混凝土的时间 t_i 及仪器系统的延迟时间 t''，即 $T_i = t' + t_i + t''$，第 i 点穿过混凝土中的声时为：

$$t_i = T_i - t' - t'' \tag{2-8-8}$$

式中：t_i——第 i 测点声时；

T_i——第 i 测点声时测量值；

t'——声波穿过声测管及耦合水的声时修正值；

t''——仪器系统的延迟时间。

(2)声速计算值

根据桩身混凝土各测点声时 t_i，就可计算各测点的声速值 v_i：

$$v_i = \frac{l}{t_i} \tag{2-8-9}$$

式中：v_i——第 i 点混凝土声速；

t_i——第 i 点测点声时值；

l——每检测剖面二声测管内边缘之间的距离。

2. 波幅

波幅 A_{pi} 可由下式表示：

$$A_{pi} = 20\lg\frac{a_i}{a_0} \tag{2-8-10}$$

式中：A_{pi}——第 i 测点波幅值(dB)；

a_i——第 i 测点信号首波峰值；

a_0——零分贝信号幅值。

3. 频率

频率用周期与频率的倒数关系计算，计算公式如下：

$$f_i = \frac{1000}{\Delta T_i} \tag{2-8-11}$$

式中：f_i——第 i 测点信号的主频值；

ΔT_i——第 i 测点信号周期。

二、桩身混凝土异常值的判断方法

1. 概率法

概率法是应用概率统计学来分析计算混凝土质量各测点的声学参数，用正态分布特征量来表示。

(1)正态分布特征量的计算

描述正态分布的特征量有：平均值 m_x，标准差 S_x。

$$\text{平均值 } m_x = \frac{\sum x_i}{n} \tag{2-8-12}$$

$$\text{标准差 } S_x = \sqrt{\frac{1}{n-1}\sum_{i=1}^{n}(x_i - m_x)^2} \tag{2-8-13}$$

式中：x_i——第 i 点的声学参数测量值；

n——参与统计的测点数。

(2)临界值计算

①当统计数据为声时值时，声时临界值计算如下：

$$M_t = m_t + \lambda_1 S_t \tag{2-8-14}$$

式中：M_t——声时临界值；

m_t——声时平均值：$m_t = \frac{\sum t_i}{n}$

S_t——声时标准差：$S_t = \sqrt{\frac{1}{n-1}\sum_{i=1}^{n}(t_i - m_t)^2}$

λ_1——异常值判定系数，按表 2-8-1 取值。

②当统计数据为声速时，声速临界值计算如下：

$$M_v = m_v - \lambda_1 S_v \tag{2-8-15}$$

式中：M_v——声速临界值；

m_v——声速平均值；

S_v——声速标准差；

λ_1——异常值判定系数，按表 2-8-1 取值。

统计数的个数 n 与对应的 λ_1 值　　表 2-8-1

n	20	22	24	26	28	30	32	34	36	38
λ_1	1.65	1.69	1.73	1.77	1.80	1.83	1.86	1.89	1.92	1.94
n	40	42	44	46	48	50	52	54	56	58
λ_1	1.96	1.98	2.00	2.02	2.04	2.05	2.07	2.09	2.10	2.12
n	60	62	64	66	68	70	72	74	76	78
λ_1	2.13	2.14	2.15	2.17	2.18	2.19	2.20	2.21	2.22	2.23
n	80	82	84	86	88	90	92	94	96	98
λ_1	2.24	2.25	2.26	2.27	2.28	2.29	2.30	2.30	2.31	2.31
n	100	105	110	115	120	125	130	140	150	160
λ_1	2.32	2.35	2.36	2.38	2.40	2.41	2.43	2.45	2.48	2.50

(3)声时临界值的计算及判断

①将同一检测剖面各测点的 n 个声时值由小到大依次排列,

即　　$t_1 \leqslant t_2 \leqslant t_3 \leqslant t_4 \leqslant \cdots \leqslant t_{n-k} \leqslant \cdots \leqslant t_{n-1} \leqslant t_n \quad (k=1,2,3,\cdots)$

式中:t_i——按序排列的第 i 个声时测量值。

②从零开始逐一去掉 t_i 序列中最大数值,进行统计计算。当去掉最大数值的数据个数为 k 时,对包括 t_{n-k} 在内的 $t_1 \sim t_{n-k}$ 个数据进行统计计算:

声时平均值:
$$m_{t(n-k)} = \frac{1}{n-k}\sum_{i=1}^{n-k} t_i \tag{2-8-16}$$

声时标准差:
$$S_{t(n-k)} = \sqrt{\frac{1}{n-k-1}\sum_{i=1}^{n-k}(t_i - m_{t(n-k)})^2} \tag{2-8-17}$$

按公式(2-8-14)计算 $t_1 \sim t_{n-k}$ 个数据的声时临界值:
$$M_{t(n-k)} = m_{t(n-k)} + \lambda_1 S_{t(n-k)} \tag{2-8-18}$$

③当 t_{n-k} 值大于或等于 $M_{t(n-k)}$ 时,则 t_{n-k} 及排列于其后的声时值均为异常值;再将 $t_1 \sim t_{n-k-1}$ 个数值重新进行统计计算,得到新的 M_t 值再进行判断……直到余下的全部数值满足 $t_i < M_t$,则 M_t 为该剖面的声时临界值。

(4)声速临界值的计算及判断

①若参与统计的是 n 个声速值,将同一检测剖面各测点的 n 个声速值由大到小依次排列,

即　　$v_1 \geqslant v_2 \geqslant v_3 \geqslant \cdots \geqslant v_{n-k} \geqslant \cdots \geqslant v_{n-1} \geqslant v_n \quad (k=1,2,3,\cdots)$

式中:v_i——按序排列的第 i 个声速值。

②从零开始逐一去掉 v_i 序列中最小数值,进行统计计算。当去掉最小数值的数据个数为 k 时,对包括 v_{n-k} 在内的 $v_1 \sim v_{n-k}$ 个数值进行统计计算:

声速平均值:
$$m_{v(n-k)} = \frac{1}{n-k}\sum_{i=1}^{n-k} v_i \tag{2-8-19}$$

声速标准差:
$$S_{v(n-k)} = \sqrt{\frac{1}{n-k-1}\sum_{i=1}^{n-k}(v_i - m_{v(n-k)})^2} \tag{2-8-20}$$

按公式(2-8-15)计算 $v_1 \sim v_{n-k}$ 个数值的声速临界值:
$$M_{v(n-k)} = m_{v(n-k)} - \lambda_1 S_{v(n-k)} \tag{2-8-21}$$

③当 v_{n-k} 值小于或等于 $M_{v(n-k)}$ 时,则 v_{n-k} 及排列于其后的声速值均为异常值;再将 $v_1 \sim v_{n-k-1}$ 数值重新进行统计计算,得到新的 M_v 值再进行判断……直到余下的全部数据满足 $v_i > M_v$,则 M_v 为该剖面的声速临界值。

2. 斜率法也称 PSD 判据

(1)PSD 判据的基本原理

当桩身内部存在缺陷时,在缺陷与正常混凝土的交界面,介质的性质产生突变,导致声时产生突变,用斜率的变化能清楚地反映这种声时的突变,并能判断缺陷的存在,但缺陷的大小必须用声时差对斜率加权来反映,这种判断方法即为斜率法也称 PSD 判据,计算公式见(2-8-22)及(2-8-23):

$$K = (t_i - t_{i-1})/(h_i - h_{i-1}) \tag{2-8-22}$$

$$\mathrm{PSD} = (t_i - t_{i-1})^2/(h_i - h_{i-1}) \tag{2-8-23}$$

式中:$t_i - t_{i-1}$——相邻两测点的声时差;

$h_i - h_{i-1}$——相邻两测点深度差,令 $\Delta H = h_i - h_{i-1}$。

运用 PSD 判据可基本消除由于声测管的不平行或混凝土不均匀等因素而导致声时值的偏离,并结合波幅值的变化情况,进行异常点的判断。

(2)混凝土缺陷与 PSD 判据的计算

①缺陷为夹层或断桩(图 2-8-5)

$$t_{i-1} = \frac{L}{v_1} \tag{2-8-24}$$

$$t_i = \frac{L}{v_2} \tag{2-8-25}$$

则

$$t_i - t_{i-1} = \frac{L}{v_2} - \frac{L}{v_1} = \frac{L(v_1 - v_2)}{v_1 v_2} \tag{2-8-26}$$

代入公式(2-8-23)得到:

$$\text{PSD} = (t_i - t_{i-1})^2/(h_i - h_{i-1}) = \frac{L^2(v_1 - v_2)^2}{v_1^2 v_2^2 \cdot \Delta H} \tag{2-8-27}$$

式中:v_1——正常混凝土波速;

v_2——夹层混凝土波速;

L——声测管间距;

ΔH——两测点的深度差。

②缺陷为空洞(图 2-8-6)

$$t_{i-1} = \frac{L}{v_1} \tag{2-8-28}$$

$$t_i = \frac{2\sqrt{R^2 + \left(\frac{L}{2}\right)^2}}{v_1} \tag{2-8-29}$$

代入公式(2-8-23)得到:

$$\text{PSD} = \frac{4R^2 + 2L^2 - 2L\sqrt{4R^2 + L^2}}{v_1^2 \cdot \Delta H} \tag{2-8-30}$$

式中:R——空洞半径。

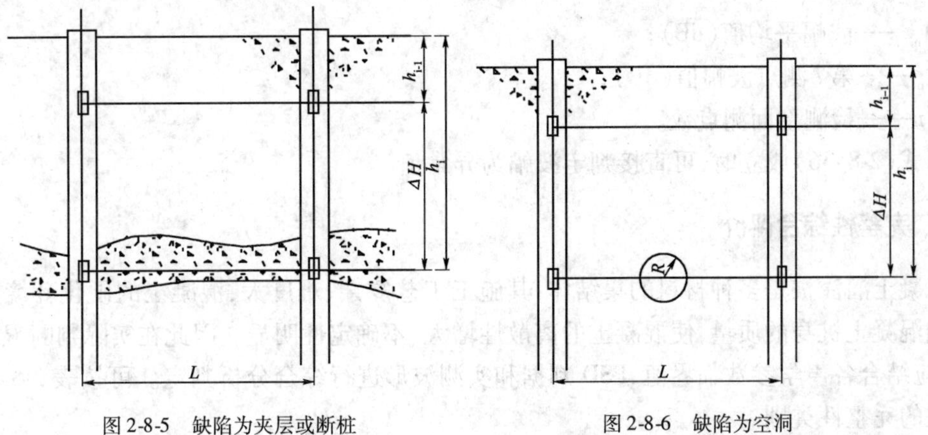

图 2-8-5　缺陷为夹层或断桩　　　　图 2-8-6　缺陷为空洞

③缺陷为“蜂窝”或被其他介质填塞的空洞(图 2-8-7)

$$t_{i-1} = \frac{L}{v_1} \tag{2-8-31}$$

$$t_i = \frac{L-2R}{v_1} + \frac{2R}{v_3} \tag{2-8-32}$$

代入公式(2-8-23)得到:

$$\mathrm{PSD} = \frac{4R^2(v_1 - v_3)^2}{v_1^2 \cdot v_3^2 \cdot \Delta H} \tag{2-8-33}$$

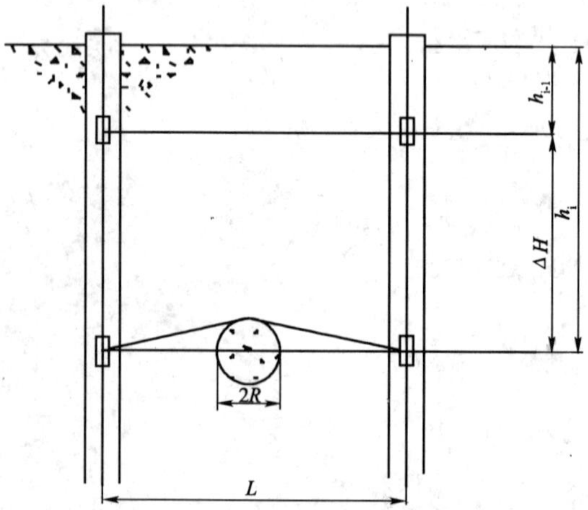

图 2-8-7　缺陷为“蜂窝”或被其他介质填塞的空洞

式中：v_3——“蜂窝”或被其他介质填塞物的声速。

3. 声速低限值判据

当检测剖面 n 个测点的声速值普遍偏低且离散性很小时，宜采用声速低限值判据：

$$v_i < v_L \tag{2-8-34}$$

式中：v_i——第 i 测点声速；

v_L——声速低限值，由预留同条件混凝土试件的抗压强度与声速对比试验结果及经验确定。

当式(2-8-34)成立时，可直接判定为声速低于低限值异常。

4. 接收波能量判定

用波幅平均值减 6dB 作为波幅临界值。当实测波幅低于波幅临界值时，将其作为可疑缺陷区。

波幅异常值的判定按公式(2-8-35)和公式(2-8-36)计算。

$$A_m = \frac{1}{n}\sum_{i=1}^{n} A_{pi} \tag{2-8-35}$$

$$A_{pi} < A_m - 6 \tag{2-8-36}$$

式中：A_m——波幅平均值(dB)；

A_{pi}——第 i 测点波幅值(dB)；

n——检测剖面测点数。

当式(2-8-36)成立时，可直接判定波幅为异常值。

三、完整性综合评价

混凝土灌注桩是多种材料的集结体，其施工工艺复杂、难度大，混凝土的硬化环境和条件也影响混凝土桩身的质量，使混凝土的离散性增大、不确定性明显。因此在实际判断混凝土缺陷时，应结合各声学参数临界值、PSD 判据和实测波形进行综合分析判定。可按表 2-8-2 评价被测桩的完整性类别。

桩身完整性判定 表 2-8-2

类　别	特　征
Ⅰ	各检测剖面的声学参数均无异常； 无声速低于低限值异常
Ⅱ	某一检测剖面个别测点的声学参数出现异常； 无声速低于低限值异常
Ⅲ	某一检测剖面连续多个测点的声学参数出现异常； 两个或两个以上检测剖面在同一深度测点的声学参数出现异常； 局部混凝土声速出现低于低限值异常
Ⅳ	某一检测剖面连续多个测点的声学参数出现明显异常； 两个或两个以上检测剖面在同一深度测点的声学参数出现明显异常； 桩身混凝土声速出现普遍低于低限值异常或无法检测首波或声波接收信号严重畸变

第五节　工 程 实 例

例 1　某工程一根灌注桩，桩长 20m，检测管间距 820mm，实测的深度、声时和波幅数据见表 2-8-3，图 2-8-8 为根据表 2-8-3 绘制的声速—深度曲线和幅值—深度曲线。

表 2-8-3

H_i(m)	t_i(μs)	A(dB)	H_i(m)	t_i(μs)	A(dB)	H_i(m)	t_i(μs)	A(dB)
0.5	183	23	8.5	183	23	16.5	178	25
1.0	183	23	9.0	182	23	17.0	179	25
1.5	183	23	9.5	182	18	17.5	177	24
2.0	183	23	10.0	204	16	17.6	175	24
2.5	184	23	10.5	180	23	17.7	180	23
3.0	184	23	11.0	180	23	17.8	179	18
3.5	181	24	11.5	181	23	17.9	260	6
4.0	181	23	12.0	182	23	18.0	255	10
4.5	182	23	12.5	181	23	18.1	230	8
5.0	181	23	13.0	180	23	18.2	180	20
5.5	181	23	13.5	177	25	18.3	181	22
6.0	181	23	14.0	175	25	18.4	181	23
6.5	183	23	14.5	175	24	18.5	180	23
7.0	181	23	15.0	175	24	19.0	178	23
7.5	183	20	15.5	174	25	19.5	179	20
8.0	195	17	16.0	175	25	20.0	182	/

用声时值为统计参数进行以下分析：

(1)将检测桩的48个声时值由小到大依次排列：

即 174≤174≤175≤175≤……≤195≤204≤230≤255≤260

(2)假定最后4个数值(204、230、255、260)为可疑值，去掉这4个数据，将排列在前面的44个数值进行统计计算，代入公式(2-8-16)和公式(2-8-17)，得到：

声时平均值：
$$m_{t44} = \frac{1}{44}\sum_{i=1}^{44} t_i = 180.45\mu s$$

声时标准差：
$$S_{t44} = \sqrt{\frac{1}{44-1}\sum_{i=1}^{44}(t_i - m_t)^2} = 3.51\mu s$$

代入公式(2-8-18)计算得到44个数据的声时临界值：

$$M_{t44} = m_{t44} + \lambda_1 S_{t44} = 187.47$$

λ_1异常值判定系数，按表2-8-1当$n=44$，取$\lambda_1=2$。

(3)最后4个数值即204、230、255、260都大于临界值187.47，则判定204、230、255、260为异常值。

(4)又假定195声时值为可疑值，去掉此数，将排列在前面的43个数值进行统计计算，代入公式(2-8-16)和公式(2-8-17)，得到：

声时平均值：

$$m_{t43} = \frac{1}{43}\sum_{i=1}^{43} t_i = 180.12\mu s$$

声时标准差：

$$S_{t43} = \sqrt{\frac{1}{43-1}\sum_{i=1}^{43}(t_i - m_t)^2} = 2.74\mu s$$

代入公式(2-8-18)计算得到43个数据的声时临界值：

$$M_{t43} = m_{t43} + \lambda_1 S_{t43} = 185.55$$

λ_1按表2-8-1当$n=43$，取$\lambda_1=1.99$。

由于声时值195大于临界值185.55，则判定195为异常值。

(5)再假定184声时值为可疑值，重新进行统计计算，得到新的M_t值再进行判断……余下的全部数据满足$t_i < M_t$。

(6)根据以上分析，判定195、204、230、255、260为异常点，缺陷位置见图2-8-8的声时—深度曲线、幅度—深度曲线。

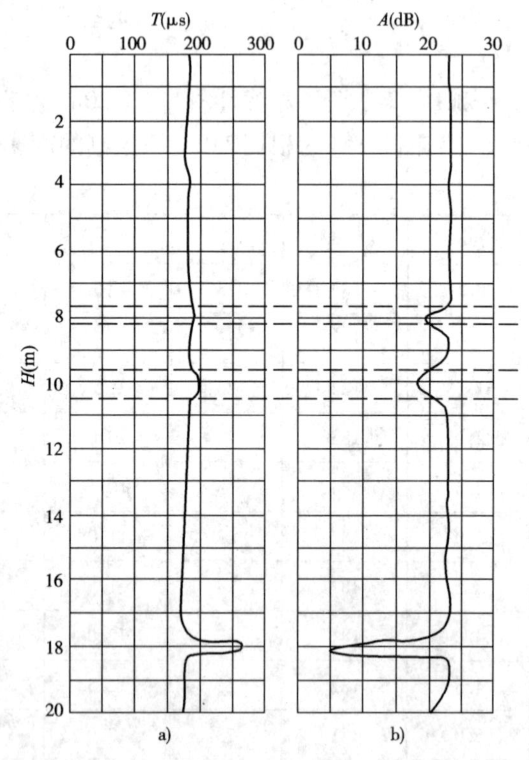

图2-8-8　声时—深度曲线和幅度—深度曲线

例2　某工程基桩采用ϕ1000mm的钻孔灌注桩，桩长50.0m，混凝土强度为C30。

对桩号为3-1#的桩进行了超声检测，该桩预埋三根超声管，分别对其三个断面进行检测，实测数据如下：平均波速为4.188km/s，离差系数为0.043，平均幅值为124.76dB。判定该桩桩身完整性为Ⅰ类(图2-8-9)。后对该桩进行钻孔取芯，试块强度平均值为31.3MPa(图

2-8-10和图2-8-11）。

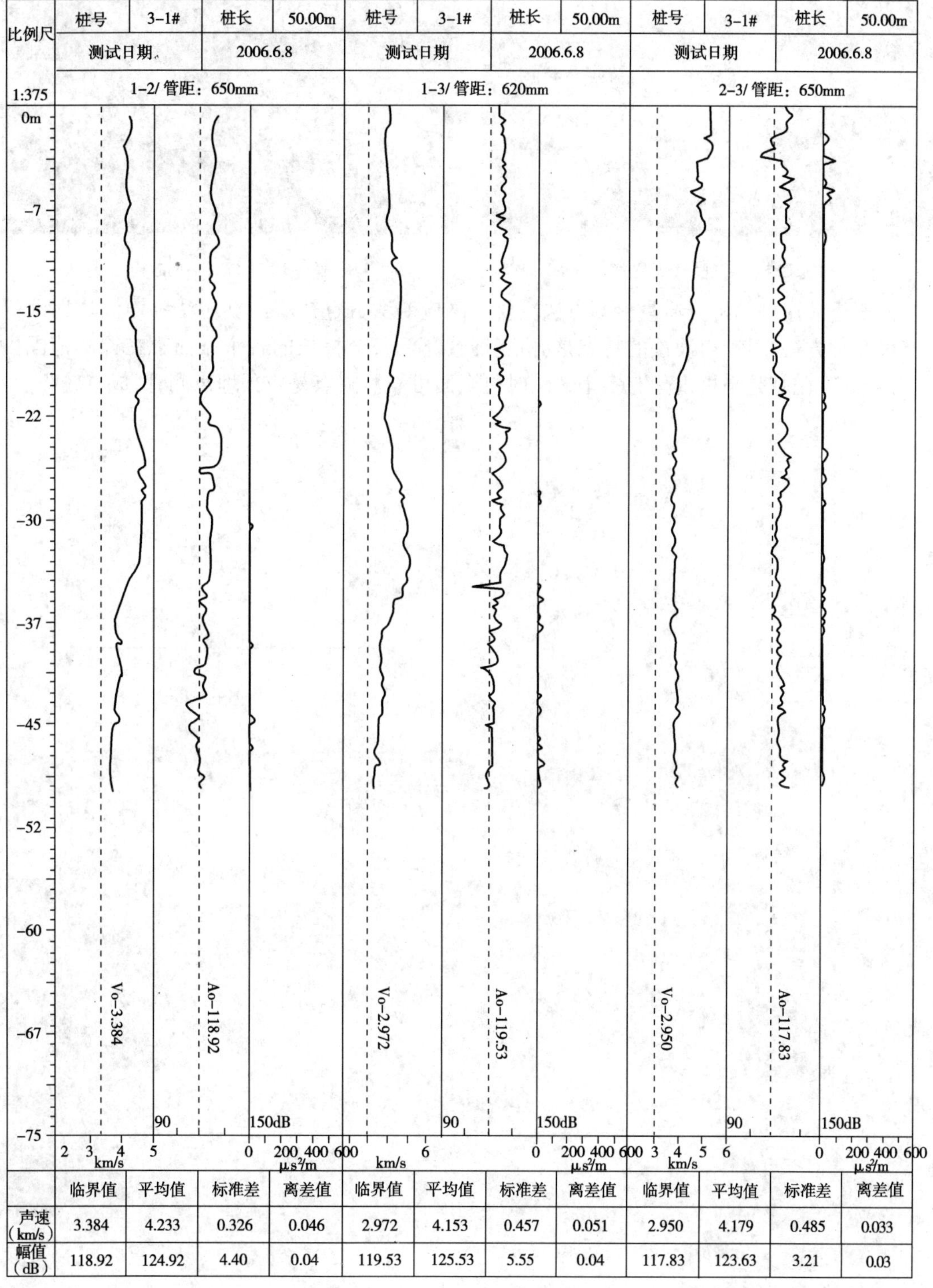

	临界值	平均值	标准差	离差值	临界值	平均值	标准差	离差值	临界值	平均值	标准差	离差值
声速（km/s）	3.384	4.233	0.326	0.046	2.972	4.153	0.457	0.051	2.950	4.179	0.485	0.033
幅值（dB）	118.92	124.92	4.40	0.04	119.53	125.53	5.55	0.04	117.83	123.63	3.21	0.03

图 2-8-9　现场实测的声时—深度线、幅度—深度和频率—深度曲线

图 2-8-10　现场所取芯样

图 2-8-11　试压后的芯样

混凝土灌注桩的桩身质量检测方法主要有高应变法、低应变法、钻芯法和声波透射法等。与其他几种方法比较,声波法的特点是:检测细致、全面,全桩长的各个截面都在检测范围内,检测范围广,尤其是当桩内具有多个缺陷时更全面可靠。缺点是应预埋声测管,成本较高。

第九章　钻芯法检测混凝土灌注桩质量

钻芯法是一种微破损或局部破损的检测方法，在混凝土灌注桩中钻取芯样，通过芯样的表观质量和芯样试件的抗压强度试验结果，判定混凝土的强度、检测桩底的沉渣厚度、混凝土与持力层的接触情况、持力层的岩土性状，并对桩身混凝土质量进行综合评价。它具有科学、直观和实用的特点，特别适用于大直径混凝土灌注桩的成桩质量检测。

第一节　灌注桩钻芯检测目的及适用范围

一、灌注桩钻芯检测的目的

钻芯法检测混凝土灌注桩的主要目的有：

(1)检测桩身混凝土质量情况，如桩身混凝土的胶结状况、有无气孔、蜂窝麻面、松散或断桩等，判定桩身混凝土强度是否符合设计或规范的要求。

(2)检测桩底沉渣是否满足设计或规范要求。

(3)检测桩底持力层的岩土性状是否符合设计或规范的要求。

(4)当钻芯至桩底时，可测定桩长是否与施工桩长一致。

二、灌注桩钻芯检测的适用范围

(1)灌注桩由于受成孔垂直度和钻芯孔垂直度的影响，一般要求受检桩的桩径不宜小于800mm、长径比不宜大于30，否则钻芯孔容易偏离桩身。

(2)适用钻孔(冲孔)灌注桩、人工挖孔桩等现浇的混凝土灌注桩，特别适用于大直径的混凝土灌注桩。

(3)对复合地基中的桩体，如强度较低的水泥土搅拌桩、水泥粉煤灰碎石桩、深层搅拌桩等，由于它们的桩身质量与土层性质密切相关，混凝土均匀性较差，采用钻芯法进行此类桩身质量评价时应慎重。

第二节　钻芯设备及检测技术

一、钻芯设备

混凝土钻芯的主要设备有：钻机、钻头和芯样加工机等。

1. 钻机

混凝土灌注桩芯样的钻取宜采用液压操纵的钻机并配有牢固的底座，钻机应配备单动双管钻具以及相应的孔口管、扩孔器、卡簧、扶正稳定器和可捞取松软渣样的钻具，钻杆应顺直，直径宜为50mm。

钻机设备参数应符合以下规定：

(1)额定最高转速不低于790r/min。

(2)转速调节范围不少于4档。

(3)额定配用压力不低于1.5MPa。

(4)具有足够的刚度、操作灵活、固定和移动方便、有水冷却系统。

2. 钻头

(1)钻头应根据混凝土设计强度等级选用合适粒度、浓度、胎体硬度的金刚石钻头,外径不宜小于100mm。

(2)钻头胎体不得有肉眼可见的裂纹、缺边、少角、倾斜及喇叭口变形等。

(3)水泵的排水量应为50~60L/min,泵压为1.0~2.0MPa。

3. 芯样加工机

锯切芯样试件用的锯切机应具有冷却系统和牢固夹紧芯样的装置,配套使用的金刚石圆锯片应有足够的刚度。芯样试件端面的磨平机,应能保证处理芯样试件端面的平整。

二、钻芯法芯样检测

1. 现场取样

(1)钻孔数量及位置

每根受检桩的钻芯孔数和钻机位置应符合下列规定:

①桩径小于1.2m的桩钻1孔,桩径为1.2~1.6m的桩钻2孔,桩径大于1.6m的桩钻3孔。

②当钻芯孔为1个时,宜在距桩中心10~15cm的位置开孔;当钻芯孔为2个或2个以上时,开孔位置宜在距桩中心0.15D~0.25D内均匀对称布置。对桩端持力层的钻探,每根受检桩不应少于1孔,且长度应满足设计要求。

(2)现场钻取芯样

①钻机设备安装必须周正、稳固、底座水平。钻机立轴中心、天轮中心(天车前沿切点)与孔口中心必须在同一铅垂线上。应确保钻机在钻芯过程中不发生倾斜、移位,钻芯孔垂直度偏差不大于0.5%。

②金刚石钻头和扩孔器应按外径先大后小的排列顺序使用。

③钻头压力应根据混凝土芯样的强度与胶结好坏而定,胶结好、强度高的钻头压力可大,强度低的压力小些;一般情况初压力为0.2MPa,正常压力1MPa。

④钻芯过程中钻孔内循环水流必须保证不能中断,且具有一定的压力,同时应根据回水含砂量及颜色调整钻进速度。

⑤每回次进尺宜控制在1.5m内,提钻卸取芯样时,应拧卸钻头和扩孔器,严禁敲打卸芯。

⑥钻至桩底时,宜采取适宜的工艺钻取沉渣并测定沉渣厚度,并对桩端持力层岩石性状进行鉴别。

(3)现场操作记录

①钻取的芯样应由上而下按回次顺序放进芯样箱中,芯样侧面应清晰标明回次数、块号、本回次总块数,及时记录钻进情况和钻进异常情况。

②对芯样的混凝土应描述芯样的连续性、完整性、胶结情况、表面光滑情况、断口吻合程度、混凝土芯是否为柱状、骨料大小的分布,以及混凝土侧面的表观检查,如:蜂窝麻面、气孔、沟槽、破碎、夹泥、分层等情况。

③钻芯结束后,应对芯样和标有工程名称、桩号、钻芯孔号、芯样试件采取的位置、桩长、孔深检测单位的标识牌等全貌进行拍照。

2. 芯样的截取与合格的芯样标准

(1)芯样截取

①当桩长为10m~30m时,每孔截取3组芯样;当桩长小于10m时,可取2组,当桩长大于30m时,不少于4组。

②上部芯样位置距桩顶设计标高不宜大于1倍桩径或1m,下部芯样位置距桩底不宜大于1倍桩径或1m,中间芯样宜等间距截取。

③缺陷位置能取样时,应截取一组芯样进行混凝土抗压试验。

④当同一基桩的钻芯孔数大于一个,其中一孔在某深度存在缺陷时,应在其他孔的该深度处截取芯样进行混凝土抗压试验。

⑤当桩端持力层为中、微风化岩层且岩芯可制作成试件时,应在接近桩底部位截取1组岩石芯样;遇分层岩性时宜在各层取样。

⑥每组芯样应制作三个芯样抗压试件。

⑦芯样试件应采用双面锯切机进行加工,当锯切后的芯样试件不能满足平整度及垂直度要求时,应在磨平机上磨平或用水泥砂浆、硫黄胶泥等在补平机上补平。

(2)芯样试件的测量

芯样试件的尺寸包括平均直径、芯样高度、垂直度和平整度。

①平均直径

测量时用游标卡尺测量芯样中部,在相互垂直的两个位置上测量两次,两次测量的算术平均值作为平均直径,精确到0.5mm。

②芯样高度

混凝土芯样试件按芯样直径与高度之比为1.0制备。高度用钢板尺测量,在两个相互垂直位置上,测量两次,计算其平均值,精确到1.0mm。

③垂直度

用游标量角器分别测量两个端面与母线间的夹角,精确到0.1°。

④平整度

将钢板尺或角尺紧贴在试件表面,用塞尺测量与试件端面的间隙。

(3)合格的芯样试件标准

试件有裂缝或有其他较大缺陷,或内含有钢筋时,不得用作抗压强度试验,芯样试件的平均直径、芯样高度、垂直度、平整度、骨料粒径等应进行测量并满足下列要求:

①沿试件高度任一直径与平均直径之差≤2mm。

②芯样试件的高度 h 应满足:$0.95d \leq h \leq 1.05d$,其中 d 为芯样试件的平均直径。

③试件端面与轴线的垂直度≤2°。

④试件端面的不平整度在100mm长度内小于等于0.1mm。

⑤芯样选取时,应确保芯样试件平均直径大于等于2倍混凝土粗骨料最大粒径。

三、混凝土芯样试件抗压强度试验及代表值的确定

1. 混凝土芯样试件抗压强度试验

混凝土芯样试件的抗压强度试验应按现行国家标准《普通混凝土力学性能试验方法》

(GB/T 50081—2002)的有关规定执行。桩底岩芯单轴抗压强度试验可按现行国家标准《建筑地基基础设计规范》(GB 50007—2002)附录J执行。

(1)芯样试件应在20±5℃的清水中浸泡40～48h,从水中取出后立即进行抗压强度试验。

(2)抗压试验若发现芯样试件平均直径小于2倍试件混凝土骨料最大粒径,且强度值异常时,该试件的强度值无效,不得参与统计计算。

(3)混凝土芯样试件抗压强度的计算见式(2-9-1):

$$f_{cu} = \varepsilon \cdot \frac{4P}{\pi d^2} \tag{2-9-1}$$

式中:f_{cu}——混凝土芯样试件抗压强度(MPa),精确至0.1MPa;

P——芯样试件抗压试验测得的破坏荷载(N);

d——芯样试件的平均直径(mm);

ε——混凝土芯样试件抗压强度折算系数,应考虑芯样尺寸效应、钻芯机械对芯样扰动和混凝土成型条件的影响,通过试验统计确定;当无试验统计资料时,宜取1.0。

2. 混凝土芯样强度代表值的确定

(1)取一组3块试件强度值的平均值为该组混凝土芯样试件抗压强度代表值。

(2)同一受检桩同一深度部位有二组或二组以上混凝土芯样试件抗压强度代表值时,取其平均值为该桩该深度处混凝土芯样试件抗压强度代表值。

(3)受检桩中不同深度位置的混凝土芯样试件抗压强度代表值中的最小值为该桩混凝土芯样试件抗压强度代表值。

第三节　检测结果分析与判定

一、检测结果分析内容

(1)芯样单轴抗压强度代表值。

(2)桩身完整性类别。

根据现场混凝土芯样特征来判别桩身完整性类别。桩身完整性类别判定见表2-9-1。

桩身完整性类别　表2-9-1

类别	特征
Ⅰ	混凝土芯样连续、完整、表面光滑、胶结好、骨料分布均匀、呈长柱状、断口吻合,芯样侧面仅见少量气孔
Ⅱ	混凝土芯样连续、光滑、胶结较好、骨料分布基本均匀、呈柱状、断口基本吻合,芯样侧面局部见蜂窝麻面、沟槽
Ⅲ	大部分混凝土芯样胶结较好,无松散、夹泥或分层现象,但有下列情况之一: ①芯样局部破碎且破碎长度不大于10cm; ②芯样骨料分布不均匀; ③芯样多呈短柱状或块状; ④芯样侧面蜂窝麻面、沟槽连续
Ⅳ	钻进困难; 芯样任一段松散、夹泥或分层; 芯样局部破碎且破碎长度大于10cm

(3)持力层岩土性状评价。

桩端持力层岩土性状应根据芯样特征、岩石芯样单轴抗压强度试验、动力触探或标准贯入试验结果,综合判定桩端持力层岩土性状。

(4)桩长、沉渣厚度判断。

二、成桩质量评价

成桩质量评价应按单桩进行,单桩的桩身完整性类别应结合钻芯孔数、现场混凝土芯样特征、芯样单轴抗压强度试验结果、桩的长度、沉渣厚度及桩端持力层的岩土性状进行综合判定。当出现下列情况之一时,应判定该受检桩不满足设计要求:

(1)桩身完整性类别为Ⅳ类的桩。

(2)受检桩混凝土芯样试件抗压强度代表值小于混凝土设计强度等级的桩。

(3)桩长、桩底沉渣厚度不满足设计或规范要求的桩。

(4)桩端持力层岩石性状(强度)或厚度未达到设计或规范要求的桩。

第四节 工 程 实 例

例 某海上工程,有一 ϕ2300mm 嵌岩灌注桩,桩长 49m,混凝土设计强度等级 C35,现场钻芯情况及芯样试件见图 2-9-1、图 2-9-2,截取后的芯样见图 2-9-3 和图 2-9-4。混凝土芯样抗压强度代表值为 35.3MPa,达到设计要求;现场钻芯结果显示:该根桩芯样连续、完整、呈柱状,表面光滑、断口吻合、芯样侧面仅见少量气孔,桩底为基岩。综合判断该桩桩身完整性为 I 类桩,符合设计要求。

图 2-9-1 钻芯试验现场

图 2-9-2 现场芯样

图 2-9-3 混凝土芯样(1)

图 2-9-4 混凝土芯样(2)

第十章　锚杆试验与检测技术

第一节　概　　述

我国从20世纪50年代开始，在矿业、铁路上利用锚杆支护地下工程。近年来在水运工程中也大量采用锚杆技术，如大孔径嵌岩桩、干船坞、船闸、边坡工程中，常利用锚杆技术进行边坡支护或基础底板抗浮，同时也用于大型构件的加固工程中。

一、定义

锚杆作为深入地层的受拉构件，它一端与工程构筑物连接，另一端深入地层中，将拉力传至稳定岩土层的构件。当采用钢绞线或高强钢丝束作杆体材料时，也可称为锚索。整根锚杆分为自由段和锚固段，自由段指将锚杆头处的拉力传至锚固体区域，其功能是对锚杆施加预应力；锚固段指水泥浆体将预应力筋与土层粘结的区域，其功能是将锚固体与土层的粘结摩擦作用增大，增加锚固体的承压作用，将自由段的拉力传至土体深处。锚杆通常包括杆体（由钢绞线、钢筋、特制钢管等筋材组成）、锚固体（包括注浆体、锚具、套管等）、承托结构（托板、垫片和螺母）。

二、分类

由于工程用途多，锚杆选材多种多样，作用机理也各有不同，所以分类方法也很复杂。一般工程锚杆就其锚固介质不同，分为土层锚杆和岩石锚杆；按工作年限可分为临时性锚杆和永久性锚杆；按钻孔工艺可分为普通钻孔锚杆、旋转式钻孔锚杆和扩孔锚杆；按力的传递方式可分为摩擦型锚杆、承压型锚杆和摩擦组合型锚杆；按注浆工艺可分为导管法注浆直轴锚杆、低压注浆锚杆和高压注浆锚杆；按粘接长度可分为全长粘接锚杆和部分粘接锚杆；按工作机理可分为主动锚杆和被动锚杆。

三、锚杆工作原理

锚杆是岩土体加固的杆件体系结构。锚杆主要靠锚固段的注浆与被锚固土体（岩体）之间的摩擦力来维持被锚固土体（岩体）的平衡和稳定，宏观上看是增加了岩土体的粘聚性，从力学观点上是主要是提高了围岩体的粘聚力 C 和内摩擦角 φ，其实质上锚杆位于岩土体内与岩土体形成一个新的复合体，这个复合体中的锚杆杆体的纵向拉力作用，能克服岩土体抗拉能力远远低于抗压能力的缺点，从而使得岩土体自身的承载能力大大加强。

四、在锚杆嵌岩桩中的应用

嵌岩桩的使用可增加基础与岩层的黏结，增强抗拔、抗倾覆能力，使结构更加稳定，因此，近年来在港口桩基工程中得到广泛应用。嵌岩桩桩型有：灌注型嵌岩桩、灌注型锚杆嵌岩桩、预制型植入嵌岩桩、预制型蕊柱嵌岩桩、预制型锚杆嵌岩桩、组合式嵌岩桩等。

锚杆嵌岩桩的中的锚杆材料可采用二级钢筋或精轧螺纹钢筋等，当使用预应力锚杆时可采用钢绞线；根据锚杆根数，可做成一束或多束。组合式嵌岩桩的锚杆宜采用一束；锚杆束应设置间距2m左右的定位隔板，锚杆束内各根锚杆的净距不应小于5mm。

锚孔锚孔应沿周长均匀布置，孔的中心距不宜小于4倍锚孔直径，锚孔中心与桩内径边缘的距离不宜小于100mm；锚孔直径不应小于3倍锚杆直径，当采用锚杆束时，杆束外径与锚孔壁的间距不得小于30mm。

锚孔内灌注水泥浆的立方体抗压强度标准值不应小于35MPa，且应压浆密实，并掺加适量的膨胀剂。

锚杆在桩芯内的锚固可采用三种方式：第一种是锚杆在桩内仅伸入桩的下段与桩芯柱混凝土锚固；第二种是锚杆在桩芯内伸至桩的上段与桩芯柱混凝土锚固；第三种，对于组合式嵌岩桩，锚杆在芯柱嵌岩段混凝土中直接锚固。

由于锚杆锚固作用机理复杂，目前对影响锚杆作用的各种因素了解并不深入，所以目前设计方面理论计算并无权威的方法，设计计算的同时，尚需现场制作试验锚杆进行基本试验确定设计参数。

现行国家规范、交通行业规范中也明确规定了对工程锚的锚杆杆体、注浆材料、抗拔力及变形均需进行试验检测，对于重要的支护、抗浮工程，还需对锚杆的工作状态进行监测。本章仅对土层锚杆和嵌岩锚杆基本试验和验收检验进行讨论。

第二节　土层锚杆的基本试验及验收试验

土层锚杆是一种埋入土层深处的受拉杆件，它一端与工程构筑物相连，另一端锚固在土层中，通常对其施加预应力，以承受由土压力、水压力或风荷载等所产生的拉力，用以维护构筑物的稳定。

土层锚杆基本试验及验收试验均以抗拔力及变形试验的形式进行，试验时，锚固体强度应大于15.0MPa，锚杆试验用加荷装置的额定压力必须大于试验压力。锚杆试验用反力装置在最大试验荷载作用下应保持足够的强度和刚度。检测装置（测力计、位移计、计时表）应满足设计要求的精度。

一、基本试验

1. 一般规定

当锚杆使用年限大于2年，应按永久性锚杆设计，永久性锚杆设计时，必须先进行基本试验；任何一种新型锚杆或已有锚杆用于未曾应用过的土层时，必须进行基本试验。土层锚杆基本试验采用多循环加载—卸载法。

基本试验锚杆不应少于3根，用作基本试验的锚杆参数、材料及施工工艺必须和工程锚杆相同。

2. 试验步骤

砂质土、硬粘土中锚杆基本试验加荷等级与测读锚头位移应遵守下列规定：

(1)采用循环加荷，初始荷载宜取 $A \cdot f_{ptk}$ 的0.1倍，每级加荷增量宜取 $A \cdot f_{ptk}$ 的1/10～

1/15（其中 A 指锚杆预应力筋截面积，预应力筋的抗拉强度标准值）。锚杆加荷等级与观测时间可见表 2-10-1。

砂质土、硬粘土中锚杆基本试验加荷等级与观测时间　　表 2-10-1

加荷等级（$A\cdot f_{ptk}$%）	初始荷载	—	—	—	10	—	—	—
	第一循环	10	—	—	30	—	—	10
	第二循环	10	20	30	40	30	20	10
	第三循环	10	30	40	50	40	30	10
	第四循环	10	30	50	60	50	30	10
	第五循环	10	30	60	70	60	30	10
	第六循环	10	30	60	80	60	30	10
观测时间（min）		5	5	5	10	5	5	5

（2）在每级加荷等 $A\cdot f_{ptk}$ 级观测时间内，测读锚头位移不应少于 3 次，当锚头位移量不大于 0.1mm 时，可施加下一级荷载，否则要延长观测时间，直至锚头位移增量 2.0h 小于 2.0mm 时，再施加下一级荷载。

淤泥及淤泥质土中进行锚杆基本试验加荷等级与测定锚头位移时，除应满足上述要求外，还应遵守下列规定：

（1）按表 2-10-2 中的加荷等级和观测时间采用分级加载法，当加荷等级为 $A\cdot f_{ptk}$ 的 0.5 倍和 0.7 倍时，即第三级和第五级荷载等级时，按表 2-10-1 中加荷分级和观测时间采用循环加、卸荷载法。

淤泥及淤泥质土中锚杆基本试验各加荷等级的观测时间表　　表 2-10-2

加荷等级（$A\cdot f_{ptk}$%）	初始荷载	第一级	第二级	第三级	第四级	第五级	第六级
	10	30	40	50	60	70	80
观测时间（min）	15	15	15	30	120	30	120

（2）荷载等级小于 $A\cdot f_{ptk}$ 的 50% 时，每分钟加荷不宜大于 20kN；荷载等级大于 $A\cdot f_{ptk}$ 的 50% 时，每分钟加荷不宜大于 10kN。

（3）当加荷等级为 $A\cdot f_{ptk}$ 的 0.6 和 0.8 倍时，锚头位移增量在观测时间内 2.0h 小于 2.0 才可施加下一级荷载。

3．破坏标准

（1）后一级荷载产生的锚头位移增量达到或超过前一级荷载产生位移增量的 2 倍。

（2）锚头位移不收敛。

（3）锚头总位移超过设计允许位移值。

4．结果整理

根据试验结果绘制锚杆荷载—位移曲线、锚杆荷载—弹性位移曲线、锚杆荷载—塑性位移曲线。基本试验所得的总弹性位移应超过自由段长度理论弹性伸长的 80%，且小于自由段长度与 1/2 锚固段长度之和的理论弹性伸长。试验得出的锚杆安全系数 K_0 值由下式确定：

$$K_0 = \frac{R_u}{N_t} \tag{2-10-1}$$

式中：R_u——锚杆极限承载力，取破坏荷载的 95%。

二、验收试验

1. 一般规定

验收试验锚杆的数量应取锚杆总数的5%,且不得少于3根。最大试验荷载不应超过预应力筋 $A \cdot f_{ptk}$ 值的0.8倍,永久性锚杆和临时性锚杆,最大试验荷载分别为锚杆设计轴向拉力值的1.5和1.2倍。土层锚杆验收试验采用分级加荷法。

2. 试验步骤

验收试验对锚杆施加荷载与测读锚头位移应遵守下列规定:

(1)加荷等级与观测时间可参见表2-10-3;

(2)在每级加荷等级观测时间内,测读锚头位移不应少于3次;

(3)最大试验荷载观测15min后,卸荷至 $0.1N_t$ 量测位移,然后加荷至锁定荷载锁定(Nt为锚杆的设计轴向拉力值)。

验收试验锚杆的加荷等级与观测时间表　　表2-10-3

加荷等级	观测时间(min)	
	临时锚杆	永久锚杆
$Q_1 = 0.10N_t$	5	5
$Q_1 = 0.25N_t$	5	5
$Q_1 = 0.50N_t$	5	10
$Q_1 = 0.75N_t$	10	10
$Q_1 = 1.00N_t$	10	15
$Q_1 = 1.20N_t$	15	15
$Q_1 = 1.50N_t$	—	15

3. 验收标准及结果整理

应根据验收试验结果绘制锚杆荷载—位移曲线。当验收试验所得的总弹性位移应超过自由段长度理论弹性伸长的80%,且小于自由段长度与1/2锚固段长度之和的理论弹性伸长时,或者在最大试验荷载作用下,锚头位移能趋于稳定,可验收合格。

第三节　嵌岩锚杆的基本试验及验收试验

用于灌注型锚杆嵌岩桩中的锚杆基本试验及验收试验应按《港口工程嵌岩桩设计与施工规程》(JTJ 285—2000)以抗拔力及变形试验的形式进行。

锚杆嵌岩桩的锚杆抗拔试验条件应与实际工程锚杆的使用条件相同。锚杆抗拔试验加载宜采用穿心式油压千斤顶,加载反力系统可利用嵌岩桩桩身或已浇注的混凝土平台。锚杆试验用的加载系统的额定荷载为试验荷载的1.2~1.5倍。锚杆试验用的反力系统在最大试验荷载作用下,有足够的强度和刚度,并在锚固体抗压强度达到70%标准值时进行锚杆试验。

一、破坏性试验

1. 一般规定

锚杆嵌岩桩的锚杆抗拔试验可分为破坏性试验及验证性试验,破坏性试验应符合下列规定：

(1)破坏性试验用于确定锚杆的极限抗拔力，试验应在非工程桩上进行。

(2)任何一种新型锚杆或未曾使用过锚杆的岩层，应进行破坏性试验，破坏性试验锚杆的数量不宜少于2根。

2. 试验步骤

(1)嵌岩锚杆破坏性试验采用多循环加载，每级加载荷载按下式计算确定：

$$\Delta Q = m \cdot A_s \cdot f_{yk} \times 10^{-4} \tag{2-10-2}$$

式中：m——加载系数；

ΔQ——每级加载荷载(kN)；

A_s——锚杆截面积(mm^2)；

f_{yk}——锚杆钢筋屈服强度标准值(MPa)。

(2)加载荷载与观测时间应符合表2-10-4的规定；

嵌岩锚杆破坏性试验加载荷载与观测时间　　表2-10-4

加载系数 m	初始荷载	—	—	—	1	—	—	—
	第一循环	1	—	—	2	—	—	1
	第二循环	1	—	2	3	2	—	1
	第三循环	1	2	3	4	3	2	1
	第四循环	1	3	4	5	4	3	1
	第五循环	1	4	5	6	5	4	1
	…							
	第 $n-1$ 循环	1	$n-2$	n	$n+1$	n	$n-1$	1
	第 n 循环	1	$n+1$	n	$n+1$	n	$n-1$	1
观测时间(min)		5	5	5	10	5	5	5

(3)每个加载和在观测时间内，测读位移量不应少于3次；

(4)在每个加载荷载观测时间内，当位移量不大于0.1mm时，可施加下一级荷载；当位移量大于0.1mm时，应延长观测时间，直至在2h内位移量小于2.0mm时，再施加下一级荷载。

3. 破坏标准

(1)后一级荷载产生的位移增量达到或超过前一级荷载产生位移增量的2倍。

(2)位移量不收敛。

(3)总位移超过设计允许位移值。

4. 结果整理

根据试验结果绘制荷载—位移曲线、荷载—弹性位移曲线、锚杆荷载—塑性位移曲线。试验所得的总弹性位移，超过自由段长度理论弹性伸长的80%，且小于自由段长度与1/2锚固段长度之和的理论弹性伸长量，应判定试验结果有效。取破坏前一级荷载作为锚杆极限抗拔力。在最大试验荷载作用下未达到上述破坏标准时，锚杆极限抗拔力取最大荷载值。

二、验证性试验

1. 一般规定

验证性试验用于检查锚杆承受设计抗拔力性能，试验可在工程桩上进行。锚杆嵌岩桩必须进行验证性试验,验证性试验锚杆的数量,根据桩的使用要求和基岩状况,宜控制在锚杆总数的 20% ~40% 。加载和反力系统、检测仪器以及对锚固体强度要求,与破坏性试验一致。

最大试验荷载不应超过预应力筋 $A \cdot f_{yk}$ 值的 0.8 倍,最大试验荷载应控制在锚杆抗拔力设计值的 1.1 ~1.2 倍。验证性试验采用单循环分级加荷法。

2. 试验步骤

验证性试验对锚杆施加荷载与测读锚头位移应遵守下列规定:

(1)每级加载荷载按锚杆抗拔力设计值(P_d)与加载系数(m)的乘积确定,各级加载荷载与观测时间可参见表 2-10-5。

验证性试验锚杆的加载荷载与观测时间 表 2-10-5

系数 m	0.1	0.25	0.5	0.75	1.0	1.1	1.2	0.1
观测时间	5	5	5	10	10	15	15	5

(2)在每级加荷等级观测时间内,测读位移量不应少于 3 次。

(3)最大试验荷载观测 15min 后,卸荷至初始荷载。

3. 验收标准及结果整理

根据验收试验结果绘制荷载—位移曲线。当验证性试验所得的总弹性位移应超过自由段长度理论弹性伸长的 80%,且小于自由段长度与 1/2 锚固段长度之和的理论弹性伸长时,同时在最大试验荷载作用下,位移达到稳定状态,应判定锚杆试验合格。

参考文献

[1] 行业标准.港口工程桩基规范(JTJ 254—98).北京:人民交通出版社.

[2] 行业标准.港口工程基桩静载荷试验规程(JTJ 255—2002).北京:人民交通出版社.

[3] 行业标准.港口工程桩基动力检测规程(JTJ 249—2001).北京:人民交通出版社.

[4] 行业标准.港口工程嵌岩桩设计与施工规程(JTJ 285—2000).北京:人民交通出版社.

[5] 行业标准.建筑桩基技术规范(JGJ 94—2008).北京:中国建筑工业出版社.

[6] 行业标准.建筑基桩检测技术规范(JGJ 106—2003).北京:中国建筑工业出版社.

[7] 陈凡,徐天平,等.基桩质量检测技术.北京:中国建筑工业出版社 2003.

[8] 桩基工程手册.北京:中国建筑工业出版社 1995.

[9] 徐维钧.桩基施工手册.北京:人民交通出版社,2007.

[10] 黄汉明.锚杆嵌岩桩在港口工程中的应用.水运工程,2009.7.

[11] 刘守君.锚杆支护原理及应用实践.有色金属,2009.5.

[12] 谢春华.土层锚杆施工简介.中外公路,2002.5.